空天科学技术系列教材

航天器姿态动力学原理

王志刚　编著

U0381856

西北工业大学出版社

西　安

【内容简介】 本书系统地阐述了受控航天器姿态动力学的基本概念、基本理论和基本方法。除绪论外，本书共分7章，分别介绍了自旋稳定系统、双自旋稳定系统、引力梯度稳定系统、气动力矩稳定系统、太阳辐射压力矩稳定系统等被动控制系统和小推力器系统、飞轮系统、地磁力矩器系统与联合主动控制系统的工作原理、动力学特性以及姿态敏感器、姿态确定和四元数理论等有关内容。

本书主要作为高等学校航空、航天类相关专业的本科生教材，也可供其它专业研究生以及从事航天器设计、研究和制造等的人员阅读。

图书在版编目(CIP)数据

航天器姿态动力学原理 / 王志刚编著. — 西安：西北工业大学出版社，2021.12

ISBN 978-7-5612-8035-5

Ⅰ.①航… Ⅱ.①王… Ⅲ.①航天器-姿态飞行控制-动力学 Ⅳ.①V412.4

中国版本图书馆CIP数据核字(2021)第254707号

HANGTIANQI ZITAI DONGLIXUE YUANLI

航 天 器 姿 态 动 力 学 原 理

责任编辑：蒋民昌　　**策划编辑**：蒋民昌
责任校对：胡莉巾　　**装帧设计**：董晓伟
出版发行：西北工业大学出版社
通信地址：西安市友谊西路127号　　邮编：710072
电　　话：(029)88491757，88493844
网　　址：www.nwpup.com
印 刷 者：兴平市博闻印务有限公司
开　　本：787 mm×1 092 mm　　1/16
印　　张：11.875
字　　数：312千字
版　　次：2021年12月第1版　　2021年12月第1次印刷
定　　价：50.00元

如有印装问题请与出版社联系调换

前 言

根据航空、航天类专业教学改革需要，加强本科生此类专业基础知识教学，为航天器设计、动力学与控制、GPS 导航定位等专业学科的教学和科研奠定基础，开设了"航天器姿态动力学"课程。目前，本科生航天器姿态动力学课程使用的教材主要为国防科技大学出版社出版的研究生教材《航天器姿态动力学》(黄圳圭 1997 版)和以此为基础自编的讲义，内容包括我校前期出版的相关本科生与研究生教材以及目前航天技术发展需求和学科研究进展的新内容。为了满足目前本科生教学需要，笔者整合了近年来的教案，对前期讲义进行修订，进而编写成《航天器姿态动力学原理》一书。本书编写时注重基本原理、基本方法、实践环节和适应现代技术发展的应用内容。

航天器的控制包括轨道控制和姿态控制。受控航天器姿态动力学包括姿态动力学和姿态控制两方面。航天器姿态动力学研究航天器绕其质心的转动运动，而航天器姿态控制主要研究航天器姿态的确定和控制。姿态确定是利用姿态敏感器的测量数据，根据姿态确定模型，计算航天器相对于某个基准或目标的方位；姿态控制是把航天器姿态保持在给定方向或从原方向机动到另一要求方向的过程，它包括姿态稳定和姿态机动控制。

在轨运行的航天器都承担特定的空间探测、开发和应用的任务，为完成这类任务，要求航天器姿态正确地定向在给定的方向上或从原姿态机动到另一指向姿态。典型航天器姿态控制系统由姿态敏感器、控制器、控制执行机构与航天器动力学一起构成闭环控制回路。高性能航天器姿态控制系统是在姿态动力学、姿态确定和姿态控制建模的基础上运用经典或现代控制理论和方法实现的。

本书系统地阐述受控航天器姿态动力学的基本概念、基本理论和基本方法。除绪论外，本书共分 7 章：第 1 章为刚体动力学与航天器的自旋稳定系统；第 2 章为环境力矩稳定系统；第 3 章为小推力器系统；第 4 章为飞轮系统；第 5 章为地磁力矩器系统与联合主动控制系统；第 6 章为姿态敏感器和姿态确定；第 7 章为四元数理论。此外，附录中的球面三角学，给出了姿态动力学中所用到的球面三角学知识。

编写本书曾阅读、参考了大量相关文献，在此对这些文献的作者表示感谢。

由于水平有限，书中缺点和不足在所难免，恳请读者批评指正。

编著者

2021 年 9 月

目　录

绪　论

飞行器的飞行可以分为航空、航天、航宇三种不同的类型。飞行器在地球大气层之内的飞行称为航空。在地球大气层之外，太阳系引力影响范围之内的飞行称为航天。飞出太阳系引力影响范围，进入宇航空间的飞行称为航宇。当前的科学技术发展水平，已经能成功地进行航空和航天，但是尚未进行航宇。

航天又可按引力影响范围再分为近地飞行、近月飞行和行星际飞行。

在银河系-太阳系统中，太阳系的引力影响球近似是以太阳为中心的，半径约为1光年的引力球。在太阳-地球系统中，地球的引力影响球近似是以地球为中心的，半径约为 9.3×10^5 km的引力球。在地球-月球系统中，月球的引力影响球近似的是以月球为中心的，半径约为 6.6×10^4 km的引力球。

航天器在地球引力影响范围之外，太阳系引力影响范围之内的航天飞行称为行星际飞行。航天器在地球引力影响范围之内的航天飞行称为近地飞行。近月飞行是近地飞行中的一种特殊的情况，因为月球引力的影响球包含在地球引力影响球之内(月-地平均距离为 3.8×10^5 km)，当近地飞行器进入月球引力影响范围时，称为近月飞行。

人造地球卫星为近地飞行的航天器，卫星在自由运动时，近似地认为只受与距离平方成反比的地球引力作用。1957年10月第一颗人造卫星成功地发射，标志着人类开始了航天飞行的阶段，并开辟了航宇飞行的道路。

由于航天器具有许多优越的特性，可以完成过去难以进行的多种任务，从而给科学技术、国民经济、人民生活、国防等方面带来了巨大而深远的影响。航天技术通过新技术、新产品、新材料、新工艺以及新的管理方法向国民经济部门推广和转移，也带来了可观的经济效益。

航天器按其性能可以分为以下5类。

(1)利用航天器对地球、地外空间以及地外物体进行研究，获得天文、地理、物理、化学、生物学等基础科学的新知识，深化和丰富人类对自然界的认识，并为进一步的航天飞行作理论和技术上的准备。这类航天器包括以下两种：

1)宇航探测器：各种月球、行星以及行星际探测器，人造地球卫星，行星及月球的人造卫星等。

2)科学和技术实验人造地球卫星：对卫星本身的技术进行实验的卫星技术实验站，进行环境观察的观察站，进行天文观测的天文观测站等。

(2)利用人造地球卫星飞行高度高、覆盖面积大、速度快的优越性能，进行地面以及大气层信息的收集、处理和传输。这类应用技术卫星包括以下三种：

1)地球观察站:侦察卫星、地球资源技术卫星、气象卫星、海洋监视卫星、预警卫星等。

2)中继站:用于进行电磁波信息传输的通信卫星、直播卫星、跟踪卫星、跟踪和数据中继卫星等。

3)基准站:用于提供定位信息的导航卫星、测地卫星等。

(3)开发和利用地外空间的半永久性和永久性的空间站。

(4)载人或不载人的往返于航天器与地面基地之间的运输系统,包括运载火箭、运货飞船、载人飞机、航天飞机、空天飞机等。

(5)作为武器系统直接为军事目的服务,包括弹道导弹、轨道武器系统、定向能武器和动能武器的天基作战平台、歼击卫星等。

航天器的整个运动过程包含发射、轨道运行、再入返回等飞行阶段。根据其在飞行过程中的受力情况,通常可以将其飞行轨道分几段。根据飞行器的主发动机工作与否,将飞行轨道分为两段,一是主动段,另一是被动段。被动段根据飞行器所受空气动力的大小分为自由飞行段和再入飞行段。将飞行轨道进行分段的目的是在不同的飞行段上可采用不同的方法来积分运动方程式,以求得飞行器运动的客观规律。

航天器要完成其特定的飞行任务,不但对飞行轨道有一定要求,而且对飞行姿态也有一定要求。例如:天文观测站,要求星体对某一天体定向;太阳能电池阵,要求对太阳定向;地球观测站,要求对地球定向;空间对接,要求两星相互定向;轨道机动,要求制导发动机推力沿给定的方向;等等。研究航天器姿态运动的理论,称为航天器姿态动力学。由于飞行任务要求航天器姿态要按照指定的规律运动,因此姿态动力学不只是简单地描述姿态如何运动,而且要进一步研究如何控制姿态的运动。因此,姿态动力学实质上是研究航天器姿态在控制作用下的动力学问题。

研究航天器的姿态动力学时,根据结构特点和运动特性,常采用三种模型:刚体模型、半刚体模型和组合体模型。讲解基本力学原理时,主要是以刚体卫星为控制对象研究其姿态控制的机理与方法。

1. 刚体模型

早期卫星规模小、刚度大,可近似为六自由度运动的刚体。因此其姿态动力学的建模问题可直接应用经典的刚体动力学理论来研究,而且通常可得到满意的分析结果。

2. 半刚体模型

刚体模型的假设,不能完全揭示卫星姿态动力学特性。即使是早期卫星,采用刚体的假设,也可能是失败的。典型的例子是1958年美国发射的第一颗卫星探险者1号,卫星的姿态控制应用刚体自旋稳定的原理。卫星入轨后很快便失稳而反倒,其根本原因就是:卫星带有四条鞭状天线,而仍然视卫星为刚体。因此建立在刚体模型上的控制方案就缺乏理论上的严密性,而存在失稳的可能性。后来人们提出了半刚体模型,用以修正刚体模型。用此模型分析、研究早期卫星的失稳问题,得到良好的效果。

3. 组合体模型

随着空间事业的发展,航天器的规模越来越大,对姿态控制性能的要求也越来越高。由于航天器的质量受运载条件的限制,航天器的结构刚度很低,因此结构振动的影响不能忽略。同时航天器上携带大量的液体燃料、生活用水等，使得贮箱内液体晃动的影响也不能忽略。因此当前面临的航天器结构，已是多柔体多贮箱组成的大型轨道组合体。其动力学特性非常复杂，其姿态运动同弹性振动、液体晃动等非刚性运动高度耦合。对这样复杂系统动力学的建模、编程、计算机软件等的研制问题，通常需要采用计算机符号推演技术。

航天器是在一定的空间环境之中飞行。空间环境中充满着各种物理介质，对航天器的姿态运动产生不同程度的影响。根据已有的研究成果，其中影响较大的有天体的引力作用、空气动力的作用、地球磁场的作用、太阳辐射压力的作用以及流星的碰撞等，这些作用称为环境作用力。环境作用力对航天器质心之矩称为环境力矩。环境力矩通常是一很小量，但是由于作用的持续性和长期性，因而对姿态运动会产生明显的影响。因此在建立精确的控制系统模型时，必须把环境力矩的影响考虑在内。另外，任何力矩只要利用得当，都可能成为控制力矩。因此环境力矩也是重要的、潜在的控制力矩源。在设计姿态控制系统时，环境力矩也常常被列为候选的控制力矩源之一。

姿态控制的含义，通常包括如下几个具体概念：

1. 定向

卫星的主体或附属体（例如太阳能电池阵、观测设备、天线等），以单轴或三轴按一定精度保持在给定的参考方向上，称为定向控制。此参考方向可以是惯性的，例如天文观测站，也可以是转动的，例如对地球观测。由于定向一方面要保持在参考方向上，另一方面又要克服干扰的影响，因此需要通过控制的方法加以保持。

2. 再定向

星体从原来的参考方向定向，改变到新参考方向定向，称为再定向控制。这种参考方向的改变，是通过连续的姿态机动控制来实现的。

3. 捕获（粗对准）

星体从开始不确定的姿态角与姿态角速度进入定向状态所进行的机动控制，称为捕获控制。捕获又称为初始对准控制，或粗对准控制。通常用较大的控制力矩，以缩短机动的时间，但不要求过高的定向精度。例如航天器入轨时，运载火箭脱离，星体从旋转、翻滚等不确定姿态进入定向状态。

4. 细对准

细对准控制是指捕获后或再定向后由于精度不够而进行的修正机动，以保证定向的精度要求。通常用较小的控制力矩。

5. 跟踪

保持对活动目标的定向，称为跟踪控制。

6. 搜索

对活动目标的捕获，称为搜索控制。

定向属于姿态稳定问题，再定向、捕获、细对准、跟踪和搜索都属于姿态机动问题。姿态稳定要求控制系统在航天器整个工作寿命中进行控制，这种控制一般是长期而持续的，所要求的控制力矩是较小的。姿态机动一般是一短暂过程，需要较大的控制力矩，使姿态在较短的时间内发生明显的改变。由于这两种控制的目的有显著地差别，工程上往往采用两套系统来完成。

由刚体动力学可知，高速自旋的自由回转体，其转轴在惯性空间中具有稳定的定向性，因此自旋稳定是控制航天器姿态的一种原理。通过控制力矩控制航天器姿态，是另一种姿态控制原理。航天器产生控制力矩的方法有两大类，一类是利用环境力矩，另一类是利用星体上携带的控制力矩产生器。根据产生控制力矩的方法及自旋稳定原理而发展起来的航天器姿态控制系统，有如下几种类型：

1. 自旋稳定系统

星体为扁平的回转体形状，对称轴为最大惯量主轴，也为自旋轴。星体在入轨后起旋，并把转轴对准在预定方向上。从理论上来说，这种稳定系统在起旋后就不需要另加控制，但是由于干扰的影响将造成自旋轴的进动与动量矩方向的漂移，如果不加以校正，则定向精度将要下降，而不适于长期任务。自旋稳定的进一步发展，是双自旋稳定，即用一自旋体携带一消旋体，而消旋体的转速可根据需要来设计。

2. 环境力矩稳定系统

根据各种环境力矩的性质，选择适当的轨道高度，设计一定的星体形状，使得作为控制力矩的某一环境力矩，其值远大于其余的环境力矩的值，使星体的姿态处于此控制力矩作用下运动，从而保持设计要求的姿态。但是，即使作了精心设计后，这种控制力矩仍是一很小的量，因此响应速度慢，精度低，而且由于力矩的大小与方向是由固有的规律所确定的，不具有机动能力。由于环境是取之不尽的力矩源，一旦发射成功，其工作寿命将是无限的。最具有实际意义的环境力矩稳定系统是引力梯度稳定系统和太阳辐射压力矩稳定系统。

3. 推力器系统

以推力器产生的推力对星体质心形成的力矩为控制力矩。推力器可根据需要设计其推力大小，安装位置可以最佳选择，使用时可开可关，在任何环境下都能工作，精度高，可机动，因此推力器系统是用于姿态控制的主要手段。但是推力器系统所消耗的工质是由星体携带的，工作寿命是受到携带的工质数量所限制，在完成长期任务的航天器中，其使用受到限制。

4. 飞轮系统

通过改变飞轮的动量矩来吸收星体的多余动量矩，从而通过控制星体的动量矩来控制星体的姿态。由于作用于星体上的干扰力矩通常包含有周期项，此周期项干扰力矩将造成星体动力矩作周期性的改变，这种改变反馈到飞轮转轴的电机上，使飞轮产生往复转动，从而消除星体姿态的扰动。用飞轮系统来消除星体姿态的周期性扰动，只需消耗很少的能量（电机的电功率），这一优点是推力器系所不能比拟的。但是干扰力矩中通常还包含阶跃项，这一干扰项将使飞轮向一个方向加速或偏转。当飞轮转速达到某一极限状态时就不再吸收星体多余的动量矩，从而使系统失控。这种状态称为饱和。饱和是飞轮系统自身无法克服的缺点，为了克服这一缺点，必须另外考虑去饱和（即卸载）的措施。因此在设计飞轮系统的同时，必须设计相应的卸载系统。飞轮系统可用于姿态机动控制与姿态稳定控制。飞轮系统，根据飞轮转速的标称值是否等于零、飞轮转轴是否固定及飞轮的数目与安装位置等而构成各种各样的飞轮系统。常见的飞轮系统有小飞轮零偏置的反作用飞轮、大飞轮非零偏置的动量矩飞轮及转轴装在一自由度或二自由度框架上的控制力矩陀螺等。

5. 地磁力矩器系统

地磁力矩器就是载流线圈(电磁铁),是根据载流线圈在地球磁场作用下产生偏转力矩的原理来设计的力矩产生器。如果星体的三个体轴上都安装有线圈,则可以通过控制线圈上的电流来获得所需要的控制力矩的大小与方向,从而实现姿态控制。

纵观上述的各种控制系统可知,自旋稳定系统和环境力矩稳定系统,不需要消耗星体上的能源(从原理上说),且不具有机动能力,因此称之为无源系统或被动系统。而其余系统是由星体上携带的控制力矩产生器作执行器,且须消耗星上能源,又都具有机动能力,因此称之为有源系统或主动系统。两类系统各有明显的优缺点,各种航天器通常根据任务要求,选择合适的控制系统。例如:任务期限短、精度要求高、机动活动范围大的航天器,通常选用推力器系统或飞轮系统;任务期限长、精度要求低,不要求机动性,则可选用被动系统。还有许多飞行任务对控制性能要求取折中水平,这类航天器往往根据两类系统的特点加以巧妙组合,扬长避短,组成新的控制系统,即所谓半主动系统或半被动系统。另外,有些航天器是由若干部分组成的,每一部分所要求的姿态控制各不相同,因此每部分各有独立的控制系统,这种系统称为多体控制系统。

主动控制系统属于闭环控制系统,在系统中除了需要上述的执行器外,还需要相应的姿态敏感器及测量信息的处理、控制指令的产生等一系列重要的环节。星载计算机的使用和发展使得姿态控制技术至臻完善。“阿波罗”飞船、航天飞机、空间站等航天器的成就,说明人类已能自如地驾驭航天器在太空完成各种复杂的飞行任务。

本书系统地阐述各种姿态控制系统的动力学与控制的基本原理,为进一步分析和设计航天器的动力学特性和控制系统提供必要的理论基础。

第 1 章　刚体动力学与航天器的自旋稳定系统

在航天器姿态控制系统的初步设计中，往往把航天器视为刚体，用以得到接近于星体运行情况的动力学模型，并且对这一模型进行充分研究，为精确模型的建立奠定基础。下面均设星体为刚体，或星体的壳体为刚体。如果是多体系统，则认为各体均为刚体或质点。

为了研究刚体航天器的姿态动力学，这一章先简单地概述刚体动力学的若干重要结论，然后讨论一种最简单的姿态控制方法，即自旋稳定。

1.1　刚体动力学

1.1.1　刚体相对于质心的动量矩

刚体相对于质心的动量矩如图 1.1－1 所示。

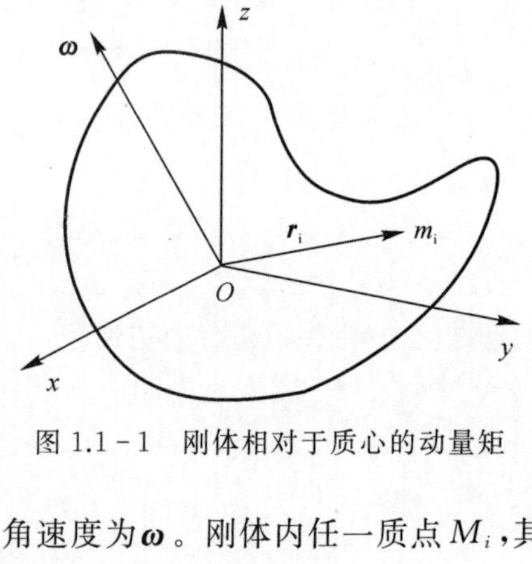

图 1.1－1　刚体相对于质心的动量矩

设刚体 B 相对质心 O 的角速度为 $\boldsymbol{\omega}$。刚体内任一质点 M_i，其质量为 m_i，相对质心 O 矢径为 $\boldsymbol{r}_i$，则 M_i 相对 O 的速度为

$$\boldsymbol{v}_i=\boldsymbol{\omega}\times\boldsymbol{r}_i$$

刚体相对于质心 O 动量矩为

$$\boldsymbol{h}=\sum m_i(\boldsymbol{r}_i\times\boldsymbol{v}_i)=\sum m_i[\boldsymbol{r}_i\times(\boldsymbol{\omega}\times\boldsymbol{r}_i)]$$

对连续质量的刚体来说，上式应写为积分形式，即

$$\boldsymbol{h}=\int_m \boldsymbol{r}_i\times(\boldsymbol{\omega}\times\boldsymbol{r}_i)\mathrm{d}m=\int_m[(\boldsymbol{r}\cdot\boldsymbol{r})\cdot\boldsymbol{\omega}-(\boldsymbol{\omega}\cdot\boldsymbol{r})\cdot\boldsymbol{r}]\mathrm{d}m \tag{1.1-1}$$

如以体坐标系 $Oxyz$ 为计算坐标系，并采用矩阵记号

$$\boldsymbol{r}=[x,y,z]^{\mathrm{T}},\quad \boldsymbol{\omega}=[\omega_x,\omega_y,\omega_z]^{\mathrm{T}}$$

则式(1.1-1) 可用矩阵形式表示为

$$\boldsymbol{h}=\int_m(\boldsymbol{r}^{\mathrm{T}}\boldsymbol{r}\boldsymbol{E}-\boldsymbol{r}\boldsymbol{r}^{\mathrm{T}})\boldsymbol{\omega}\,\mathrm{d}m=\boldsymbol{I\omega} \tag{1.1-2}$$

式中，$\boldsymbol{I}$ 为刚体对质心 O 的惯量张量，且有

$$\boldsymbol{I}=\int_m(\boldsymbol{r}^{\mathrm{T}}\boldsymbol{r}\boldsymbol{E}-\boldsymbol{r}\boldsymbol{r}^{\mathrm{T}})\mathrm{d}m=$$

$$\begin{bmatrix}\int_m(y^2+z^2)\mathrm{d}m & -\int_m xy\,\mathrm{d}m & -\int_m xz\,\mathrm{d}m- \\ \int_m xy\,\mathrm{d}m & \int_m(x^2+z^2)\mathrm{d}m & -\int_m yz\,\mathrm{d}m- \\ \int_m xz\,\mathrm{d}m & -\int_m yz\,\mathrm{d}m & \int_m(x^2+y^2)\mathrm{d}m\end{bmatrix}=$$

$$\begin{bmatrix}I_x & -I_{xy} & -I_{xz} \\ -I_{xy} & I_y & -I_{yz} \\ -I_{xz} & -I_{yz} & I_z\end{bmatrix} \tag{1.1-3}$$

按转动惯量 I_x,I_y,I_z 和惯性积 I_{xy},I_{yz},I_{xz} 的定义知

$$I_x=\int_m(y^2+z^2)\mathrm{d}m,\quad I_y=\int_m(x^2+z^2)\mathrm{d}m,\quad I_z=\int_m(x^2+y^2)\mathrm{d}m$$

$$I_{xy}=\int_m xy\,\mathrm{d}m,\quad I_{yz}=\int_m yz\,\mathrm{d}m,\quad I_{xz}=\int_m xz\,\mathrm{d}m$$

把式(1.1-3) 代入式(1.1-2) 后，可得 $\boldsymbol{h}$ 在体坐标系 $Oxyz$ 上的三分量 h_x,h_y,h_z 为

$$\left.\begin{aligned}h_x&=I_x\omega_x-I_{xy}\omega_y-I_{xz}\omega_z\\ h_y&=-I_{xy}\omega_x+I_y\omega_y-I_{yz}\omega_z\\ h_z&=-I_{xz}\omega_x-I_{yz}\omega_y+I_z\omega_z\end{aligned}\right\} \tag{1.1-4}$$

如果体坐标系 $Oxyz$ 的三坐标轴是刚体对 O 点的三惯量主轴，即有

$$I_{xy}=I_{xz}=I_{yz}=0$$

则有

$$\boldsymbol{I}=\begin{bmatrix}I_x & 0 & 0\\ 0 & I_y & 0\\ 0 & 0 & I_z\end{bmatrix} \tag{1.1-5}$$

$$\boldsymbol{h}=\begin{bmatrix}h_x\\ h_y\\ h_z\end{bmatrix}=\begin{bmatrix}I_x\omega_x\\ I_y\omega_y\\ I_z\omega_z\end{bmatrix} \tag{1.1-6}$$

式中，I_x,I_y,I_z 分别称为刚体对 x,y,z 轴的主惯量。由于任一刚体对任一点 O 总是存在三互相垂直的惯量主轴，因此刚体对点 O 的动量矩可表示为式(1.1-6) 的形式。后面均设体坐标

系的三轴为惯量主轴,从而 $\boldsymbol{h}$ 均取式(1.1-6)的形式。

1.1.2 刚体的动能

刚体的动能如图1.1-2所示。设刚体作一般运动,$O^0x^0y^0z^0$ 为惯性坐标系,$Oxyz$ 为本体系。质心 O 对 O^0 矢径为 $\boldsymbol{R}_0$,速度为 $\boldsymbol{v}_0$。刚体内任一质量元 $\mathrm{d}m$,相对于质心 O 的矢径为 $\boldsymbol{r}$,刚体转速为 $\boldsymbol{\omega}$,则质量元为 $\mathrm{d}m$ 的速度 $\boldsymbol{v}$ 为

$$\boldsymbol{v}=\boldsymbol{v}_0+\boldsymbol{\omega}\times\boldsymbol{r}$$

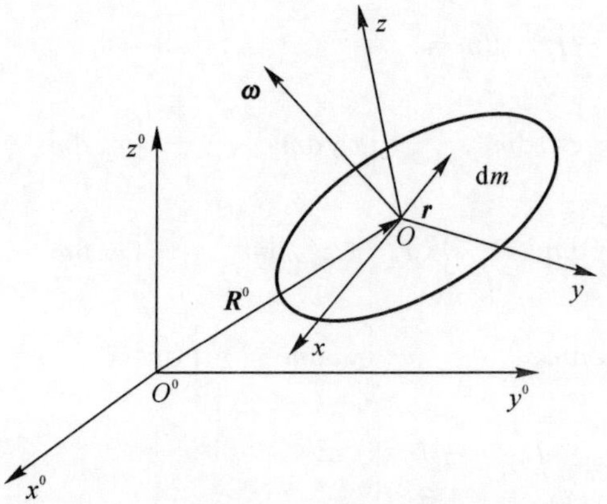

图 1.1-2 刚体动能

刚体动能为

$$\begin{aligned}T=&\frac{1}{2}\int_m\boldsymbol{v}\cdot\boldsymbol{v}\mathrm{d}m=\\&\frac{1}{2}\int_m(\boldsymbol{v}_0+\boldsymbol{\omega}\times\boldsymbol{r})\cdot(\boldsymbol{v}_0+\boldsymbol{\omega}\times\boldsymbol{r})\mathrm{d}m=\\&\frac{1}{2}mv_0^2+\frac{1}{2}\int_m(\boldsymbol{\omega}\times\boldsymbol{r})\cdot(\boldsymbol{\omega}\times\boldsymbol{r})\mathrm{d}m+\int_m\boldsymbol{v}_0\cdot(\boldsymbol{\omega}\times\boldsymbol{r})\mathrm{d}m\end{aligned}$$

注意到 $\boldsymbol{v}_0$ 与 $\boldsymbol{\omega}$ 与积分号无关,而有

$$\int_m\boldsymbol{v}_0\cdot(\boldsymbol{\omega}\times\boldsymbol{r})=\boldsymbol{v}_0\cdot(\boldsymbol{\omega}\times\int_m\boldsymbol{r}\mathrm{d}m)=0$$

因此得

$$T=\frac{1}{2}mv_0^2+\frac{1}{2}\int_m(\boldsymbol{\omega}\times\boldsymbol{r})\cdot(\boldsymbol{\omega}\times\boldsymbol{r})\mathrm{d}m=T_\mathrm{T}+T_\mathrm{r}\tag{1.1-7}$$

式中 $T_\mathrm{T}=\frac{1}{2}mv_0^2$—— 刚体随同质心平动动能;

$T_\mathrm{r}=\frac{1}{2}\int_m(\boldsymbol{\omega}\times\boldsymbol{r})\cdot(\boldsymbol{\omega}\times\boldsymbol{r})\mathrm{d}m$—— 刚体绕质心转动动能。

由式(1.1-7)知,刚体做一般运动时,其动能等于随同质心平动动能与绕质心转动动能之和。

注意到

$$(\boldsymbol{\omega} \times \boldsymbol{r}) \cdot (\boldsymbol{\omega} \times \boldsymbol{r}) = \boldsymbol{\omega} \cdot [\boldsymbol{r} \times (\boldsymbol{\omega} \times \boldsymbol{r})]$$

因此 T_r 又可以表示为

$$T_r = \frac{1}{2}\int_m (\boldsymbol{\omega} \times \boldsymbol{r}) \cdot (\boldsymbol{\omega} \times \boldsymbol{r})\mathrm{d}m = \frac{1}{2}\boldsymbol{\omega} \cdot \left[\int_m \boldsymbol{r} \times (\boldsymbol{\omega} \times \boldsymbol{r})\mathrm{d}m\right] = \frac{1}{2}\boldsymbol{\omega} \cdot \boldsymbol{h}$$

或表示为矩阵形式

$$\boldsymbol{T}_r = \frac{1}{2}\boldsymbol{\omega}^{\mathrm{T}}\boldsymbol{h} = \frac{1}{2}\boldsymbol{\omega}^{\mathrm{T}}\boldsymbol{I}\boldsymbol{\omega} = \frac{1}{2}(I_x\omega_x^2 + I_y\omega_y^2 + I_z\omega_z^2 - 2I_{xy}\omega_x\omega_y - 2I_{yz}\omega_y\omega_z - 2I_{xz}\omega_x\omega_z) \tag{1.1-8}$$

当 x，y，z 均为惯量主轴时，则有

$$T_r = \frac{1}{2}(I_x\omega_x^2 + I_y\omega_y^2 + I_z\omega_z^2) \tag{1.1-9}$$

1.1.3　欧拉动力学方程

根据质点系相对于质心的动量矩定理知

$$\frac{\mathrm{d}\boldsymbol{h}}{\mathrm{d}t} = \boldsymbol{L} \tag{1.1-10}$$

式中，$\boldsymbol{L}$ 为作用于质点系的外力系对质心的主矩。如以体坐标系为计算坐标系，则由矢量相对导数公式得

$$\frac{\hat{\mathrm{d}}\boldsymbol{h}}{\mathrm{d}t} + \boldsymbol{\omega} \times \boldsymbol{h} = \boldsymbol{L} \tag{1.1-11}$$

或写成分量行式

$$\left.\begin{aligned} \dot{h}_x + \omega_y h_z - \omega_z h_y &= L_x \\ \dot{h}_y + \omega_z h_x - \omega_x h_z &= L_y \\ \dot{h}_z + \omega_x h_y - \omega_y h_x &= L_z \end{aligned}\right\} \tag{1.1-12}$$

再设三体轴均为惯量主轴，则式(1.1-12)又可写成

$$\left.\begin{aligned} I_x\dot{\omega}_x + (I_z - I_y)\omega_y\omega_z &= L_x \\ I_y\dot{\omega}_y + (I_x - I_z)\omega_x\omega_z &= L_y \\ I_z\dot{\omega}_z + (I_y - I_x)\omega_x\omega_y &= L_z \end{aligned}\right\} \tag{1.1-13}$$

式(1.1-13)即常用的欧拉力学方程。

1.1.4　欧拉运动学方程

在式(1.1-13)中，L_x，L_y，L_z 可能是刚体角位置和角速度的函数，因此为了求解此方程还应补充角速度和角位置之间的几何关系式，即运动学方程。

如图1.1-3所示的欧拉角，是按313的顺序旋转得到的进动角 ψ、章动角 θ 和自转角 φ。则角速度可表示为

$$\boldsymbol{\omega} = \dot{\boldsymbol{\psi}} + \dot{\boldsymbol{\theta}} + \dot{\boldsymbol{\varphi}} \tag{1.1-14}$$

式中 $\dot{\boldsymbol{\psi}}$，$\dot{\boldsymbol{\theta}}$，$\dot{\boldsymbol{\varphi}}$ 的方向如图1.1-3所示。式(1.1-14)也可表示为分量形式：

$$\left.\begin{aligned}\omega_x &= \dot{\theta}\cos\varphi + \dot{\psi}\sin\theta\sin\varphi \\ \omega_y &= -\dot{\theta}\sin\varphi + \dot{\psi}\sin\theta\cos\varphi \\ \omega_z &= \dot{\varphi} + \dot{\psi}\cos\theta\end{aligned}\right\} \tag{1.1-15}$$

式(1.1－15)即以 313 顺序定义的欧拉角表示的角速度与欧拉角之间的关系式,也即欧拉运动学方程。其它欧拉角定义的欧拉运动学方程可类似得到。

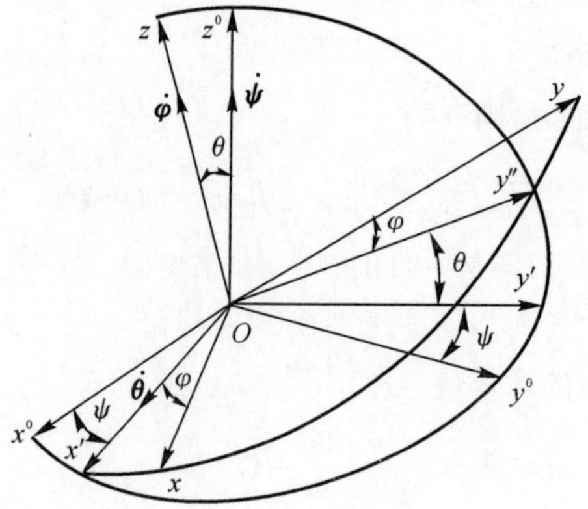

图 1.1－3　欧拉角

1.1.5　常质量航天器动力学方程

如果刚性航天器的质量变化很小,则可近似为常质量刚性航天器,由于自由刚体的运动可分解为随同质心平动和绕质心转动的两部分运动来研究,因此研究刚性航天器的动力学方程可由质心运动方程和绕质心转动的方程来表示。

设外力系对质心 O 的主矢为 $\boldsymbol{F}$,主矩为 $\boldsymbol{L}$,则质心运动方程和绕质心转动方程为

$$\left.\begin{aligned}m\frac{\mathrm{d}\boldsymbol{v}_0}{\mathrm{d}t} &= \boldsymbol{F} \\ \frac{\mathrm{d}\boldsymbol{h}}{\mathrm{d}t} &= \boldsymbol{L}\end{aligned}\right\} \tag{1.1-16}$$

如果以体坐标系 $Oxyz$ 为计算坐标系,且三坐标轴均为惯量主轴,则式(1.1－16)可表示为

$$\left.\begin{aligned}m\frac{\tilde{\mathrm{d}}\boldsymbol{v}_0}{\mathrm{d}t} + m\boldsymbol{\omega}\times\boldsymbol{v}_0 &= \boldsymbol{F} \\ \frac{\tilde{\mathrm{d}}\boldsymbol{h}}{\mathrm{d}t} + \boldsymbol{\omega}\times\boldsymbol{h} &= \boldsymbol{L}\end{aligned}\right\} \tag{1.1-17}$$

或写为分量行式

$$\left.\begin{aligned}m(\dot{v}_{Ox} + \omega_y v_{Oz} - \omega_z v_{Oy}) &= F_x \\ m(\dot{v}_{Oy} + \omega_z v_{Ox} - \omega_x v_{Oz}) &= F_y \\ m(\dot{v}_{Oz} + \omega_x v_{Oy} - \omega_y v_{Ox}) &= F_z\end{aligned}\right\} \tag{1.1-18}$$

$$\left.\begin{aligned} I_x\dot{\omega}_x+(I_z-I_y)\omega_y\omega_z=L_x \\ I_y\dot{\omega}_y+(I_x-I_z)\omega_x\omega_z=L_y \\ I_z\dot{\omega}_z+(I_y-I_x)\omega_x\omega_y=L_z \end{aligned}\right\} \tag{1.1-19}$$

上述两组方程是互相耦合的，通常还要联立相应的欧拉运动方程才能求解。由于方程的维数高、变量多，一般无法讨论其解析解，而需要用数字方法求解。当研究航天器姿态运动时，通常把姿态运动对轨道运动的影响略去不计，且在分析姿态运动参数时，把轨道运动参数当作已知量。作这样的简化假设后，姿态运动方程式(1.1-19)便可单独进行积分计算。

1.2　刚体自旋稳定

在轨道上运行的刚性航天器是一自由刚体，如果星体没有外力矩作用，则其姿态运动是属于刚体动力学中的欧拉-潘索情形，其解析解与几何解在理论力学中已有讨论。下面仅讨论自旋刚体的定向性与稳定性问题。

定向性是指，若自旋刚体没有外力矩作用，其转轴方向在惯性空间将保持不变。稳定性是指，自旋刚体受扰动后转轴仍能保持在原来方向的近旁运动，或者趋于原来的方向。现在讨论自由刚体绕什么轴自旋具有稳定性，绕什么轴自旋其定向性又具有稳定性的问题。

1.2.1　定向性

设体坐标系 $Oxyz$ 的三轴为刚体对质心的惯量主轴，I_x，I_y 和 I_z 为相应的主惯量。设 $L=0$，则得欧拉动力学方程为

$$\left.\begin{aligned} I_x\dot{\boldsymbol{\omega}}_x+(I_z-I_y)\omega_y\omega_z=0 \\ I_y\dot{\boldsymbol{\omega}}_y+(I_x-I_z)\omega_x\omega_z=0 \\ I_z\dot{\boldsymbol{\omega}}_z+(I_y-I_x)\omega_x\omega_y=0 \end{aligned}\right\} \tag{1.2-1}$$

设刚体初始角速度为 $\boldsymbol{\omega}_0$，三分量为 ω_{x0}　ω_{y0}　ω_{z0}，由于外力矩等于零，则刚体动量矩守恒，即

$$\begin{aligned} \boldsymbol{h}&=I_x\omega_x\boldsymbol{i}+I_y\omega_y\boldsymbol{j}+I_z\omega_z\boldsymbol{k}= \\ &I_x\omega_{x0}\boldsymbol{i}+I_y\omega_{y0}\boldsymbol{j}+I_z\omega_{z0}\boldsymbol{k}= \\ &\text{常矢量} \end{aligned} \tag{1.2-2}$$

可见，在刚体的转动过程中，只有动量矩 $\boldsymbol{h}$ 的方向在空间保持不变。而角速度 $\boldsymbol{\omega}$ 的方向，除了惯量椭球为正球体($I_x=I_y=I_z$)外，一般是不与动量矩 $\boldsymbol{h}$ 方向重合的。因此角速度 $\boldsymbol{\omega}$ 的方向在惯性空间内，一般是变化的，而不具有定向性。

但是，当初始角速度 $\boldsymbol{\omega}_0$ 是与某一惯量主轴，例如轴 z 重合，即 $\boldsymbol{\omega}_0=\omega_0\boldsymbol{k}$，则有

$$\boldsymbol{h}=I_x\omega_x\boldsymbol{i}+I_y\omega_y\boldsymbol{j}+I_z\omega_z\boldsymbol{k}=I_z\omega_0\boldsymbol{k}=\text{常矢量} \tag{1.2-3}$$

式(1.2-3)表明，轴 z 方向 $\boldsymbol{k}$ 在惯性空间保持不变，且恒有

$$\omega_x=\omega_y=0,\quad \omega_z=\omega_0$$

因此当且仅当以惯性主轴为转轴时，此转轴才具有定向性。显然，以下三种情形成立：

(1)$I_x\neq I_y\neq I_z$ 时，具有定向性的转轴只有三惯量主轴；

(2)$I_x=I_y\neq I_z$ 时，除了对称轴 z 具有定向性外，在赤道平面 xOy 内过点 O 的任一轴，都

具有定向性；

(3)$I_x = I_y = I_z$ 时，过 O 点的任一轴，都具有定向性。

1.2.2 稳定性

对自旋稳定航天器来说，除了希望转轴具有定向性外，还必须具有稳定性。因为干扰总是存在的，希望转轴受到干扰后仍能保持在原来方向的近旁。

设初始角速度 $\boldsymbol{\omega}_0$ 沿着惯量主轴 z，受扰动 $\delta\boldsymbol{\omega}$ 后，角速度 $\boldsymbol{\omega}$ 变为

$$\boldsymbol{\omega} = \boldsymbol{\omega}_0 + \delta\boldsymbol{\omega}$$

或

$$\omega_x = \delta\omega_x, \quad \omega_y = \delta\omega_y, \quad \omega_z = \omega_0 + \delta\omega_z \tag{1.2-4}$$

将式(1.2-4)代入式(1.2-1)得

$$\left.\begin{aligned} I_x\dot{\omega}_x + (I_z - I_y)\omega_y(\omega_0 + \delta\omega_z) = 0 \\ I_y\dot{\omega}_y + (I_x - I_z)\omega_x(\omega_0 + \delta\omega_z) = 0 \\ I_z\dot{\omega}_z + (I_y - I_x)\omega_x\omega_y = 0 \end{aligned}\right\}$$

设 ω_x，ω_y 和 $\delta\dot{\omega}_z$ 均为小量，上式略去二阶小量得

$$\left.\begin{aligned} I_x\dot{\omega}_x + (I_z - I_y)\omega_y\omega_0 = 0 \\ I_y\dot{\omega}_y + (I_x - I_z)\omega_x\omega_0 = 0 \\ I_z\delta\dot{\omega}_z = 0 \end{aligned}\right\} \tag{1.2-5}$$

由第三式知 $\delta\dot{\omega}_z =$ 常量，即保持是一小量。由前两式得

$$\begin{aligned} \ddot{\omega}_x + \lambda^2\omega_x = 0 \\ \ddot{\omega}_y + \lambda^2\omega_y = 0 \end{aligned} \tag{1.2-6}$$

式中

$$\lambda = \sqrt{\frac{(I_z - I_y)(I_z - I_x)}{I_x I_y}}\,\omega_0 \tag{1.2-7}$$

要求转轴稳定，也即受到扰动后 ω_x 与 ω_y 仍保持为小量，由式(1.2-6)知，其必要条件是 λ 为非零实数，即要求

$$(I_z - I_y)(I_z - I_x) > 0 \tag{1.2-8}$$

满足此条件的的转轴应为：

(1)$I_z > I_y$，$I_z > I_x$，即转轴 z 为最大惯量主轴；

(2)$I_z < I_y$，$I_z < I_x$，即转轴 z 为最小惯量主轴。

显然，当轴 z 为中间惯量主轴，即满足 $I_x < I_z < I_y$ 或 $I_y < I_z < I_x$ 时，条件式(1.2-8)不成立，因此绕中间惯量主轴的自旋是不稳定的。

当惯量椭球是一回转椭球，即有 $I_x = I_y \neq I_z$ 时，则满足式(1.2-8)的转轴只有轴 z，此轴可以是最大惯量主轴或最小惯量主轴。而赤道面内的转轴就不具有稳定性。

从上面的分析可知，刚体的自旋稳定不是渐进稳定，其定向精度与扰动有关，且随着扰动增大，其精度也就下降。特别当刚体上作用有长期的干扰力矩时，动量矩便不再守恒，其方向也发生漂移。

1.3　半刚体自旋稳定

1.2 节讨论的自旋刚体的定向性与稳定性，是在刚体的假设下才能成立的，而对于一般的非刚体其结论是否仍成立，则还需作进一步讨论。早期卫星由于结构紧凑，安装得当，虽然有一定非刚性，但内部的相对运动影响很小。研究这一类自旋卫星的定向性与稳定性问题对早期卫星有着重要工程意义。下面就来分析这一类自旋卫星的稳定性。

1.3.1　半刚体自旋稳定

考虑到早期卫星具有不严重的非刚性，为此设想一个半刚体的物理模型。假设非刚体内部的相对运动对整体运动影响很小(对运动学而言)，可忽略而视为刚体，但是相对运动造成的内能耗散的影响不能忽略(对动力学而言)，而不能视为刚体，将这种似是而非的刚体称为半刚体。应当注意的是，虽然半刚体概念也是一理想化模型，但是半刚体模型比刚体模型更接近于实际物体，且由此推得的结论更为合理。

由于半刚体模型是考虑了内能耗散的刚体，欧拉动力学方程仍能满足，且当外力矩为零时也满足动量矩守恒定理，所不同的是内能耗散使机械能守恒定律不再满足。设一半刚体自旋卫星，外力矩为零，则方程式(1.2 - 1) 仍然成立。由此出发仍可推断最大和最小的惯量主轴均可能是稳定的定向性转轴，仅是这一结论还需要用内能耗散的影响来进一步加以检验。

先考虑一种特殊情形，即设卫星是一回转体，轴 z 为对称轴，即有 $I_x = I_y \neq I_z$，根据 1.2 节的结论知，轴 z 不论是最大还是最小惯量主轴，都是具有稳定定向性的转轴。现在考虑能耗散对此结论的影响。

设星体绕 z 轴自旋的角速度为 $\boldsymbol{\omega}_0$，当受到扰动 $\delta\boldsymbol{\omega}$ 后，星体角速度 ω 变为

$$\omega_x = \delta\omega_x, \quad \omega_y = \delta\omega_y, \quad \omega_z = \omega_0 + \delta\omega_z$$

星体的动量矩 $\boldsymbol{h}$ 和动能 T 为

$$\left.\begin{aligned} \boldsymbol{h}^2 &= I_x^2(\omega_x^2 + \omega_y^2) + I_z^2\omega_z^2 \\ 2T &= I_x(\omega_x^2 + \omega_y^2) + I_z\omega_z^2 \end{aligned}\right\} \tag{1.3 - 1}$$

上面二式合并得

$$2T = \frac{1}{I_x}[h^2 - I_z(I_z - I_x)\omega_z^2] \tag{1.3 - 2}$$

由于假设外力矩等零，动量矩 $\boldsymbol{h}$ 为常矢量，为此设轴 z 与 $\boldsymbol{h}$ 方向的夹角为 θ，则得

$$I_z\omega_z = h\cos\theta \tag{1.3 - 3}$$

把式(1.3 - 3) 代入式(1.3 - 2) 得

$$2T = \frac{h^2}{I_x}\left(1 - \frac{I_z - I_x}{I_z}\cos^2\theta\right) \tag{1.3 - 4}$$

式(1.3 - 4) 对时间 t 求导数得

$$\dot{T} = \frac{h^2\dot{\theta}}{I_x I_z}(I_z - I_x)\sin\theta\cos\theta \tag{1.3 - 5}$$

由于内能耗散，转动动能逐渐减小，而有 $\dot{T} < 0$。另外轴 z 对动量矩 $\boldsymbol{h}$ 方向的角偏离 $\theta < 90°$，因此要使等式(1.3 - 5) 成立，则有：

(1) 如 $I_z > I_x$，即轴 z 为最大惯量主轴，则 $\dot{\theta} < 0$，即角 θ 逐渐减小。表明扰动造成 z 轴的偏离，将由于内能耗散使轴 z 逐渐回到动量矩 $\boldsymbol{h}$ 的方向。这时轴 z 的定向性不但是稳定的，而且是渐进稳定的。

(2) 如 $I_z < I_x$，即轴 z 为最小惯量主轴，则 $\dot{\theta} > 0$，即角 θ 逐渐增大。表明扰动造成 z 轴的偏离，将由于内能耗散而逐渐扩大而至发散，因此是不稳定的。

由上面的分析可知，用刚体模型得到的稳定性结论不全对，其中最小惯量主轴不具有自旋稳定性。这一结论已为美国探险者 1 号卫星的飞行结果所证实。如图 1.3－1 所示，自旋轴为最小惯量主轴，入轨时自旋轴 z 对准动量矩 $\boldsymbol{h}$ 的方向。由于卫星上装有四根鞭状天线伸出体外，当星体受扰动使得章动角 $\theta \neq 0$ 时，天线的振动耗散了转动动能，使章动越来越剧烈，而且自旋轴最后变为横向的转轴。这一例子说明，由于星体的非刚性总是不同程度存在的，因而都有一定的内能耗散，因此绕最小惯量主轴自旋的系统，如果没有一定的稳定措施，则将会在扰动的作用下使转轴逐渐发散。

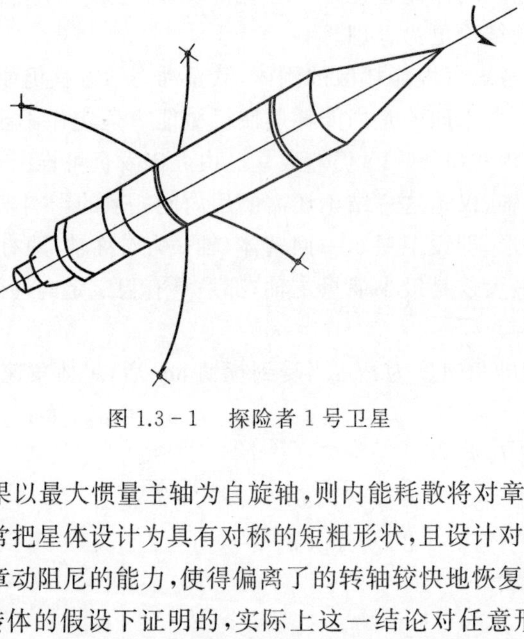

图 1.3－1　探险者 1 号卫星

与上述情形相反，如果以最大惯量主轴为自旋轴，则内能耗散将对章动起阻尼作用。因此对被动的自旋稳定系统，通常把星体设计为具有对称的短粗形状，且设计对称轴为自旋轴。星体内还要装上耗能器，以提高章动阻尼的能力，使得偏离了的转轴较快地恢复到原来的方向上。

上面的结论是在回转体的假设下证明的，实际上这一结论对任意形状的惯量椭球也是成立的，即考虑到内能耗散后，任何形状的星体，只有最大惯量的主轴才具有自旋稳定性。现证明如下。

设星体的动量矩 $\boldsymbol{h}$ 在坐标系 $Oxyz$ 内的方向余弦分别为 $\cos\xi, \cos\eta, \cos\theta$，即

$$\left.\begin{aligned} h_x &= h\cos\xi = I_x\omega_x \\ h_y &= h\cos\eta = I_y\omega_y \\ h_z &= h\cos\theta = I_z\omega_z \end{aligned}\right\} \tag{1.3-6}$$

则动能 T 可以表示为

$$\begin{aligned} 2T = I_x\omega_x^2 + I_y\omega_y^2 + I_z\omega_z^2 = \frac{h_x^2}{I_x} + \frac{h_y^2}{I_y} + \frac{h_z^2}{I_z} = \\ h^2\left(\frac{\cos^2\xi}{I_x} + \frac{\cos^2\eta}{I_y} + \frac{\cos^2\theta}{I_z}\right) \end{aligned} \tag{1.3-7}$$

再利用方向余弦的关系式

$$\cos^2\theta = 1 - \cos^2\xi - \cos^2\eta \tag{1.3-8}$$

则式(1.3-8)可表示为

$$2T = h^2\left[\left(\frac{1}{I_x} - \frac{1}{I_z}\right)\cos^2\xi + \left(\frac{1}{I_y} - \frac{1}{I_z}\right)\cos^2\eta + \frac{1}{I_z}\right] \tag{1.3-9}$$

当无外力矩时，由于内能耗散，刚体的转动是使动能趋向极小值。从式(1.3-9)可以看出：

(1)$I_z > I_y, I_z > I_x$，动能的极小值对应于：

$$\theta = 0°, \quad 即\ \xi = \eta = 90°$$

(2)$I_z < I_y, I_z < I_x$，动能的极小值对应于：

$$\theta = 90°, \quad 即\ \xi\ 或\ \eta = 0°。$$

因此要使轴 z 为稳定的转轴，即要求章动角 θ 等于零，也即必须对应于最大惯量的主轴。

1.3.2　章动阻尼器

由上面分析知，考虑到内能耗散后，最大惯量主轴不但具有自旋稳定性，而且能够消除转轴的偏离，提高定向精度。因此可以设想在星体内安装一耗能器来消除转轴的偏离，这种耗能器称为被动式章动阻尼器。常用的被动式章动阻尼器有质量弹簧阻尼器、黏性液体阻尼器等。下面以质量弹簧阻尼器为例，说明被动阻尼器的原理。

如图 1.3-2 所示，质量弹簧阻尼器是在一直管内装一弹簧振子，并充以黏性液体。当滑块振动时由于黏性阻尼的作用而耗散能量。为了不使滑块的振动影响星体质心位置的变化，阻尼器通常是成对的对称安装。设两管均平行 x 轴，且与 x 轴同在一个平面内，距 x 轴均为 l。设两阻尼器的参数完全相同，并记总质量为 m，总刚性系数为 k，总阻尼系数为 c。当阻尼器工作时，设两滑块移动的距离相等但方向相反，因此星体总质心位置不因滑块的运动而改变。

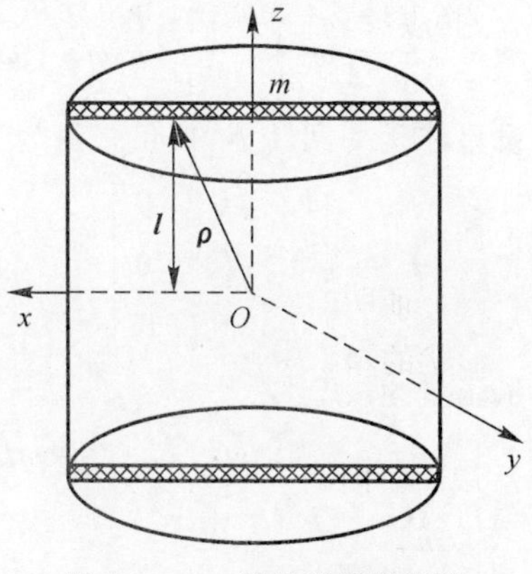

图 1.3-2　质量弹簧阻尼器

设星体以初始角速度 $\boldsymbol{\omega}_0$ 绕最大惯量主轴 z 轴旋转，即

$$\boldsymbol{\omega}_0 = \omega_0\boldsymbol{k}$$

当受到小扰动 $\delta\boldsymbol{\omega}$ 后得

$$\left.\begin{aligned} &\boldsymbol{\omega} = \boldsymbol{\omega}_0 + \delta\boldsymbol{\omega} = \omega_x\boldsymbol{i} + \omega_y\boldsymbol{j} + \omega_z\boldsymbol{k} \\ &\omega_x = \delta\omega_x, \omega_y = \delta\omega_y, \omega_z = \omega_0 + \delta\omega_z \end{aligned}\right\} \tag{1.3-10}$$

滑块相对星体质心 O 的矢径 $\boldsymbol{\rho}$ 为

$$\boldsymbol{\rho} = x\boldsymbol{i} + l\boldsymbol{k} \tag{1.3-11}$$

则滑块相对于质心的加速度为

$$\begin{aligned}\frac{\mathrm{d}^2\rho}{\mathrm{d}t^2} &= \frac{\tilde{\mathrm{d}}^2\boldsymbol{\rho}}{\mathrm{d}t^2} + \frac{\mathrm{d}\boldsymbol{\omega}}{\mathrm{d}t}\times\boldsymbol{\rho} + \boldsymbol{\omega}\times(\boldsymbol{\omega}\times\boldsymbol{\rho}) + 2\boldsymbol{\omega}\times\frac{\tilde{\mathrm{d}}\boldsymbol{\rho}}{\boldsymbol{dt}} = \\ &[\ddot{x} - x(\omega_y^2 + \omega_z^2) + l(\omega_x\omega_z + \dot{\omega}_y)]\boldsymbol{i} + \\ &[x(\omega_x\omega_y + \dot{\omega}_z) + l(\omega_y\omega_z - \dot{\omega}_x) + 2\dot{x}\omega_z]\boldsymbol{j} + \\ &[x(\omega_x\omega_z - \dot{\omega}_y) - l(\omega_x^2 + \omega_y^2) - 2\dot{x}\omega_y]\boldsymbol{k}\end{aligned} \tag{1.3-12}$$

滑块的绝对加速度为

$$\boldsymbol{W} = \frac{\mathrm{d}^2\boldsymbol{\rho}}{\mathrm{d}t^2} + \boldsymbol{g} \tag{1.3-13}$$

由于滑块受有弹力与阻力的作用,且表示为

$$F_x = -kx - c\dot{x} \tag{1.3-14}$$

由牛顿第二定律得

$$m\boldsymbol{W} = m\frac{\mathrm{d}^2\boldsymbol{\rho}}{\mathrm{d}t^2} + m\boldsymbol{g} = \boldsymbol{F} + m\boldsymbol{g} + \boldsymbol{N} \tag{1.3-15}$$

式中,$\boldsymbol{N}$ 为直管作用于滑块的约束力,其方向垂直于直管。将式(1.3-15)投影于轴 x,得

$$\ddot{x} - x(\omega_y^2 + \omega_z^2) + l(\omega_x\omega_z + \dot{\omega}_y) = -\frac{k}{m}x - \frac{c}{m}\dot{x}$$

或

$$\ddot{x} + \frac{c}{m}\dot{x} + \left(\frac{k}{m} - \omega_y^2 - \omega_z^2\right)x + l(\omega_x\omega_z + \dot{\omega}_y) = 0$$

在小扰动的假设下,上式略去二阶以上项,得

$$\ddot{x} + \frac{c}{m}\dot{x} + \left(\frac{k}{m} - \omega_0^2\right)x + l(\omega_0\omega_z + \dot{\omega}_y) = 0 \tag{1.3-16}$$

现在考虑星体的动力学方程。设星体是一回转体,惯量张量为

$$\boldsymbol{I}_1 = \begin{bmatrix} I_x & 0 & 0 \\ 0 & I_y & 0 \\ 0 & 0 & I_z \end{bmatrix} \tag{1.3-17}$$

其中 $I_x = I_y < I_z$。滑块的惯量张量为

$$\boldsymbol{I}_2 = \begin{bmatrix} ml^2 & 0 & -mlx \\ 0 & m(l^2 + x^2) & 0 \\ -mlx & 0 & mx^2 \end{bmatrix} \tag{1.3-18}$$

系统的动量矩为

$$\boldsymbol{h} = (\boldsymbol{I}_1 + \boldsymbol{I}_2)\boldsymbol{\omega} + ml\dot{x}\boldsymbol{j} \tag{1.3-19}$$

设外力矩为零,则由相对于质心的动量矩定理得

$$\frac{\mathrm{d}\boldsymbol{h}}{\mathrm{d}t} = \frac{\tilde{\mathrm{d}}\boldsymbol{h}}{\mathrm{d}t} + \boldsymbol{\omega}\times\boldsymbol{h} = 0 \tag{1.3-20}$$

注意到动量矩 $\boldsymbol{h}$ 的相对导数表示为

$$\frac{\tilde{d}\boldsymbol{h}}{dt}=(\boldsymbol{I}_1+\boldsymbol{I}_2)\dot{\omega}+\dot{\boldsymbol{I}}_2\omega+ml\ddot{x}\boldsymbol{j} \tag{1.3-21}$$

把式(1.3－17) ～ 式(1.3－19) 代入式(1.3－20)，得

$$\left.\begin{aligned}
&I_x\dot{\omega}_x+ml^2\dot{\omega}_x-mlx\dot{\omega}_z+(I_z-I_y)\omega_y\omega_z-ml^2\omega_y\omega_z-mlx\omega_x\omega_y-2ml\dot{x}\omega_z=0\\
&I_y\dot{\omega}_y+m(l^2+x^2)\dot{\omega}_y+(I_x-I_z)\omega_x\omega_z+m(l^2-x^2)\omega_x\omega_z+\\
&\qquad mlx(\omega_x^2-\omega_z^2)+2mx\dot{x}\omega_y+ml\ddot{x}=0\\
&I_z\dot{\omega}_z+mx^2\dot{\omega}_z+(I_y-I_x)\omega_x\omega_y+mx^2\omega_x\omega_y+mlx\omega_y\omega_z-mlx\dot{\omega}_x+2mx\dot{x}\omega_z=0
\end{aligned}\right\} \tag{1.3-22}$$

设星体是对轴 z 对称的，即有 $I_x=I_y=I$，并设 $\dot{\omega}_x,\dot{\omega}_y,\dot{\omega}_z,\omega_x,\omega_y,\dfrac{ml^2}{I},\dfrac{mx^2}{I},\dfrac{mlx}{I}$ 等均为一阶小量，则由式(1.3－22) 略去二阶以上小量，得

$$\left.\begin{aligned}
&I\dot{\omega}_x+(I_z-I)\omega_y\omega_z-2ml\dot{x}\omega_z=0\\
&I\dot{\omega}_y+(I-I_z)\omega_x\omega_z-mlx\omega_z^2+ml\ddot{x}=0\\
&I_z\dot{\omega}_z=0
\end{aligned}\right\} \tag{1.3-23}$$

由式(1.3－23) 的第三式近似得

$$\omega_z=\omega_0=\text{常量} \tag{1.3-24}$$

把式(1.3－24) 代入式(1.3－23) 的前两式，并与式(1.3－16) 联立得

$$\left.\begin{aligned}
&\ddot{x}+\frac{c}{m}\dot{x}+\left(\frac{k}{m}-\omega_0^2\right)x+l\omega_0\omega_x+l\dot{\omega}_y=0\\
&\dot{\omega}_x+p_0\omega_y-\frac{2ml}{I}\omega_0\dot{x}=0\\
&\dot{\omega}_y-p_0\omega_x-\frac{ml}{I}\left(\frac{c}{m}\dot{x}+\frac{k}{m}x\right)=0
\end{aligned}\right\} \tag{1.3-25}$$

式中

$$p_0=\frac{I_z-I}{I}\omega_0 \tag{1.3-26}$$

再记

$$\left.\begin{aligned}
&\omega_n=\sqrt{\frac{k}{m}}\\
&\xi_n=\frac{c}{2m}\sqrt{\frac{m}{k}}
\end{aligned}\right\} \tag{1.3-27}$$

则式(1.3－25) 可进一步写为

$$\left.\begin{aligned}
&\ddot{x}+2\xi_n\omega_n\dot{x}+(\omega_n^2-\omega_0^2)x+l\omega_0\omega_x+l\dot{\omega}_y=0\\
&\dot{\omega}_x+p_0\omega_y-\frac{2ml}{I}\omega_0\dot{x}=0\\
&\dot{\omega}_y-p_0\omega_x-\frac{ml}{I}(2\xi_n\omega_n\dot{x}+\omega_n^2x)=0
\end{aligned}\right\} \tag{1.3-28}$$

式(1.3-28)即系统受扰动后的线性化方程。应用罗斯稳定判据,可从式(1.3-28)得系统的稳定条件为

$$\omega_n > \frac{\omega_0}{\sqrt{1-\dfrac{ml^2\omega_0}{Ip_0}}} \tag{1.3-29}$$

式(1.3-29)可供阻尼器参数设计时参考。

上面讨论的是全被动的自旋卫星的姿态稳定问题,即将星体送入目标轨道,令星体最大惯量主轴自旋,并把自旋轴对准轨道面法向后,星体的自旋轴便稳定在动量矩方向上。当星体受扰动而出现章动后,由于被动阻尼器的能量耗散,章动角便自行消除,而不需另加主动控制。全被动的自旋稳定系统是最简单的姿态控制系统,因此早期卫星多是采用这一系统。但是全被动自旋稳定系统定向精度低,星体形状又受到限制,而不能满足控制精度和负载能力的要求。为了提高自旋轴定向精度,通常在星上增加一小推力器系统或地磁力矩产生器,用以消除干扰力矩造成的动量矩方向的飘移。如果章动阻尼器也采用主动方式,则星体形状还可放宽到细长体结构,以便提高负载能力。这种辅以主动系统的自旋稳定系统,称为半被动的自旋稳定系统。这种系统曾用于早期的国际通信卫星Ⅰ号、Ⅱ号系列和应用技术 ATS 卫星系列上。当前许多航天器在入轨前的转移轨道上的姿态控制仍是采用半被动的自旋稳定。

1.4 双自旋稳定

1.3 节研究了带有被动阻尼器的自旋稳定系统。这种稳定方法有着简单可靠、不消耗星上能源等优点,因此早期卫星的姿态控制大部分是采用自旋稳定。但是这一系统存在两个缺点,一是稳定的定向性要求自旋轴为最大惯量主轴,这就限制星体为粗短形状。又由于运载火箭外壳的尺寸限制了星体的直径,因此也就严格限制了星体的体积。二是自旋的星体使星内所有部件都在绕着自旋轴转动,因此无法使用定向的仪器设备,从而在应用上受到限制。

双自旋稳定的概念是自旋稳定概念的自然发展,而且突破了自旋稳定的限制条件,改进了自旋稳定的性能,因此双自旋稳定系统得到广泛的研究与应用。20 世纪 70 年代发射的大多数商用通信卫星,例如国际通信卫星Ⅲ号、Ⅳ号和Ⅵ号系列,以及我国从 1984 年开始发射的通信卫星系列等都属于这一类系统。双自旋稳定系统是由自旋体、消旋平台和消旋轴承组合件等三大部分组成的。星体的大部分设备装在自旋体内,当其旋转时可获得稳定星体姿态所需要的动量矩。消旋平台的转速是根据定向的要求来设计的。对通信卫星来说,通信天线和整个通信装置都装在消旋平台上,为了使天线对地球定向,消旋平台的转速应等于轨道角速度。消旋轴承组合件是自旋体与消旋平台之间的接口装置,是由轴承、润滑装置等组成的。由于消旋轴承组合件无法备份,一旦发生故障,系统便完全失灵,因此消旋组合件是要精心设计的关键部件。

全被动的双自旋稳定系统结构简单,其工作寿命只取决于消旋轴承组合件的寿命。然而全被动的双自旋稳定系统,其定向精度较差,不能满足通信天线指向精度的设计要求。因此通信卫星上实际的双自旋稳定系统,还要加上主动控制而组成半被动控制系统。例如,可用小推力器系统提高自旋轴的指向精度,可用控制电机提高消旋平台的指向精度等。为此便要增加

姿态敏感器、电子线路等一整套主动控制系统装置。限于篇幅，下面仅用一特例说明全被动式双自旋稳定系统的稳定原理。

如图1.4-1所示，设系统由平台 P 和转子 R 组成。为说明方便，设平台和转子均为回转体，且对称轴重合于轴 z。平台为半刚体，其轴向转动惯量为 I_z^P，横向转动惯量为 $I_x = I_y = I_\eta$。转子为刚体，其轴向转动惯量为 I_z^R，横向转动惯量已包含在 I_η 内。

平台和转子的轴向角速度分别记为 ω_z^P 和 ω_z^R，横向角速度为 ω_η。其中 η 轴在总动量矩 $\boldsymbol{h}$ 与轴 z 所在平面内。易得系统的动量矩 $\boldsymbol{h}$ 的模和动能 T 为

$$\left.\begin{aligned} h^2 &= (I_z^P\omega_z^P + I_z^R\omega_z^R)^2 + I_\eta^2\omega_\eta^2 \\ 2T &= I_z^P\omega_z^{P2} + I_z^R\omega_z^{R2} + I_\eta\omega_\eta^2 \end{aligned}\right\} \tag{1.4-1}$$

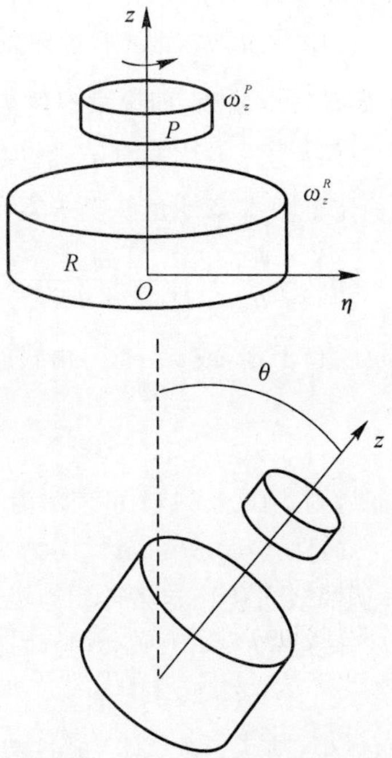

图1.4-1　双自旋稳定系统

设外力矩等于零，则有动量矩守恒，即 $h =$ 常量。对式(1.4-2)的两边求导数，得

$$\left.\begin{aligned} 0 &= (I_z^P\omega_z^P + I_z^R\omega_z^R)(I_z^P\dot{\omega}_z^P + I_z^R\dot{\omega}_z^R) + I_\eta^2\omega_\eta\dot{\omega}_\eta \\ \dot{T} &= I_z^P\omega_z^P\dot{\omega}_z^P + I_z^R\omega_z^R\dot{\omega}_z^R + I_\eta\omega_\eta\dot{\omega}_\eta \end{aligned}\right\} \tag{1.4-2}$$

把式(1.4-2)的第二式乘以 I_η，并与第一式相减得

$$I_\eta\dot{T} = -(I_z^P\omega_z^P + I_z^R\omega_z^R - I_\eta\omega_z^P)I_z^P\dot{\omega}_z^P - (I_z^P\omega_z^P + I_z^R\omega_z^R - I_\eta\omega_z^R)I_z^P\dot{\omega}_z^R \tag{1.4-3}$$

记

$$\left.\begin{aligned} \lambda_0 &= \frac{I_z^P\omega_z^P + I_z^R\omega_z^R}{I_\eta} \\ \lambda_P &= \lambda_0 - \omega_z^P \\ \lambda_R &= \lambda_0 - \omega_z^R \end{aligned}\right\} \tag{1.4-4}$$

则式(1.4-3)可写为

$$\dot{T}=-\lambda_P I_z^P \dot{\omega}_z^P-\lambda_R I_z^R \dot{\omega}_z^R \tag{1.4-5}$$

式(1.4-2)的第一式可写为

$$I_\eta \omega_\eta \dot{\omega}_\eta=-\lambda_0(I_z^P \dot{\omega}_z^P+I_z^R \dot{\omega}_z^R) \tag{1.4-6}$$

现假定转子的轴承摩擦力矩不计，则有

$$\dot{\omega}_z^R=0 \tag{1.4-7}$$

把式(1.4-7)代入式(1.4-5)和式(1.4-6)得

$$\left.\begin{aligned}\dot{T}&=-\lambda_P I_z^P \dot{\omega}_z^P\\ I_\eta \omega_\eta \dot{\omega}_\eta&=-\lambda_0 I_z^P \dot{\omega}_z^P\end{aligned}\right\} \tag{1.4-8}$$

联立上两式并消去 $\dot{\omega}_z^P$ 得

$$I_\eta \omega_\eta \dot{\omega}_\eta=\frac{\lambda_0}{\lambda_P}\dot{T} \tag{1.4-9}$$

现设轴 z 受扰动后对动量矩 $\boldsymbol{h}$ 有一小偏离，即设章动角 $\theta<90^\circ$，并且相应有 $\omega_\eta>0$，再设平台和转子的转向相同，即有 $\omega_z^p>0$，$\omega_z^R>0$，因此有 $\lambda_0>0$。考虑到平台是一半刚体，即存在内能耗散，而有 $\dot{T}<0$。系统的稳定性要求章动角 θ 趋于零，而 θ 满足

$$\tan\theta=\frac{h_\eta}{h_z}=\frac{I_\eta \omega_\eta}{I_z^P \omega_z^p+I_z^R \omega_z^R} \tag{1.4-10}$$

式(1.4-10)表明，系统稳定要求 ω_η 趋于零，或 $\dot{\omega}_\eta<0$，由式(1.4-9)中各量的符号知，稳定性要求等价于

$$\lambda_P=\lambda_0-\omega_z^P>0 \tag{1.4-11}$$

如果记转子轴向动量矩 $\boldsymbol{h}^R=\boldsymbol{I}^R\boldsymbol{\omega}_z^R$，则式(1.4-11)可表示为

$$(I_z^P-I_\eta)\boldsymbol{\omega}_z^P+\boldsymbol{h}^R>0 \tag{1.4-12}$$

式(1.4-12)或式(1.4-11)即本例的双自旋稳定条件。为了理解这一条件，现讨论如下：

(1) 如果星体没有转子，即 $I_z^P=0$ 或 $h^R=0$，则式(1.4-12)退化为自旋稳定的条件，即

$$I_z^P>I_\eta \tag{1.4-13}$$

(2) 若平台角速度 $\omega_z^P=0$ 或很小，则式(1.4-12)能自动地满足，因而有良好的稳定性。

因此在双自旋系统中，只要转子轴向动量矩 h^R 的值充分大，则平台角速度 ω_z^P 可根据需要进行设计，而不影响系统的稳定性。

(3)只要平台和转子的转向相同，则由式(1.4-12)知，不论平台的转轴是否最大惯量之轴，只需 h^R 充分大，系统便能稳定。这就突破了自旋稳定的条件，使得平台形状的设计不受稳定条件的限制。

从上面分析知，双自旋稳定条件突破了自旋稳定条件的限制，而且平台的轴向角速度可以根据定向需要进行设计，从而避免了自旋稳定系统存在的问题，给应用带来方便。

同自旋稳定系统一样，双自旋稳定系统可以在平台内安装被动阻尼器，用以衰减章动。如果也采用质量弹簧阻尼器，则动力学方程的建立方法与自旋稳定系统相同。将方程线性化后，推导出的系统稳定条件，可作为系统参数设计时参考。

以上通过一个特殊情形来讨论双自旋系统稳定性问题。但对实际系统来说，由于工艺和安装等原因，结构参数将会出现各种偏差，例如平台和转子的质心不一定都在轴 z 上，平台的形状不一定是回转体，平台转轴偏离转子的转轴等，因此相应的动力学特性也较为复杂。

复习思考题 1

1. 动量矩是怎样定义的？写出其在本体坐标系的分量的表达式(两种)。

2. 写出惯量张量的一般计算表达式。主轴系惯量张量的表达式是怎样的？

3. 刚体动能的定义式、一般计算式和主轴系中的计算式是怎样的？

4. 绕原点转动运动的基本定理及其表达式是什么？欧拉动力学方程在本体系的一般表达式怎样？在主轴系中的表达式又怎样？

5. 欧拉角(进动角，章动角，自转角)是哪两个坐标点的夹角关系？是按怎样的顺序旋转得到的？表示的几何意义是什么？

6. 写出关于按 313 顺序定义的欧拉角的欧拉运动学方程。

7. 常质量航天动力学方程是根据什么原理建立的？在哪个坐标系上列写标量方程？写出其具体方程。用什么方法求解该动力方程组？

8. 什么是定向性？

9. 什么是稳定性？

10. 根据什么原理来说明定向性？写出该定向性的数学表达式。

11. 什么情况下有定向性？说明典型的定向性情况。

12. 自旋卫星定向性和稳定性的关系是什么？

13. 写出自旋卫星稳定性的分析过程。

14. 自旋稳定有什么优缺点？

15. 内能耗散系统用什么模型？

16. 说明内能耗散对系统稳定性的影响。

17. 双自旋稳定方式是怎样提出来的？其根据是什么？

18. 写出双自旋卫星稳定性分析的过程。

19. 双自旋稳定系统的优缺点是什么？

第2章 环境力矩稳定系统

环境力矩是重要的控制力矩源，如何合理地选择和利用飞行环境提供的力矩源是研究和设计姿态控制系统的重要课题。对星体姿态有明显影响的环境力矩有引力梯度矩、气动力矩、太阳辐射压力矩和地球磁场作用的力矩等。这些力矩的值都很小，但是在选择适当的轨道高度，设计适当的星体形状、结构、材料等条件下，则可能使某一环境力矩的值大于其余环境力矩的值，并使星体的姿态运动主要受这一环境力矩的影响，从而使姿态按一定的规律运动，达到姿态控制的目的。这一章将介绍引力梯度矩和引力梯度稳定系统、气动力和气动力矩稳定系统、太阳辐射压力和太阳辐射压力矩稳定系统。地球磁场及其相应的稳定系统将在后续章节中介绍。

2.1 引力梯度稳定系统

2.1.1 引力梯度矩概念

引力梯度矩，是指引力场中物体内各质点由于所受引力的差别而对物体质心产生的力矩。为了便于理解这一概念，先考察一个简例。

设质量相等的两个质点，中间用一无质量刚体连成一个杠铃，如图 2.1-1 所示。由于质点在引力场内所受的引力是位置的函数，且表示为

$$\boldsymbol{F} = -m\mu \frac{\boldsymbol{R}}{R^3}$$

式中，μ 为引力常数，$\boldsymbol{R}$ 为质点对引力中心 O_E 的矢径，m 为质点的质量。在引力场内杠铃的两质点的质量虽然相等，但由于矢径 $\boldsymbol{R}_1$ 与 $\boldsymbol{R}_2$ 不同，则所受的引力 $\boldsymbol{F}_1$ 与 $\boldsymbol{F}_2$ 便有所差别。离引力中心近的，所受的引力就大；离引力中心远的，所受引力就小。因此重心位置与杠铃在引力场内的相对角位置有关，一般不与质心重合，而且重心比质心略靠近于引力中心。但连杆在水平位置时，有 $\boldsymbol{R}_1=\boldsymbol{R}_2$，而有 $\boldsymbol{F}_1=\boldsymbol{F}_2$，重心重合于质心，因此对质心的力矩等于零。当连杆在铅垂位置时，虽然 $\boldsymbol{F}_1$ 与 $\boldsymbol{F}_2$ 的值相差最大，但质心和重心同在铅垂线上，也即质心落在 $\boldsymbol{F}_1$ 与 $\boldsymbol{F}_2$ 的作用线上，因此其力矩也等于零。这两个位置称为杠铃的平衡位置。当杠铃处于其他位置角位置时，重心 P 总比质心 O 略靠近于引力中心 O_E，且合力 $\boldsymbol{F}=\boldsymbol{F}_1+\boldsymbol{F}_2$ 对质心的矩总是力图使杠铃扭向铅垂位置，而杠铃像以质心为悬挂点的单摆一样，在铅垂位置附近往复摆动。这种由于各质点所受的引力之差别而对质心产生力矩，即称为引力梯度矩。显然引力梯度矩的值不仅与杠铃在引力场中的角位置有关，而且与杠铃两质点的质量及两质点之间的距离有关，而且

质量越大，相距越远，其引力梯度矩也越大。

在引力场中，任何形状的物体，由于体内各质点所受的引力不同，对其质心产生的引力梯度矩也将随其质量分布的几何尺度及其在引力场中的角位置等有关。应该指出，引力梯度的值是很小的，对于一般工程来说，可以近似认为重心重合于质心，引力梯度矩等于零。但是对轨道上的航天器来说，是接近于无外力矩作用的自由体，并且其运动时间很长（几天到几年），所以任何微小力矩的持续作用，对航天器的姿态运动将会产生明显的影响。下面分析任意形状的刚体在应力场内的引力梯度矩表示式。

2.1.2　刚体的引力梯度矩

如图 2.1-2 所示，设 O_E 为引力场中心，O 为任意刚体的质心，dm 为刚体内任一质量元，$\boldsymbol{r}$ 为质量元 dm 相对于质心 O 的矢径，$\boldsymbol{R}$ 刚体质心 O 相对于引力中心 O_E 的矢径，质量元 dm 所受的引力元为

$$\mathrm{d}\boldsymbol{F}=-\frac{\mu(\boldsymbol{R}+\boldsymbol{r})}{|\boldsymbol{R}+\boldsymbol{r}|^3}\mathrm{d}m \tag{2.1-1}$$

此引力元对质心 O 的矩为

$$\boldsymbol{r}\times\mathrm{d}\boldsymbol{F}=-\boldsymbol{r}\times\frac{\mu(\boldsymbol{R}+\boldsymbol{r})}{|\boldsymbol{R}+\boldsymbol{r}|^3}\mathrm{d}m \tag{2.1-2}$$

整个刚体的引力对质心的矩为

$$\boldsymbol{L}^{g}=\int_m\boldsymbol{r}\times\mathrm{d}\boldsymbol{F}=-\int_m\boldsymbol{r}\times\frac{\mu(\boldsymbol{R}+\boldsymbol{r})}{|\boldsymbol{R}+\boldsymbol{r}|^3}\mathrm{d}m \tag{2.1-3}$$

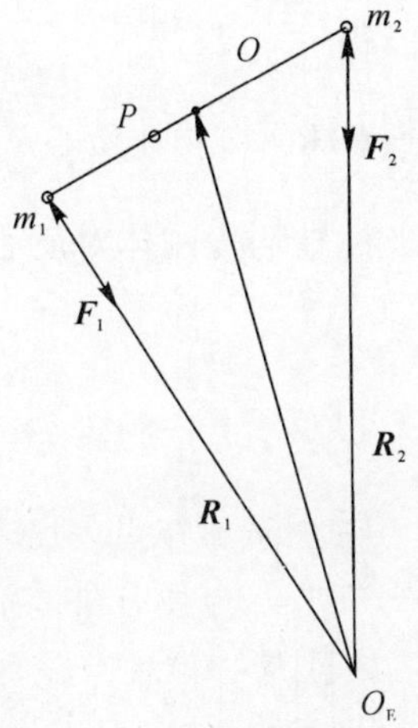

图 2.1-1　杠铃的引力梯度矩

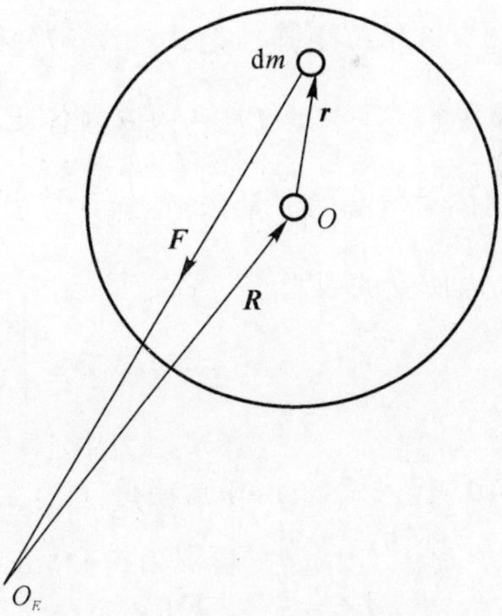

图 2.1-2　刚体的引力梯度矩

积分是对刚体质量 m 计算的。注意到一般航天器的几何尺度有限，而有 $r\ll R$。因此式 (2.1-3) 中的分母可在 $\boldsymbol{R}$ 的近旁展开

$$\begin{aligned}|\boldsymbol{R}+\boldsymbol{r}|^{-3}&=(R^2+2\boldsymbol{R}\cdot\boldsymbol{r}+r^2)^{-\frac{3}{2}}=R^{-3}\left(1+2\frac{\boldsymbol{R}\cdot\boldsymbol{r}}{R^2}+\frac{r^2}{R^2}\right)^{\frac{-3}{2}}\\&=R^{-3}\left[1-\frac{3\boldsymbol{R}\cdot\boldsymbol{r}}{R^2}+O\left(\frac{r^2}{R^2}\right)\right]\end{aligned} \tag{2.1-4}$$

把式(2.1-4)的高阶项略去,并代入式(2.1-3)得

$$L^g = -\frac{\mu}{R^3}\int_m \boldsymbol{r}\times(\boldsymbol{R}+\boldsymbol{r})\left(1-\frac{3\boldsymbol{R}\cdot\boldsymbol{r}}{R^2}\right)\mathrm{d}m = -\frac{\mu}{R^3}\int_m (\boldsymbol{r}\times\boldsymbol{R})\left(1-\frac{3\boldsymbol{R}\cdot\boldsymbol{r}}{R^2}\right)\mathrm{d}m \quad (2.1-5)$$

注意到 $\boldsymbol{R}$ 与积分变量无关,且有

$$\int_m (\boldsymbol{r}\times\boldsymbol{R})\mathrm{d}m = \int_m \boldsymbol{r}\,\mathrm{d}m \times \boldsymbol{R} = 0$$

因此式(2.1-5)变为

$$L^g = -\frac{3\mu}{R^5}\int_m (\boldsymbol{r}\times\boldsymbol{R})(\boldsymbol{R}\cdot\boldsymbol{r})\mathrm{d}m = -\frac{3\mu}{R^5}\int_m (\boldsymbol{R}\times\boldsymbol{r})(\boldsymbol{r}\cdot\boldsymbol{R})\mathrm{d}m = -\frac{3\mu}{R^5}R\times\left(\iint \boldsymbol{rr}\,\mathrm{d}m\right)\cdot\boldsymbol{R}$$

$$(2.1-6)$$

式中,$\boldsymbol{rr}$ 是一并矢。如引进适当计算坐标系,把 $\boldsymbol{r}$ 和 $\boldsymbol{R}$ 表示为列阵形式,则式(2.1-6)也可表示为矩阵形式

$$L^g = -\frac{3\mu}{R^5}\widetilde{\boldsymbol{R}}\left(\int_m \boldsymbol{rr}^{\mathrm{T}}\mathrm{d}m\right)\boldsymbol{R} \quad (2.1-7)$$

式中

$$\widetilde{\boldsymbol{R}} = \begin{bmatrix} 0 & -R_z & R_y \\ R_z & 0 & -R_x \\ -R_y & R_x & 0 \end{bmatrix}$$

$\widetilde{\boldsymbol{R}}$ 称为 $\boldsymbol{R}$ 的伴随矩阵。引进恒等式

$$0 = \widetilde{\boldsymbol{R}}\boldsymbol{R} = \widetilde{\boldsymbol{R}}\boldsymbol{E}\boldsymbol{R} = \widetilde{\boldsymbol{R}}r^2 E\boldsymbol{R} = \widetilde{\boldsymbol{R}}\left(\int_m r^2\boldsymbol{E}\,\mathrm{d}m\right)\boldsymbol{R} = \frac{3\mu}{R^5}\widetilde{\boldsymbol{R}}\left(\int_m r^2\boldsymbol{E}\,\mathrm{d}m\right)\boldsymbol{R} \quad (2.1-8)$$

式中,$\boldsymbol{E}$ 为 3×3 单位矩阵。把式(2.1-7)和式(2.1-8)相加,得

$$\boldsymbol{L}^g = \frac{3\mu}{R^5}\widetilde{\boldsymbol{R}}\left[\left(\int_m r^2\boldsymbol{E} - \boldsymbol{rr}^{\mathrm{T}}\right)\mathrm{d}m\right]\boldsymbol{R} = \frac{3\mu}{R^5}\widetilde{\boldsymbol{R}}\boldsymbol{I}\boldsymbol{R} \quad (2.1-9)$$

式中,$\boldsymbol{I}$ 为刚体对质心的惯量张量,如计算坐标系 $Oxyz$ 的三坐标轴均为刚体对质心的惯量主轴,则有

$$\boldsymbol{I} = \begin{bmatrix} I_x & 0 & 0 \\ 0 & I_y & 0 \\ 0 & 0 & I_z \end{bmatrix} \quad (2.1-10)$$

把式(2.1-10)代入式(2.1-9),便得

$$\boldsymbol{L}^g = \frac{3\mu}{R^5}\begin{bmatrix} 0 & -R_z & R_y \\ R_z & 0 & -R_x \\ -R_y & R_x & 0 \end{bmatrix}\begin{bmatrix} I_x & 0 & 0 \\ 0 & I_y & 0 \\ 0 & 0 & I_z \end{bmatrix}\begin{bmatrix} R_x \\ R_y \\ R_z \end{bmatrix} =$$

$$\frac{3\mu}{R^5}\begin{bmatrix} (I_z - I_y)R_z R_y \\ (I_x - I_z)R_x R_z \\ (I_y - I_x)R_x R_y \end{bmatrix} \quad (2.1-11)$$

式(2.1-9)和式(2.1-11)分别为引力梯度矩的矩阵表示式和标量表示式。

由式(2.1-11)可看出引力梯度矩有如下性质:

(1)引力梯度矩的值是随高度增加而减小。如设航天器是圆轨道运动,轨道角速度 n 为

$$n^2=\frac{\mu}{R^3}$$

则由式(2.1－11)知，引力梯度矩与 n^2 成正比，航天器轨道高度越高，轨道角速度越小，则引力梯度矩越小。

对椭圆轨道来说，R 是变化的，且 R 的变化是与轨道偏心率有关的，因此，在椭圆轨道上，引力梯度矩还与轨道偏心率有关。

(2) 引力梯度矩的值与刚体的质量分布有关。由式(2.1－11)知，引力梯度矩是与主惯量之差成正比的。杠铃式的质量分布，可获得较大的主惯量之差，相应地引力梯度矩也较大。因此设计引力梯度矩稳定系统时，往往把星体设计为杠铃形状，而且中间的连杆要尽量地长。

反之，如果星体对质心的惯量椭球是一正球体，即有 $I_x=I_y=I_z$，则相应的引力梯度矩恒为零。因此为了避免引力梯度矩的影响，则要使星体的质量分布要尽量紧凑些，使三个主惯量的值尽量靠近些。

(3) 引力梯度矩的值与刚体的角位置有关。由式(2.1－11)知，当刚体的任一惯量主轴，例如 z 轴，与地垂线重合，也即与矢径 $\boldsymbol{R}$ 共线时，则有 $R_x=R_y=0$，因此有 $\boldsymbol{L}^g=0$。这说明刚体的任一惯量主轴与质心的地垂线重合时，引力梯度矩便为零，因此地垂线是引力梯度矩的平衡位置。以杠铃为例，由于杠铃的惯量主轴为沿连杆的方向和垂直于连杆的方向，因此不论杠铃是铅直放置还是水平放置，则都有一惯量主轴与地垂线重合，故处于平衡状态。对于任意刚体，至少有三个平衡位置。至于平衡位置的稳定性问题，是设计引力梯度稳定系统的关键问题，将在下面进一步加以讨论。

2.1.3　动力学方程

现在来建立在轨道上的星体，在引力梯度矩作用下相对于平衡位置的动力学方程。

设 $Ox_ry_rz_r$ 为参考坐标系。z_r 轴沿地垂线指向地心 O_E，y_r 轴沿轨道面法向，x_r 轴在轨道面内朝运动方向，称此参考坐标系为轨道坐标系，如图 2.1－3 所示。

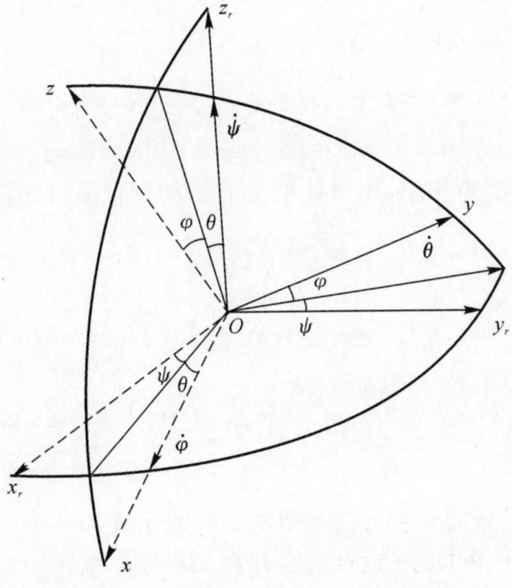

图 2.1－3　相对于轨道坐标系的欧拉角

设体坐标系$Oxyz$的三坐标轴均为惯量主轴，相对于$Ox_ry_rz_r$的欧拉角是按321的旋转顺序得到，相应的欧拉角为偏航角ψ，俯仰角θ与滚转角φ，如图2.1-3所示。

以$Oxyz$为计算坐标系，主惯量分别为I_x, I_y, I_z。质心O相对于地心O_E的矢径$\boldsymbol{R}$是沿轴z_r的反方向。易得$\boldsymbol{R}$在$Oxyz$上的三分量为

$$\left.\begin{aligned} R_x &= R\sin\theta \\ R_y &= -R\cos\theta\sin\varphi \\ R_z &= -R\cos\theta\cos\varphi \end{aligned}\right\} \tag{2.1-12}$$

把式(2.1-12)代入式(2.1-11)，得引力梯度矩为

$$\left.\begin{aligned} L_x^g &= \frac{3\mu}{R^5}(I_z - I_y)\cos^2\theta\cos\varphi\sin\varphi \\ L_y^g &= -\frac{3\mu}{R^5}(I_x - I_z)\cos\theta\sin\theta\cos\varphi \\ L_z^g &= -\frac{3\mu}{R^5}(I_y - I_x)\cos\theta\sin\theta\sin\varphi \end{aligned}\right\} \tag{2.1-13}$$

设航天器的轨道方程为

$$R = \frac{p}{1+e\cos f} = \frac{a(1-e^2)}{1+e\cos f} \tag{2.1-14}$$

式中，p为半通径，a为长半轴，e为偏心率，f为真近点角。轨道角速度$\dot{f}$和角加速度$\ddot{f}$易由式(2.1-14)对时间求导得

$$\begin{aligned} \dot{f} &= \sqrt{\frac{\mu}{p}}(1+e\cos f)^2 \\ \ddot{f} &= -\frac{2e\mu}{p^3}\sin f(1+e\cos f)^3 \end{aligned} \tag{2.1-15}$$

星体的角速度$\boldsymbol{\omega}$为

$$\boldsymbol{\omega} = \dot{\boldsymbol{f}} + \dot{\boldsymbol{\psi}} + \dot{\boldsymbol{\theta}} + \dot{\boldsymbol{\varphi}}$$

或

$$\left.\begin{aligned} \omega_x &= -\dot{f}\sin\psi\cos\theta - \dot{\psi}\sin\theta + \dot{\varphi} \\ \omega_y &= -\dot{f}(\cos\psi\cos\varphi + \sin\psi\sin\theta\sin\varphi) - \dot{\psi}\cos\theta\sin\varphi + \dot{\theta}\cos\varphi \\ \omega_z &= \dot{f}(\cos\psi\sin\varphi + \sin\psi\sin\theta\cos\varphi) + \dot{\psi}\cos\theta\cos\varphi - \dot{\theta}\sin\varphi \end{aligned}\right\} \tag{2.1-16}$$

如果星体仅受引力梯度矩作用，则星体的姿态运动方程易由欧拉动力学方程求得

$$\left.\begin{aligned} I_x\dot{\omega}_x + (I_z - I_y)\omega_y\omega_z &= \frac{3\mu}{R^3}(I_z - I_y)\cos^2\theta\cos\varphi\sin\varphi \\ I_y\dot{\omega}_y + (I_x - I_z)\omega_z\omega_x &= -\frac{3\mu}{R^3}(I_x - I_z)\cos\theta\sin\theta\cos\varphi \\ I_z\dot{\omega}_z + (I_y - I_x)\omega_x\omega_y &= -\frac{3\mu}{R^3}(I_y - I_x)\cos\theta\sin\theta\sin\varphi \end{aligned}\right\} \tag{2.1-17}$$

平衡位置对应于

$$\psi = \theta = \varphi = 0 \tag{2.1-18}$$

为了研究星体姿态对平衡位置的稳定性，现在来推导姿态运动方程式(2.1-17)的线性化方程。

设星体姿态偏离平衡位置后，ψ,θ,φ 和 $\dot{\psi},\dot{\theta},\dot{\varphi}$ 均为小量，则 $\boldsymbol{\omega}$ 和 $\boldsymbol{L}^g$ 可线性化为

$$\left.\begin{aligned}\omega_x&=\dot{\varphi}-\dot{f}\psi\\ \omega_y&=\dot{\theta}-\dot{f}\\ \omega_z&=\dot{\psi}+\dot{f}\varphi\end{aligned}\right\}\tag{2.1-19}$$

和

$$\left.\begin{aligned}L_x^g&=\frac{3\mu}{R^3}(I_z-I_y)\varphi\\ L_y^g&=-\frac{3\mu}{R^3}(I_x-I_z)\theta\\ L_z^g&=0\end{aligned}\right\}\tag{2.1-20}$$

由于大偏心率轨道影响引力梯度稳定系统，因此设计此系统的轨道必须是近圆轨道。为此设轨道偏心率 e 是一小量，则轨道参数可近似为

$$\left.\begin{aligned}&p=a(1-e^2)\approx a\\ &\frac{\mu}{p^3}\approx\frac{\mu}{a^3}\approx n^2\\ &\frac{\mu}{R^3}=\frac{\mu}{p^3}(1+e\cos f)3\approx n^2(1+3e\cos f)\approx n^2(1+3e\cos nt_p)\\ &\dot{f}=\sqrt{\frac{\mu}{p^3}}\,(1+e\cos f)^2=n(1+2e\cos nt_p)\\ &\ddot{f}=-2en^2\sin nt_p\end{aligned}\right\}\tag{2.1-21}$$

式中，n 为轨道平均角速度，t_p 为从近地点算起的飞行时间。

把式(2.1-19) ~ 式(2.1-21) 代入式(2.1-17)，并略去高阶小量，得

$$\left.\begin{aligned}&\ddot{\varphi}+n(k_r-1)\dot{\psi}+4k_rn^2\varphi=0\\ &\ddot{\theta}+3k_pn^2\theta=-2n^2e\sin nt_p\\ &\ddot{\psi}+n(1-k_y)\dot{\varphi}+k_yn^2\psi=0\end{aligned}\right\}\tag{2.1-22}$$

式中

$$\left.\begin{aligned}k_p&=\frac{I_x-I_z}{I_y}\\ k_y&=\frac{I_y-I_x}{I_z}\\ k_r&=\frac{I_y-I_z}{I_x}\end{aligned}\right\}\tag{2.1-23}$$

分别称 k_p，k_y 和 k_r 为俯仰、偏航和滚转的惯量参数。式(2.1-22) 即近圆轨道上星体在引力梯度矩作用下的线性化姿态运动方程。下面便在此方程的基础上讨论近圆轨道的引力梯度稳定系统的稳定性问题。

2.1.4　系统稳定性分析

从式(2.1-22) 可看出，俯仰通道的方程同其余两通道的方程解耦，因此可以单独讨论其稳定性问题。

俯仰通道的稳定条件：

由方程式(2.1-22)的第二式，可解得

$$\theta=-\frac{2e\sin nt_p}{3k_p-1}+A\cos(\sqrt{3k_p}nt_p+\alpha)$$

因此使 θ 有稳定解得条件为

(1) $$k_p\neq\frac{1}{3} \tag{2.1-24}$$

(2) $$k_p>0 \text{ 即 } I_x>I_z \tag{2.1-25}$$

偏航-滚转通道稳定条件：

由方程式(2.1-22)的第一式和第三式得特征方程

$$f(s)=\begin{vmatrix} s^2+4k_rn^2 & n(k_r-1)s \\ -n(k_y-1)s & s^2+k_yn^2 \end{vmatrix}=(s^2+4k_rn^2)(s^2+k_yn^2)+n^2(k_r-1)(k_y-1)s^2=$$

$$s^4+(3k_r+k_yk_r+1)n^2s^2+4k_yk_rn^4=0 \tag{2.1-26}$$

其特征根为

$$s^2=-\frac{1}{2}(3k_r+k_yk_r+1)n^2\pm\frac{1}{2}\sqrt{(3k_r+k_yk_r+1)^2-16k_yk_r}n^2$$

由此式知，稳定解得特征值应为纯虚数，也即在稳定情况下星体的姿态是在平衡位置附近做无阻尼振荡，且称这样的系统为无阻尼振荡稳定系统。相应的稳定条件为

(1) $$k_yk_r>0 \tag{2.1-27}$$

(2) $$1+3k_r+k_yk_r>4\sqrt{k_yk_r} \tag{2.1-28}$$

联合式(2.1-25)和式(2.1-27)知，稳定系统的三个主惯量应满足

$$I_z<I_x<I_y \text{ 或 } I_y<I_z<I_x \tag{2.1-29}$$

为了更直观地考察上列的稳定条件，现引入 k_y-k_r 相平面，如图2.1-4所示。

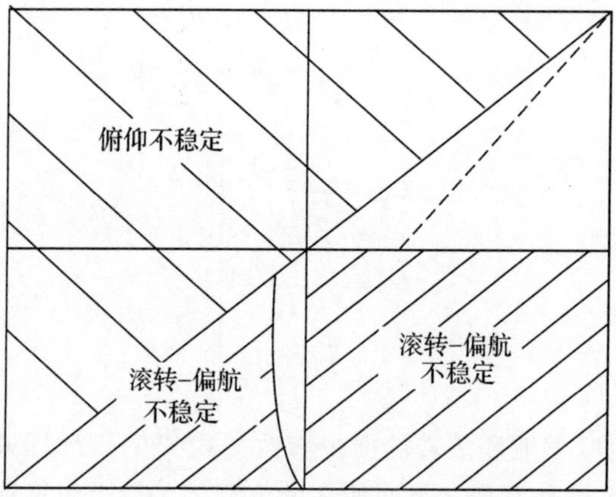

图2.1-4　k_y-k_r 相平面内稳定区

k_y-k_r 相平面内每一相点都代表一个刚体的惯量椭球。由于三个主惯量之间的相互关系，恒有 $|k_y|\leqslant 1$ 和 $|k_r|\leqslant 1$，因此有实际意义的相点均在横坐标和纵坐标为[-1,1]的范围内。为了便于理解 $k_y\sim k_r$ 相平面内相点的物理意义，考察如下相点所对应的惯量椭圆的

形状。

(1) 原点表示 $k_y = k_r = 0$，即有 $I_x = I_y = I_z$，因此对应的惯量椭球为正球体。

(2) 轴 k_r 表示 $k_y = 0$，即有 $I_x = I_y$，因此轴 k_r 上的点表示轴 z 对称的惯量椭球。上半平面相点有 $I_y > I_x$ 的形状，下半平面相点有 $I_y < I_x$ 的形状。

(3) 轴 k_y 表示 $k_r = 0$，即有 $I_y = I_z$，因此轴 k_y 上的点表示轴 x 对称的惯量椭球。右半平面相点有 $I_y > I_z$ 形状，左半平面相点有 $I_y < I_z$ 的形状。

(4) Ⅰ-Ⅲ 象限对角线表示 $k_y = k_r$，即有 $I_x = I_z$，因此这一对角线上的点表示 y 轴对称的惯量椭球，左上半平面为 $I_x < I_z$，右下半平面为 $I_x > I_z$。

上述的稳定条件可以在 k_y-k_r 相平面上直观地划分出满足稳定条件的范围，且称为 k_y-k_r 平面内的稳定区。

(1) 由条件式(2.1-25)有 $I_x > I_z$，因此左上半平面为俯仰不稳定，而须划去。

(2) 由条件式(2.1-27)知 k_y 和 k_r 必须同号，因此第 Ⅳ 象限为偏航-滚转不稳定，而须划去。

(3) 由条件式(2.1-28)知 $1 + 3k_r + k_y k_r > 4\sqrt{k_y k_r}$，因此第 Ⅲ 象限的一部分也为偏航-滚转不稳定，也须划去。

(4) 由式(2.1-24)知，$k_p = \dfrac{1}{3}$ 曲线上的点使 θ 发散，也须划去。

划去上述不稳定的相点后，就得到图 2.1-4 所示的稳定区范围。稳定区的一部分在第 Ⅰ 象限，一部分在第 Ⅲ 象限。第 Ⅲ 象限的稳定区是条狭带，对星体的形状有严格的精度要求，而给设计带来困难，因此惯量参数通常选在第 Ⅰ 象限的稳定区内。

现在考虑以特例，$k_y = 0$，$k_r = 1$，即有

$$I_z = 0, I_x = I_y, k_p = 1$$

这一惯量椭球是沿轴 z 方向非常细长的回转体，例如轴 z 沿连杆方向的杠铃。这时方程(2.1-22)变为

$$\left.\begin{aligned}&\ddot{\varphi} + 4n^2\varphi = 0\\&\ddot{\psi} + n\dot{\varphi} = 0\\&\ddot{\theta} + 3n^2\theta = -2n^2 e\sin nt_p\end{aligned}\right\} \tag{2.1-30}$$

其通解为

$$\left.\begin{aligned}&\varphi = \varphi_0\sin 2nt_p\\&\psi = \psi_0 + \dot{\psi}_0 t_p - \frac{1}{2}\varphi_0\cos 2nt_p\\&\theta = -e\sin nt_p + \theta_0\sin\sqrt{3}\,nt_p\end{aligned}\right\} \tag{2.1-31}$$

这一结果表明，这样形状的星体在引力梯度矩作用下可使 θ 和 φ 稳定，但其偏航可能发散。注意到 θ 和 φ 是描述轴 z 对地垂线的偏离，因此 $\theta(t)$ 与 $\varphi(t)$ 描述了轴 z 的角运动，这一运动通常称为天平动或秤动。式(2.1-31)的天平动是等幅的，又称为无阻尼天平动。这一例子说明引力梯度矩不能提供阻尼，为了消除天平动，必须另加阻尼器。

引力梯度稳定系统的自然频率为

$$\omega_\theta = \sqrt{3k_p}\,n \tag{2.1-32}$$

$$\omega_{\varphi,\theta}=\frac{n}{\sqrt{2}}\left[1+3k_r+k_yk_r\pm\sqrt{(1+3k_r+k_yk_r)^2-16k_yk_r}\right]^{\frac{1}{2}} \tag{2.1-33}$$

由上面分析可知引力梯度稳定系统有如下特点：

(1) 系统的平衡位置是星体的某惯量主轴与质心的当地垂线重合，因此这一系统可用于地球定向。

(2) 要使平衡位置是稳定的，则惯量参数 k_y 和 k_r 必须选在图 2.1-4 的稳定区内。在工程中通常要求满足条件：$I_z<I_x<I_y$。

(3) 引力梯度矩不能提供阻尼，为了阻尼天平动则另加阻尼器。

(4) 系统的自然频率是与轨道角速度有相同的数量级，因此系统的响应速度慢，摆动周期长。

2.1.5 天平动阻尼器

天平动阻尼器也有主动式和被动式两种。主动式阻尼器需要有相应的敏感器和执行器组成自主的阻尼器系统。被动式阻尼器则要求能自动地敏感天平动并自动地产生阻尼。常用的被动式阻尼器有涡流阻尼器和磁滞阻尼器，如图 2.1-5 和图 2.1-6 所示。

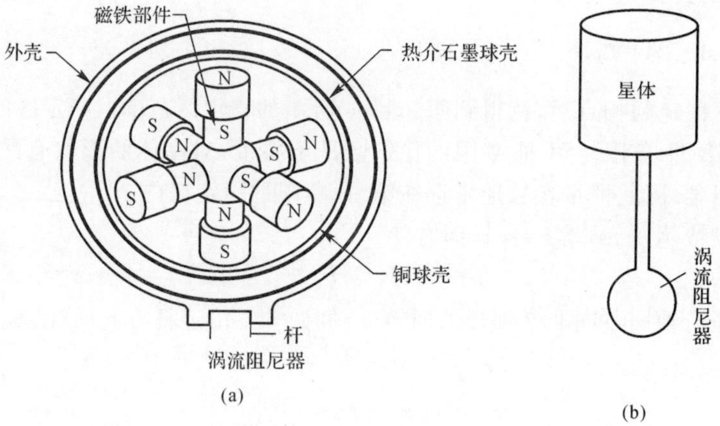

图 2.1-5 涡流阻尼器

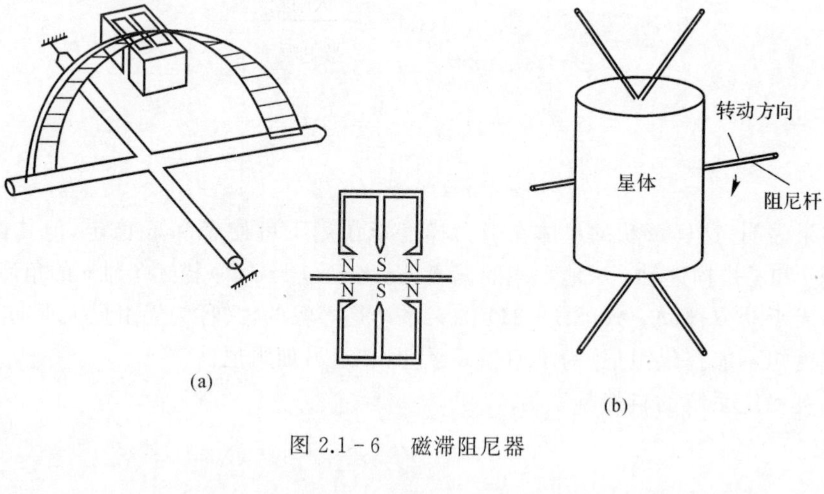

图 2.1-6 磁滞阻尼器

涡流阻尼器的内部是由六根磁铁组成的对称阵，用以跟踪地球磁场。当星体发生天平动时磁铁阵同铜球壳有相对运动而产生感应涡流电流，从而产生焦耳热而耗散热量。热解石墨是反磁质，因此热解石墨球壳可使磁铁阵悬浮在铜球壳中间。涡流阻尼器安装如图 2.1－5(b) 所示，阻尼器既起阻尼作用，其质量同时又是引力梯度杆的端质量。

磁滞阻尼器由磁性元件和可转动的磁性材料叶片组成。磁性元件的磁极非常靠近，当磁性材料叶片相对磁性元件有移动时，就会产生磁滞阻尼。磁性材料叶片装在阻尼杆上，当星体有天平动时，阻尼杆就失去平衡而带动叶片相对于磁性元件而移动。阻尼杆是通过转轴与扭转弹簧同星体相连，而磁性元件是固定在星体上。阻尼杆相对于星体，也即相对于磁性元件的移动是有阻尼的往复摆动，因此对星体的天平动产生阻尼作用。阻尼杆的安装如图 2.1－6(b) 所示，图中阻尼杆不与引力梯度杆共面，这样可以通过一个阻尼器对俯仰和滚转两通道同时产生阻尼作用，并通过滚动-偏航两通道的耦合而对偏航通道也产生阻尼作用。由于阻尼器的作用，系统方程式(2.1－22) 增加了相应的阻尼项，而变为有阻尼的微分方程。再根据系统的稳定条件，选择适当参数，则系统便可变为渐近稳定。

2.2　气动力矩稳定系统

大气是影响近地航天器轨道运动和姿态运动的重要因素，航天器的轨道高度通常在 120 km 以上，在这样的高度上，大气非常稀薄，以至不能视作连续介质。因此研究其气动特性的方法与低空稠密大气层的情形有很大不同。这时大气对星体的作用，应看作离散的粒子流的作用。粒子流中含有中性粒子和带电粒子。

图 2.2－1 表示半径为 1 m 的铝球在不同高度上受到中性粒子流、带电粒子流和太阳辐射的光子流的作用力的变化情况。比较三条曲线可以看出，在 80 km 以下，中性粒子流的作用是主要的；80 km 以上，太阳光子流的作用是主要的；在 2 000 km 以上，大气中大部分的粒子离子化，带电粒子的作用超过中性粒子。这里讨论的气动特性适用于 120～800 km 的轨道高度。由于稀薄气体动力学涉及的物理参数很多，许多问题尚待深入研究。下面着重阐述有关的基本概念，并在此基础上讨论简化的计算方法。

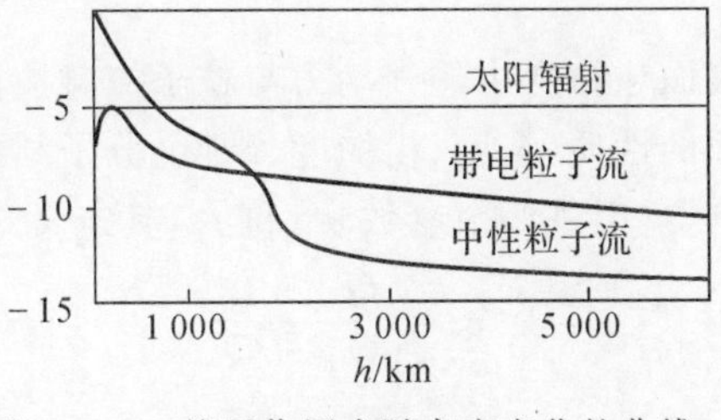

图 2.2－1　粒子作用力随高度变化的曲线

2.2.1　自由分子流

自由分子流是稀薄气体粒子流的一种理想化模型。在 120 km 以上的高度上，气体粒子平均自由行程 l(气体粒子在相邻两次碰撞之间所经过的统计平均距离) 是很大的。图 2.2－2 表示了平均自由行程 l 随高度 h 变化的曲线。在 h 接近 800 km 时，l 的值可达到 10^6 m 的数量级。因此在一单位体积内，气体粒子间相互碰撞的机会是很小的，甚至可以略去不计。自由分子流是指气体分子与凸状航天器表面相撞后，反射的粒子不破坏入射的气流，也就是反射粒子和入射粒子之间的互相碰撞机会可以不计。

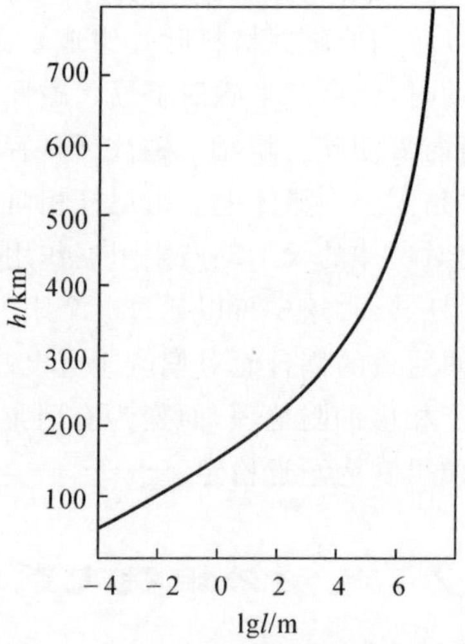

图 2.2－2　气体粒子自由行程随高度变化的曲线

由于航天器的特征长度 L 一般在几米、几十米的数量级，在所研究的高度上，克努森(Knudsen) 数$\left(k_n=\dfrac{l}{L}\right)$可达到很大的值。根据自由分子流的假设，$k_n$ 趋于无穷大，且对航天器的入射流可以认为是平行流。

气动力是气体粒子对航天器表面碰撞作用的结果。如果 p 是气流作用于面积元 $\mathrm{d}A$ 上的压强，则气动力应是 p 在航天器整个表面上积分得到。p 与很多参数有关，例如与大气的参数、航天器表面的物理性质和化学性质等有关。由于研究的方法不同，所做的假设不同，所得到气动力的表达式也不同。下面是引用 Schaaf 和 Chambre 稀薄气体理论的有关结果。

2.2.2　凸体的气动特性

稀薄气体流同航天器表面碰撞产生的气动力与粒子流碰撞前后的动量变化有关。而碰撞动量的变化又与航天器表面的性质(温度、粗糙度、硬度、分子结构等) 有关。为了描述航天器表面对碰撞动量变化的影响，现引进两个参数 σ_n 和 σ_τ，其定义式如下：

$$\sigma_n=\frac{Q_{in}-Q_{rn}}{Q_{in}-Q_w},\qquad \sigma_\tau=\frac{Q_{i\tau}-Q_{r\tau}}{Q_{i\tau}} \tag{2.2-1}$$

$$\boldsymbol{Q}_i=Q_{i\tau}\boldsymbol{\tau}+Q_{in}\boldsymbol{n},\qquad \boldsymbol{Q}_r=Q_{r\tau}\boldsymbol{\tau}+Q_{rn}\boldsymbol{n} \tag{2.2-2}$$

式中，$\boldsymbol{Q}_i$ 和 $\boldsymbol{Q}_r$ 为面积元 $\mathrm{d}A$ 处单位面积上的气体粒子的入射动量和反射动量；τ 和 n 为沿曲面的切向和法向的单位矢量；σ_n 为法向动量系数，σ_τ 为切向动量系数；Q_w 是 $\mathrm{d}A$ 处满足麦克斯韦(Maxwell) 平衡的单位面积上的反射动量。Q_w 是与表面温度有关的热分子运动动量，是在半球面内各向同性的散射。其切向分量为零，因此，切向动量系数与 Q_w 无关。

为了便于理解 σ_n 和 σ_τ 的物理意义，下面考虑两个特例：

(1)$\sigma_n = \sigma_\tau = 0$，则由式(2.2 - 1) 得

$$Q_{in} = Q_{rn}, Q_{i\tau} = Q_{r\tau}$$

即有入射角等于反射角，且有

$$Q_i = Q_r$$

如图 2.2 - 3(a) 所示。这种反射称为镜射。易知，镜射没有动量损失。

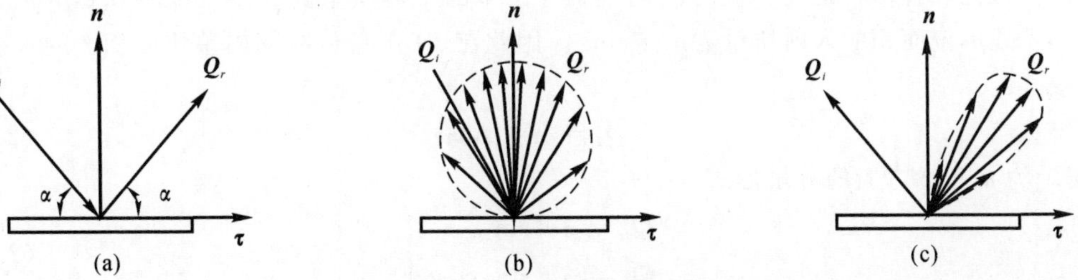

图 2.2 - 3　气体粒子的反射

(a) 镜射；(b) 漫射；(c) 一般情况

(2)$\sigma_n = \sigma_r = 1$，则由式(2.2 - 1) 得

$$Q_{rn} = Q_w, Q_{r\tau} = 0$$

这时反射蜕化为分子热运动的各向同性的散射，如图 2.2 - 3(b) 所示。

在一般情况下，σ_n 与 σ_τ 介于 0 和 1 之间，反射分子流中除了包含有镜射和散射外，还可能雾化，如图 2.2 - 3(c) 所示。

现在考虑作用于面积元 $\mathrm{d}A$ 上的压强 $\boldsymbol{p}$。设 $\boldsymbol{v}$ 为入射速度，$\boldsymbol{n}$ 为 $\mathrm{d}A$ 的法向，$\boldsymbol{\tau}$ 为 $\boldsymbol{n}$ 和 $\boldsymbol{v}$ 所在平面内的切向。则 $\boldsymbol{p}$ 可分解为

$$\boldsymbol{p} = \boldsymbol{p}_n + \boldsymbol{p}_\tau \tag{2.2 - 3}$$

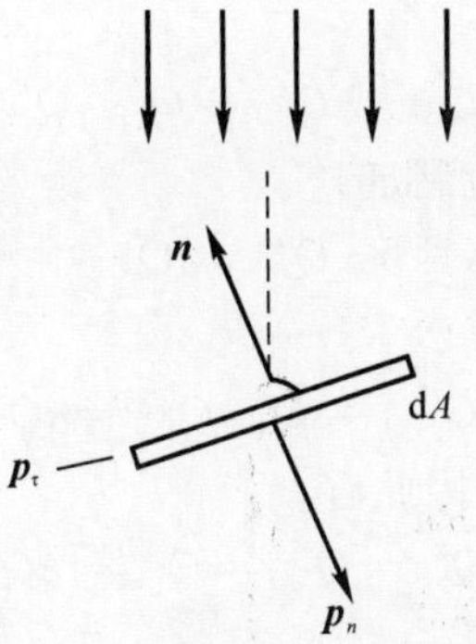

图 2.2 - 4　面积元的 dA 上的压强

如图 2.2 - 4 所示。如果在 $\mathrm{d}A$ 上，单位时间内在单位面积上入射的动量为 $\boldsymbol{Q}_i$，反射动量为 $\boldsymbol{Q}_r$，则根据动量定理得(注意，气动力是气体粒子所受的力等值反向)

$$\boldsymbol{p} = \boldsymbol{Q}_i - \boldsymbol{Q}_r \tag{2.2 - 4}$$

或表示为 $\boldsymbol{n}$ 和 $\boldsymbol{\tau}$ 方向的分量形式

$$\begin{aligned} p_n &= Q_{in} + Q_{rn} \\ p_\tau &= Q_{i\tau} - Q_{r\tau} \end{aligned} \tag{2.2-5}$$

由式(2.2-1)和式(2.2-5)消去 Q_{rn} 和 $Q_{r\tau}$ 得

$$\left.\begin{aligned} p_n &= (2-\sigma_n)Q_{in} + \sigma_n Q_w \\ p_\tau &= \sigma_\tau Q_{i\tau} \end{aligned}\right\} \tag{2.2-6}$$

如果以 dA 为底,以 $\boldsymbol{v}$ 的平行线为母线作一柱体,此柱体的横截面积为 $\sin\alpha \cdot dA$,α 为 dA 相对于入射流的倾角,则在单位时间内入射于 dA 的气体质量为 $\rho v \cdot \sin\alpha \cdot dA$,$\rho$ 为气体密度。dA 处单位面积的入射质量为 $\rho v \cdot \sin\alpha$。因此在 dA 上单位时间内单位面积上的入射动量 $\boldsymbol{Q}_i$ 为

$$\boldsymbol{Q}_i = \rho v \cdot \sin\alpha \boldsymbol{v} \tag{2.2-7}$$

或表示为 $\boldsymbol{n}$ 和 $\boldsymbol{\tau}$ 方向的分量形式

$$\left.\begin{aligned} Q_{in} &= \rho v^2 \sin^2\alpha \\ Q_{i\tau} &= \rho v^2 \sin\alpha\cos\alpha \end{aligned}\right\} \tag{2.2-8}$$

把式(2.2-8)代入式(2.2-6),得

$$\left.\begin{aligned} p_n &= (2-\sigma_n)\rho v^2 \sin^2\alpha + \sigma_n Q_w \\ p_\tau &= \sigma_\tau \rho v^2 \sin\alpha\cos\alpha \end{aligned}\right\} \tag{2.2-9}$$

在 120 km 以上高空,航天器表面的气体分子热运动动量 Q_w 远小于入射动量 Q_i,在粗略计算时式(2.2-9)中 Q_w 项可以略去,而有

$$\begin{aligned} p_n &= (2-\sigma_n)\rho v^2 \sin^2\alpha \\ p_\tau &= \sigma_\tau \rho v^2 \sin\alpha\cos\alpha \end{aligned} \tag{2.2-10}$$

如果反射仅由镜射和散射组成,且设散射系数为 σ,则镜射系数为 $1-\sigma$。这时动量系数 σ_τ 和 σ_n 都可用 σ 简单表示。不妨设镜射部分动量为 Q'_i, Q'_r, Q'_w,散射部分动量为 Q''_i, Q''_r, Q''_w,则有

$$Q_i = Q'_i + Q''_i,\ Q_r = Q'_r + Q''_r,\ Q_w = Q'_w + Q''_w \tag{2.2-11}$$

按定义,镜射部分满足

$$Q'_i = Q'_r \text{ 或 } Q'_{i\tau} = Q'_{r\tau},\ Q'_{in} = Q'_{rn} \tag{2.2-12}$$

对散射部分由于散射系数为 σ,因此满足

$$Q''_i = \sigma Q_i$$

或

$$Q''_{i\tau} = \sigma Q_{i\tau},\ Q''_{in} = \sigma Q_{in} \tag{2.2-13}$$

又由于对散射来说有 $Q''_{i\tau} = 0$,因此有

$$Q''_r = Q''_{rn} = Q''_w = \sigma Q_w \tag{2.2-14}$$

把上列各式代入式(2.2-1),可得

$$\sigma_n = \frac{Q_{in} - Q_{rn}}{Q_{in} - Q_w} = \frac{Q'_{in} - Q'_{rn}}{Q_{in} - Q_w} + \frac{Q''_{in} - Q''_{rn}}{Q_{in} - Q_w} = \frac{\sigma(Q_{in} - Q_w)}{Q_{in} - Q_w} = \sigma \tag{2.2-15a}$$

$$\sigma_\tau = \frac{Q_{i\tau} - Q_{r\tau}}{Q_{i\tau}} = \frac{Q'_{i\tau} - Q'_{r\tau}}{Q_{i\tau}} + \frac{Q''_{i\tau} - Q''_{r\tau}}{Q_{i\tau}} = \sigma \tag{2.2-15b}$$

由式(2.2-15a)和式(2.2-15b)知,当反射仅由镜射和散射组成时,压强公式(2.2-10)又

可简写为

$$\left.\begin{aligned}p_n &= (2-\sigma)\rho v^2 \sin^2\alpha \\ p_\tau &= \sigma\rho v^2 \sin\alpha\cos\alpha\end{aligned}\right\} \tag{2.2-16}$$

式中，σ 为散射系数，与表面涂层有关，可由实验测定。

入射气流速度 $\boldsymbol{v}$ 是相对于航天器的速度。$\boldsymbol{v}$ 同轨道速度 $\boldsymbol{v}_0$（牵连速度）和分子热运动速度 $\boldsymbol{c}$（绝对速度）之间有如下关系：

$$\boldsymbol{c} = \boldsymbol{v} + \boldsymbol{v}_0$$

考虑到分子热运动的最大或然速度 $c_T = \sqrt{2RT}$（T 为绝对温度，R 为气体常数）。在 800 km 以下的高度上轨道速度 v_0 同最大或然速度 c_T 之比 s，不小于 5，如图 2.2-5 所示，因此在粗略计算时，入射速度 v 可近似等于轨道速度 v_0，也即，在式(2.2-16)中可用轨道速度来近似入射速度。

应该指出式(2.2-10)和式(2.2-16)的推导中，把入射气流中各粒子的速度笼统地用一入射速度 v 来表示，是极不准确的，因为分子热运动速度的大小和方向都是随机的。当要较为准确地计入分子热运动的影响时，就必须用统计的方法来研究其随机性。下面在自由分子流的假设下介绍一种较简单的统计方法。

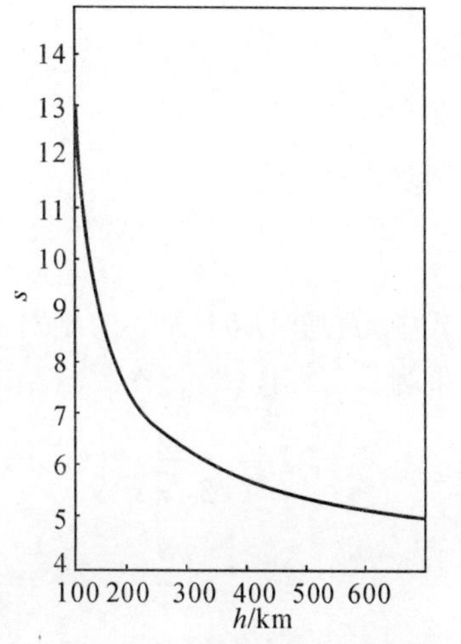

图 2.2-5　气体粒子 s-h 曲线

麦克斯韦证明了，单位体积内各种可能热运动速度的分子个数符合正态分布统计规律。如果以速度的三分量张一速度空间，则在可能的热运动速度 c 处的单位“体积”（在速度空间意义下）内，具有的分子个数为

$$f = \frac{\rho}{m}(2\pi RT)^{-\frac{3}{2}} e^{-\frac{1}{2RT}|c-c_T|^2} \tag{2.2-17}$$

式中，ρ 为气体密度，m 为气体分子质量，$\frac{\rho}{m}$ 为单位体积气体分子的个数。

如果设轨道速度为 $\boldsymbol{v}_0$，且记

$$\boldsymbol{v} = \boldsymbol{c} - \boldsymbol{v}_0, \quad \boldsymbol{u} = \boldsymbol{c}_T - \boldsymbol{v}_0 \tag{2.2-18}$$

易知，$\boldsymbol{v}$ 即气体分子的入射速度，$\boldsymbol{u}$ 即最大或然入射速度，由式(2.2-18)可得

$$\boldsymbol{c} - \boldsymbol{c}_T = (\boldsymbol{c} - \boldsymbol{v}_0) - (\boldsymbol{c}_T - \boldsymbol{v}_0) = \boldsymbol{v} - \boldsymbol{u} \tag{2.2-19}$$

把式(2.2-19)代入式(2.2-17)便得到入射速度 $\boldsymbol{v}$ 处的单位“体积”内，具有的分子个数为

$$f = \frac{\rho}{m}(2\pi RT)^{-\frac{3}{2}} e^{-\frac{1}{2RT}|v-u|^2} \tag{2.2-20}$$

由于轨道高度小于 800 km 时，v_0 远大于 c_T，因此 $|\boldsymbol{u}|$ 近似等于 $|\boldsymbol{v}_0|$，但二者的方向相反。

设 u 相对于面积元 $\mathrm{d}A$ 的倾角为 α，则 $\boldsymbol{u}$ 在 $\mathrm{d}A$ 的 $\boldsymbol{n}$ 和 $\boldsymbol{\tau}$ 的分量为

$$u_n = u\sin\alpha, \quad u_\tau = u\cos\alpha \tag{2.2-21}$$

且有

$$|\boldsymbol{v} - \boldsymbol{u}|^2 = (v_n - u\sin\alpha)^2 + (v_\tau - u\cos\alpha)^2 + v_b^2 \tag{2.2-22}$$

式中，$\boldsymbol{v}_b$ 是 $\boldsymbol{v}$ 沿 $\boldsymbol{b}$ 方向分量，而 $\boldsymbol{b} = \boldsymbol{n} \times \boldsymbol{\tau}$。

记 $\mathrm{d}\Omega$ 为速度空间中的体积元，则 $f\mathrm{d}\Omega$ 表示此体积元内（即速度在 $\boldsymbol{v}$ 与 $\boldsymbol{v}+\mathrm{d}\boldsymbol{v}$ 之间）分子的

个数。由于单位时间内入射到 dA 上的体积为 $v_n dA$，在这体积内具有这种速度的分子个数为 $v_n f d\Omega dA$，因此单位时间单位面积内的分子个数为 $v_n f d\Omega$，相应的质量为 $m v_n f d\Omega$，相应的动量为 $m v_n f \boldsymbol{v} d\Omega$，总动量为

$$\boldsymbol{Q}_i = \int_{-\infty}^{\infty} m v_n f \boldsymbol{v} d\Omega \tag{2.2-23}$$

积分变量是在整个速度空间上进行计算，因此上述积分是三重积分，把式(2.2-23)写为 $\boldsymbol{n}$ 和 $\boldsymbol{\tau}$ 的分量得

$$\left.\begin{aligned} Q_{in} &= \int_{-\infty}^{\infty} m v_n^2 f d\Omega \\ Q_{i\tau} &= \int_{-\infty}^{\infty} m v_n v_\tau f d\Omega \end{aligned}\right\} \tag{2.2-24}$$

同理得

$$Q_w = \int_{-\infty}^{\infty} m v_n{}^2 f_w d\Omega$$

式中，f 是对应于大气的绝对温度 T，f_w 是对应于 dA 上的温度 T_w。式(2.2-24)的积分结果为

$$\left.\begin{aligned} Q_w &= \frac{\rho u^2}{2\sqrt{\pi} s^2}\left\{(s\sin\alpha) e^{-s^2\sin^2\alpha} + \sqrt{\pi}\left(\frac{1}{2} + s^2 \sin^2\alpha\right)\cdot[1+\mathrm{erf}(s\sin\alpha)]\right\} \\ Q_{i\tau} &= \frac{\rho u^2}{2\sqrt{\pi} s^2}\cos\alpha\left\{e^{-s^2\sin^2\alpha} + \sqrt{\pi} s\sin\alpha \cdot [1+\mathrm{erf}(s\sin\alpha)]\right\} \\ Q_{i\tau} &= \frac{1}{2}\rho R\sqrt{TT_w}\left\{e^{-s^2\sin^2\alpha} + \sqrt{\pi} s\sin\alpha \cdot [1+\mathrm{erf}(s\sin\alpha)]\right\} \end{aligned}\right\} \tag{2.2-25}$$

式中，s 为 u 与 c_T 的比值，即

$$s = \frac{u}{c_T} = \frac{u}{\sqrt{2RT}}$$

$\mathrm{erf}(x)$ 为概率积分，即

$$\mathrm{erf}(x) = \frac{2}{\sqrt{\pi}}\int_0^x e^{-y^2} dy$$

把式(2.2-25)代入式(2.2-6)得压强公式

$$\begin{aligned} p_n &= \frac{\rho u^2}{2s^2}\left\{e^{-s^2\sin^2\alpha}\left[\frac{2-\sigma_n}{\sqrt{\pi}} s\sin\alpha + \frac{\sigma_n}{2}\sqrt{\frac{T_w}{T}}\right] + \right. \\ &\left. [1+\mathrm{erf}(s\sin\alpha)]\left[(2-\sigma_n)\left(\frac{1}{2}+s^2\sin^2\alpha\right) + \frac{\sigma_n}{2}\sqrt{\frac{\pi T_w}{T}}(s\sin\alpha)\right]\right\} \qquad (2.2-26) \\ p_\tau &= \frac{\rho u^2}{2s}\sigma_\tau\cos\alpha\left\{\frac{1}{\sqrt{\pi}} e^{-s^2\sin^2\alpha} + s\sin\alpha[1+\mathrm{erf}(s\sin\alpha)]\right\} \end{aligned}$$

如果反射气流仅由镜射和散射组成，即有 $\sigma_n = \sigma_\tau = \sigma$，则式(2.2-26)可简化为

$$p_n = \frac{\rho u^2}{2s^2}\left\{ \mathrm{e}^{-s^2\sin^2\alpha}\left[\frac{2-\sigma}{\sqrt{\pi}} s\sin\alpha + \frac{\sigma}{2}\sqrt{\frac{T_w}{T}}\right] + \right.$$

$$\left. [1+\mathrm{erf}(s\sin\alpha)]\left[(2-\sigma)\left(\frac{1}{2}+s^2\sin^2\alpha\right)+\frac{\sigma}{2}\sqrt{\frac{\pi T_w}{T}}(s\sin\alpha)\right]\right\} \quad (2.2-27)$$

$$p_\tau = \frac{\rho u^2}{2s}\sigma\cos\alpha\left\{\frac{1}{\sqrt{\pi}}\mathrm{e}^{-s^2\sin^2\alpha} + s\sin\alpha[1+\mathrm{erf}(s\sin\alpha)]\right\}$$

式(2.2－26) 和式(2.2－27) 就是在自由分子流假设下，考虑了分子热运动影响的压强公式，当倾角 α 不接近于零，且满足条件

$$s\sin\alpha > 1 \quad (2.2-28)$$

则概率积分 $\mathrm{erf}(s\sin\alpha)$ 可表示为级数形式：

$$\mathrm{erf}(s\sin\alpha) = 1 - \frac{\mathrm{e}^{-s^2\sin^2\alpha}}{\sqrt{\pi}\,s\sin\alpha}\left[1+\sum_{k=1}^{\infty}(-1)^k\frac{(2k-1)}{(2s^2\sin^2\alpha)^k}\right] \quad (2.2-29)$$

或略去高阶项得

$$\mathrm{erf}(s\sin\alpha) = 1 - \frac{\mathrm{e}^{-s^2\sin^2\alpha}}{\sqrt{\pi}\,s\sin\alpha} \quad (2.2-30)$$

把式(2.2－30) 代入式(2.2－27) 得

$$p_n = \frac{1}{2}\rho u^2\left[2(2-\sigma)\sin^2\alpha + \frac{\sigma}{s}\sqrt{\frac{\pi T_w}{T}}\sin\alpha + \frac{2-\sigma}{s^2} - \frac{(2-\sigma)\mathrm{e}^{-s^2\sin^2\alpha}}{2\sqrt{\pi}\,s^3\sin\alpha}\right] \quad (2.2-31)$$

$$p_\tau = \frac{1}{2}\rho u^2 \cdot 2\sigma\cos\alpha\sin\alpha$$

式(2.2－31) 是在 $s\sin\alpha > 1$ 的条件下对式(2.2－27) 的近似。例如 $h = 120$ km，$s = 10$，则要求 $\alpha > 5°$；$h = 800$ km，$s = 5.5$，要求 $\alpha > 10°$。而式(2.2－16) 是式(2.2－31) 的进一步近似。

上面讨论了稀薄大气对凸形体表面面积元 $\mathrm{d}A$ 上的压强 p_n 和 p_τ 的表达式。而整个凸形体表面积 A 所受的气动力可由积分得到，即

$$\boldsymbol{F} = \int_A \boldsymbol{p}\,\mathrm{d}A = \int_A (\boldsymbol{p}_n + \boldsymbol{p}_\tau)\,\mathrm{d}A \quad (2.2-32)$$

如果以 $\boldsymbol{r}$ 表示 $\mathrm{d}A$ 到质心的位置矢量，则气动力对质心之矩，即气动力矩为

$$\boldsymbol{L} = \int_A \boldsymbol{r}\times\boldsymbol{p}\,\mathrm{d}A = \int_A \boldsymbol{r}\times(\boldsymbol{p}_n + \boldsymbol{p}_\tau)\,\mathrm{d}A \quad (2.2-33)$$

式(2.2－32) 和式(2.2－33) 是凸形体气动力和气动力矩的一般表达式。对一般的凸形体，需用试验方法或数值积分方法计算其结果。

2.2.3　简单形状凸形体的气动系数

低空稠密大气层的气动力通常表示为

$$F = \frac{1}{2}c_d\rho A v^2 \quad (2.2-34)$$

的形式。式中，c_d 为气动系数，A 为特征面积。对稀薄气体来说，也可以用类似的形式来表示。下面讨论的气动系数是假设 $s\sin\alpha > 1$ 的条件成立。

1. 平板的气动系数

如图2.2-6所示，对平板来说，n 和 τ 的方向不变，倾角 α 为常量，入射速度 $\boldsymbol{v}$ 近似为与轨道速度等值相反。气动力 F 可由式(2.2-16)得

$$\left.\begin{aligned} F_n &= \int_A p_n \mathrm{d}A = \int_A (2-\sigma)\rho v^2 \sin^2\alpha \, \mathrm{d}A = (2-\sigma)\rho v^2 A\sin^2\alpha \\ F_\tau &= \int_A p_\tau \mathrm{d}A = \int_A \sigma\rho v^2 \cos\alpha \sin\alpha \, \mathrm{d}A = \sigma\rho v^2 \cos\alpha \sin\alpha \end{aligned}\right\} \tag{2.2-35}$$

记

$$\left.\begin{aligned} c_n &= 2(2-\sigma)\sin^2\alpha \\ c_\tau &= 2\sigma\cos\alpha\sin\alpha \end{aligned}\right\} \tag{2.2-36}$$

且称 c_n 和 c_τ 分别为法向和切向气动系数，则得式(2.2-34)类似的形式为

$$\left.\begin{aligned} F_n &= \frac{1}{2}c_n\rho A v^2 \\ F_\tau &= \frac{1}{2}c_\tau\rho A v^2 \end{aligned}\right\} \tag{2.2-37}$$

气动力的作用点在平板的形状中心。

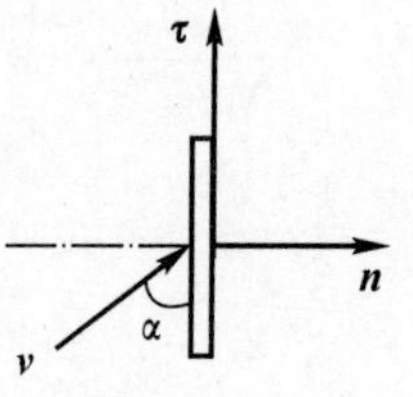

图 2.2-6　对平板的入射

特例：

(1) 全镜射，$\sigma=0$，得

$$c_n = 4\sin^2\alpha$$
$$c_\tau = 0$$

(2) 全散射，$\sigma=1$，得

$$c_n = 2\sin^2\alpha$$
$$c_\tau = 2\cos\alpha\sin\alpha$$

上述得气动系数是在近似意义下得到，如果写成以下形式：

$$\begin{aligned} c_n &= c_{n0}\sin^2\alpha \\ c_\tau &= c_{\tau 0}\cos\alpha\sin\alpha \end{aligned} \tag{2.2-38}$$

则系数 c_{n0} 和 $c_{\tau 0}$ 的值，应由试验加以校正。

如果外形是凸多面体，则气动力可分别对各面用平板的气动力公式(2.2-37)计算，即得凸多面体得气动力。气动力矩也可先求各面气动力对质心之矩，然后再求合力矩。

2. 凸形回转体的气动特性

凸形体的气动特性与入射气流的相对角位置有关。如设入射速度设近似与轨道速度等值

反向，则此相对角位置可用图 2.2-7 所示的角 α 和 β 表示。图中轴 x_r 沿轨道速度方向，y_r 垂直于轨道平面，z_r 在轨道平面内。$Oxyz$ 是体坐标系。

设回转体的对称轴为 z，过轴 z 作 x_1Oz 平面平行于入射气流方向，如图 2.2-8 所示。轴 x_1 和 x_r 的夹角为 α，因此气动特性仅与 α 有关，气动力必在 x_1Oz 平面内。于是气动力和气动力矩可简化为

$$F_{y1} = L_{x1} = L_z = 0 \tag{2.2-39}$$

因此对回转体的气动特性只须计算 F_{x1}, F_z, L_{y1}。对于一般形状的回转体来说，计算这三个量仍需用数值积分方法，只是对一些简单的回转体才有简单的表示式。

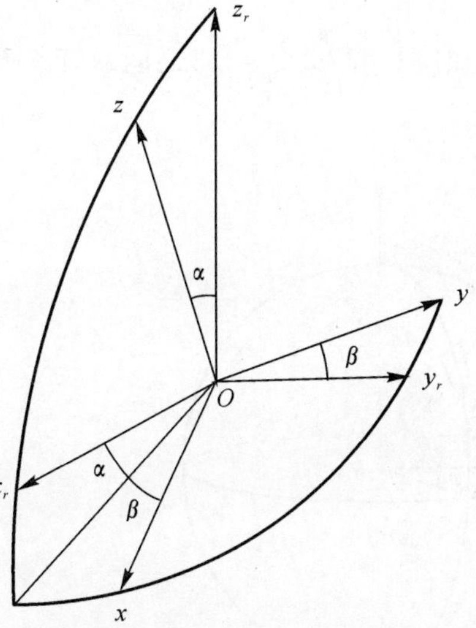

图 2.2-7　对凸体的入射

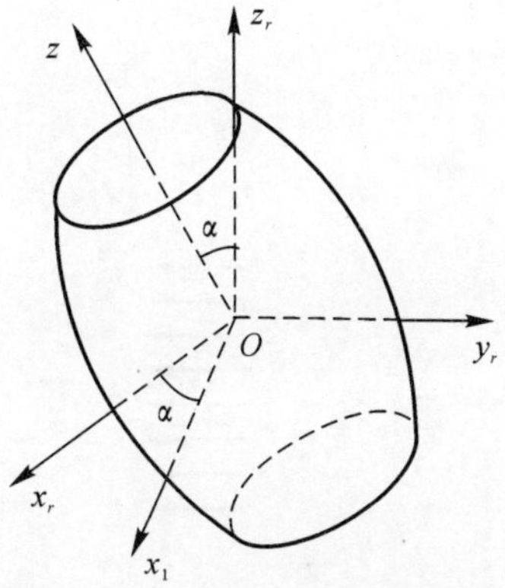

图 2.2-8　对回转体的入射角位置

3. 正球体的气动系数

如图 2.2-9 所示，设正球体半径为 R。过球心作坐标系 $Oxyz$，其中轴 x 平行于入射气流的方向。考虑球面上任一面积元 dA。易知 $\boldsymbol{n}$ 与 $\boldsymbol{v}$ 的夹角满足

$$\cos(\boldsymbol{n}, \boldsymbol{v}) = \cos\theta\cos\varphi = \sin(\boldsymbol{\tau}, \boldsymbol{v})$$
$$\sin(\boldsymbol{n}, \boldsymbol{v}) = \cos(\boldsymbol{\tau}, \boldsymbol{v})$$

则 dA 上的 p_n 和 p_τ 可表示为

$$\left.\begin{aligned} p_n &= \frac{1}{2}\rho v^2 \cdot 2(2-\sigma)\sin^2(\boldsymbol{\tau}, v) = \frac{1}{2}\rho v^2 \cdot 2(2-\sigma)\cos^2\theta\cos^2\varphi \\ p_\tau &= \frac{1}{2}\rho v^2 \cdot 2\sigma\sin(\boldsymbol{\tau}, \boldsymbol{v})\cos(\boldsymbol{\tau}, \boldsymbol{v}) = \frac{1}{2}\rho v^2 \cdot 2\sigma\cos\theta\cos\varphi \cdot \sqrt{1-\cos^2\theta\cos^2\varphi} \\ dA &= R^2\sin\theta\, d\theta\, d\varphi \end{aligned}\right\} \tag{2.2-40}$$

由对称性知，气动力在轴 y 和 z 上的分量为零。在 x 轴上的分量 F_x 可由 $\boldsymbol{p}_n + \boldsymbol{p}_\tau$ 在 x 轴上的分量 p_x 在整个球面上积分求得。由

$$p_x = p_n\cos(\boldsymbol{n}, \boldsymbol{v}) + p_\tau\cos(\boldsymbol{\tau}, \boldsymbol{v}) = \frac{1}{2}\rho v^2[4(1-\sigma)\cos^2\theta\cos^2\varphi + 2\sigma\cos\theta\cos\varphi] \tag{2.2-41}$$

积分时须注意，只是迎面的半球上压强不为零，得

$$F_x = 4 \times \frac{1}{2}\rho v^2 R^2 \int_0^{\frac{\pi}{2}}\int_0^{\frac{\pi}{2}} [4(1-\sigma)\cos^3\theta\cos^3\varphi + 2\sigma\cos\theta\cos\varphi]\cos\theta\,d\theta\,d\varphi =$$
$$4 \times \frac{1}{2}\rho v^2 R^2 [4(1-\sigma) \times \frac{2}{3} \times \frac{2\pi}{16} + 2\sigma \times \frac{\pi}{4}] = 2 \cdot \frac{1}{2}\rho v^2 \pi R^2 \quad (2.2-42)$$

注意到 πR^2 为大圆面积，即特征面积 A，因此得

$$F_x = \frac{1}{2} c_d \rho v^2 A \quad (2.2-43)$$

式中，气动系数 c_d 为

$$c_d = 2 \quad (2.2-44)$$

考虑到 p_n 和 p_τ 的近似带来的误差，初步计算时 c_d 可取 2.1 ~ 2.2 之间的值。圆柱体和圆锥体的气动系数也可以通过近似的推导得到。

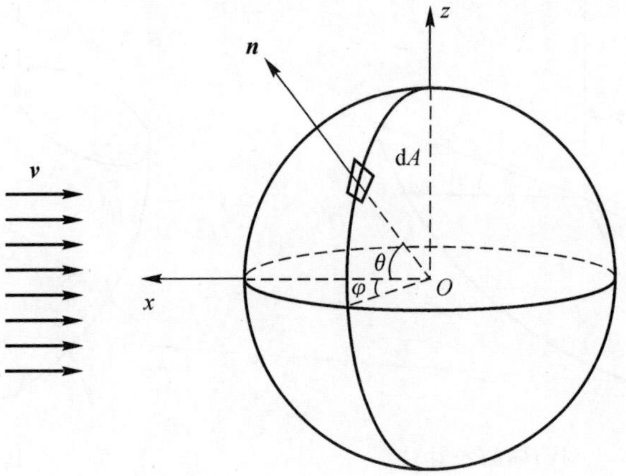

图 2.2-9　对正球体的入射

2.2.4　复杂外形的气动参数

上面讨论的结果适用于凸形体的情形。当作为凹形体时，就必须计入某一部分的反射气流可能入射到另一部分的表面上，而且可能在表面出现多次碰撞，这就不符合自由分子流的假设，因此上面所得结果对凹形体的情形一般是不成立的，凹形体对反射气流的遮挡成为遮蔽效应。用分析方法研究遮蔽效应的气动特性很困难，而要用试验方法确定。

2.2.5　气动力矩稳定系统

我们知道，在稠密大气层内飞行的飞行器，当压心落在质心的后面时，气动力矩是一稳定力矩，可把飞行器的对称轴稳定在轨道速度的方向上。在稀薄大气内飞行的航天器，如也要利用气动力矩作为稳定力矩，同样需要设计适当的尾翼，把航天器的压心移到质心后面，以保证星体的对称轴稳定在飞行速度的方向上。这样的航天器，其轨道高度不应高于 800 km，星体的结构外形要尽量紧凑，对质心的三个主惯量之差要尽量地小，要把引力梯度矩的影响减至最低限度。由于气动力矩稳定系统所要求的轨道高度较低，环境条件比较恶劣，飞行寿命较短，

因此不是理想的被动稳定系统。

由于高度在 800 km 以下的轨道中，气动力矩是星体姿态的重要干扰源，在设计姿态控制系统时必须计入其影响。下面以引力梯度稳定系统为例，考虑气动力矩对此系统的影响。

设杠铃状星体结构，如图 2.2-10 所示。两球半径为 r，压心位于连杆的中点 p，质心 O 对压心 p 的偏离为 Δz_c。连杆的气动力不计。星体的垂直于连杆的主惯量为 I，沿着连杆的主惯量为 I_z。设杠铃运动时连杆保持在轨道面内。连杆与入射气流方向的夹角为 α。如果不考虑气动力矩的影响，星体的平衡位置为 $\alpha=90°$；如果考虑气动力矩的影响，则平衡位置对应的 $\alpha<90°$，如图 2.2-11 所示。星体所受的气动力矩 L_y^a 和引力梯度矩 L_y^g 表示如下：

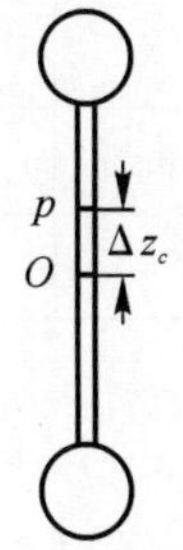

图 2.2-10　杠铃状星体结构

气动力矩 L_y^a：

由式(2.2-42) 得气动力 F^a 为

$$F^a=2\times\frac{1}{2}\times\rho v^2 A=2\pi r^2\rho\frac{\mu}{R_E+h}$$

式中，设航天器是高度为 h 的圆轨道，对应的轨道速度 $v^2=\dfrac{\mu}{R_E+h}$。R_E 为地球半径，μ 为地球引力常数。于是得气动力矩 L_y^g 为

$$L_y^a=F^a\Delta z_c\sin\alpha=2\pi r^2\rho\Delta z_c\frac{\mu}{R_E+h}\sin\alpha$$

引力梯度矩 L_y^g：

由式(2.1-13) 第二式得

$$L_y^g=-\frac{3\mu}{(R_E+h)^3}I\cos\alpha\sin\alpha$$

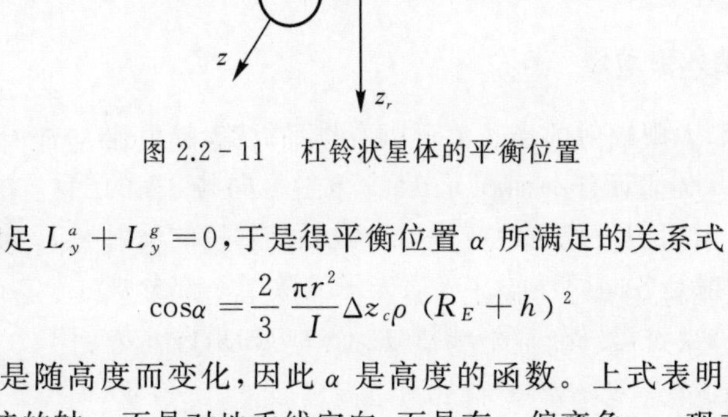

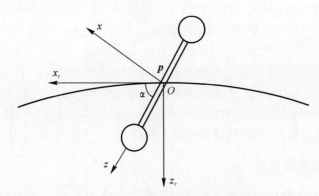

图 2.2-11　杠铃状星体的平衡位置

在平衡位置上满足 $L_y^a+L_y^g=0$，于是得平衡位置 α 所满足的关系式

$$\cos\alpha=\frac{2}{3}\frac{\pi r^2}{I}\Delta z_c\rho\,(R_E+h)^2$$

式中，ρ 是大气密度，是随高度而变化，因此 α 是高度的函数。上式表明，由于气动力矩的影响，引力梯度稳定系统的轴 z 不是对地垂线定向，而是有一偏离角 α。现考虑一算例，设：$r=1$

m ,$\Delta z_c = 0.1$ m,$I = 1\,000$ kg/m^2,则 α 随高度 h 的变化见表 2.2 - 1。

表 2.2 - 1　α 随高渡 h 的变化

h/km	230	240	250	270	280	290	300
α/(°)	20.1	44.0	56.1	69.8	74.0	77.2	79.7
h/km	320	340	360	380	400	440	480
α/(°)	83.2	85.4	86.6	87.8	88.5	89.2	89.6

由表(2.2 - 1) 可以看出：

(1)$h \leqslant 220$ km 时,$\alpha \approx 0$,$L_y^g \approx 0$。在此高度上引力梯度稳定系统失效,而成为气动力矩稳定系统。

(2)$230 \leqslant h \leqslant 220$ km 时,α 值随 h 的增加而迅速增加。在此高度上引力梯度稳定系统如果不计入气动力矩的影响,将会带来 $10° \sim 70°$ 的定向误差。因此必须把气动力矩与引力梯度矩组成的合力矩作为稳定力矩,设计此二力矩联合的稳定系统。

(3)$h \geqslant 300$ km,$L_y^a << L_y^g$。在此高度上引力梯度稳定系统的定向精度将小于 10°,而有良好的稳定性能。

上面的特例虽然不能导出一般的结论,但是从此也可以看出,在 230 ~ 800 km 高度上由于气动力矩与引力梯度矩有相同的数量级,在确定系统的平衡位置和分析系统的稳定性时,必须把二者同时考虑在内,以提高系统的稳定性能和定向精度。

2.3　太阳辐射压力矩稳定系统

太阳是个巨大的辐射源,每时每刻都在向空间辐射大量的能量,太阳辐射的各种波长($10^{-4} \sim 10$ km)的电磁波,对航天器会产生各种复杂的化学作用和物理作用。如何防止和利用这种作用都是研究空间环境的一个重要的课题。下面仅是从力学角度出发,研究太阳辐射对航天器产生的压力。

太阳辐射压力,是太阳辐射的光子流对航天器表面碰撞时产生的作用力。由图 2.2 - 1 可以看出,当轨道高度超过 800 km 时,太阳辐射压力的影响就超过了气动力。因此对高轨道航天器和星际航行的宇宙探测器来说,太阳辐射的影响是主要的。

2.3.1　光子流的入射动量

如图 2.3 - 1 所示,太阳辐射的光子流可以看作平行流,辐射速度为光速 c。考虑到星体表面任一面积元 dA。入射方向与 dA 的夹角 ψ 称为入射角。反射假设仅包含有镜射与散射。射镜的反射角等于入射角 ψ。散射是各向同性的。入射光子流除了一部分被反射外,还有一部分被吸收,另外一部分则穿透而过。如果设 ρ 为反射系数,α 为吸收系数,β 为穿透系数,则有

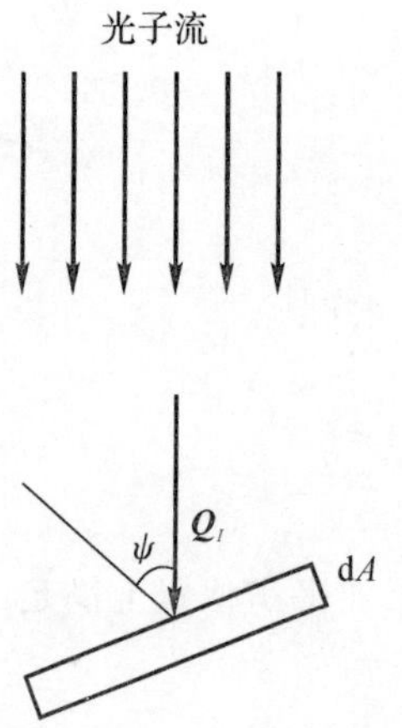

图 2.3 - 1　光子流的入射

$$\rho+\alpha+\beta=1 \tag{2.3-1}$$

对航天器来说，表面有良好的密封性能，可设 $\beta=0$，而有

$$\alpha=1-\rho \tag{2.3-2}$$

在反射的 ρ 部分中，如果又有 μ 部分为散射，$1-\mu$ 部分为镜射，则散射为入射光子流总数中的 $\rho\mu$ 部分，镜射为 $\rho(1-\mu)$ 部分，即

$$\alpha=1-\rho=1-\rho\mu-\rho(1-\mu) \tag{2.3-3}$$

系数 α，ρ，μ 的值与表面的材料、涂层的性质有关，可由实验确定。对航天器来说如果不希望体内温度过高，则选择材料和涂层的要求时要求 $\alpha\to 0$，$\rho\to 1$；而对太阳能电池来说，则希望有 $\alpha\to 1$。

根据费玛(Famed)的电磁理论，光子的能量为 $e=mc^2$，m 为光子的质量。光子的动量为 $q=\dfrac{e}{c}$，如果以 dA 为底，以平行于入射方向的直线为母线作一柱体，此柱体的横截面为 $\mathrm{d}A\cos\psi$。单位时间内射在 dA 上的动量 Q_I 为高 c 横截面 $\mathrm{d}A\cos\psi$ 的柱体内部光子的动量之和。如果该柱体内部全部光子的能量记为 E_I，则有

$$Q_I=\frac{E_I}{c} \tag{2.3-4}$$

从宏观上说，太阳辐射的能量可以通过受辐射平面吸收的热量来测量，且用功率密度来测量辐射的强弱。功率密度 I，是指垂直于射线方向的单位面积上，在单位时间内辐射的全部能量，单位为 $\mathrm{W/m^2}$。

对整个太阳系来说，太阳对各地辐射的功率密度是不同的，离太阳越近，功率密度越大。在近地空间，由于地球直径小于日-地距离，因此近地空间的功率密度可以认为是常量。

地球大气层充满着大气和尘埃，对太阳辐射产生反射和吸收作用，使得大气层内外的功率密度有着明显的差别。考虑到航天器飞行的环境是在大气层之外，因此计算时可用大气层外的功率密度之值。

大气层外的近地空间的功率密度通常称为太阳常数。由于测量方法不同，太阳常数的值约在 1 353 ～ 1 396 $\mathrm{W/m^2}$ 之间。又由于地球绕太阳运行的轨道是椭圆，远日点(夏至日)的功率密度比太阳下要小 3.27%，近日点(冬至日)要大 3.42%。

如果用太阳常数 I 来表示 dA 上的辐射能量 E_I，得

$$E_I=I\cos\psi\,\mathrm{dA} \tag{2.3-5}$$

如果记 Q_i 为 dA 处单位面积上，在单位时间内入射的光子流的动量，则

$$Q_i=\frac{Q_I}{\mathrm{d}A}=\frac{E_I}{c\,\mathrm{d}A}=\frac{I}{c}\cos\psi \tag{2.3-6}$$

式(2.3-6)即 dA 处单位面积上入射动量的表示式。

2.3.2 辐射压强

光子流与 dA 碰撞后其动量的变化情况与吸收、镜射和散射的假设有关，下面分别加以讨论。

1. 吸收部分的压强 p_α

如图 2.3－2 所示，吸收部分的入射动量 $\boldsymbol{Q}_{i\alpha}$ 是入射动量的 α 部分，即

$$Q_{i\alpha}=\alpha Q_i=(1-\rho)\frac{I}{c}\cos\psi \tag{2.3-7}$$

而反射的动量 $Q_{r\alpha}=0$，因此有动量定理得压强 p_α 为

$$\boldsymbol{p}_\alpha=\boldsymbol{Q}_{i\alpha}=(1-\rho)\frac{I}{c}\cos\psi\boldsymbol{e}_i \tag{2.3-8}$$

式中，$\boldsymbol{e}_i$ 为入射方向的单位矢量。如果分解在 $\mathrm{d}A$ 的 $\boldsymbol{n}$ 和 $\boldsymbol{\tau}$ 的方向，得

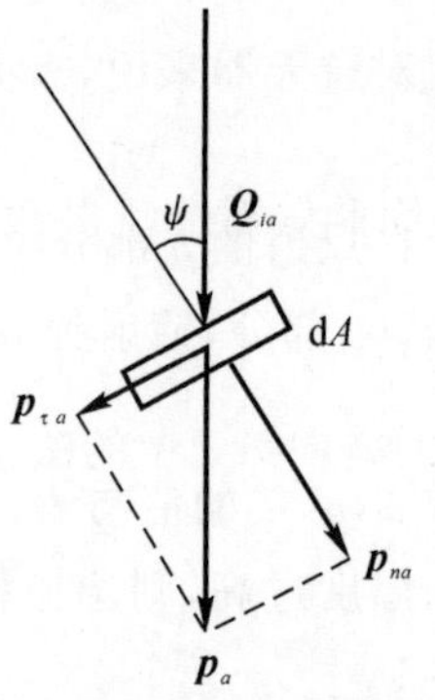

图 2.3－2　吸收部分压强

$$\left.\begin{aligned}p_{n\alpha}&=p_\alpha\cos\psi=(1-\rho)\frac{I}{c}\cos^2\psi\\p_{\tau\alpha}&=p_\alpha\sin\psi=(1-\rho)\frac{I}{c}\cos\psi\sin\psi\end{aligned}\right\} \tag{2.3-9}$$

2. 镜射部分的压强 $\boldsymbol{p}_s$

如图 2.3－3 所示，镜射部分的入射动量 Q_{is}，是入射总动量的 $\rho(1-\mu)$ 部分，即

$$Q_{is}=\rho(1-\mu)Q_i=\rho(1-\mu)\frac{I}{c}\cos\psi \tag{2.3-10}$$

镜射部分的反射动量 Q_{rs} 等于 Q_{is}，即

$$Q_{rs}=Q_{is} \tag{2.3-11}$$

且反射角等于入射角 ψ，由动量定理得镜反射部分压强 $\boldsymbol{p}_s$ 为

$$\boldsymbol{p}_s=\boldsymbol{Q}_{is}-\boldsymbol{Q}_{rs}$$

或表示为 $\boldsymbol{n}$ 和 $\boldsymbol{\tau}$ 方向的动量

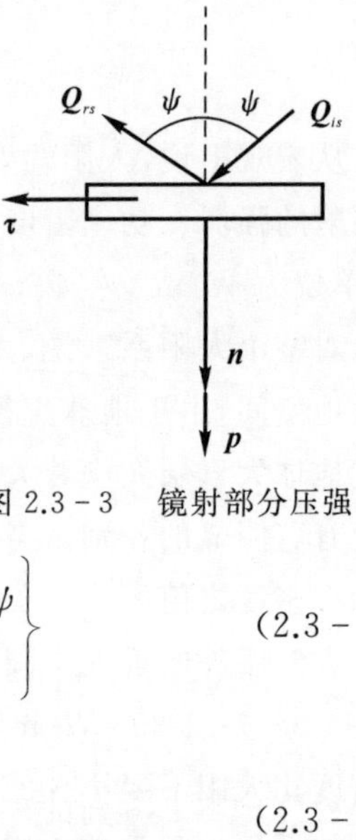

图 2.3－3　镜射部分压强

$$\left.\begin{aligned}p_{ns}&=Q_{is}\cos\psi+Q_{rs}\cos\psi=2\rho(1-\mu)\frac{I}{c}\cos^2\psi\\p_{\tau s}&=0\end{aligned}\right\} \tag{2.3-12}$$

即

$$p_s=p_{ns}=2\rho(1-\mu)\frac{I}{c}\cos^2\psi \tag{2.3-13}$$

3. 散射部分的压强 $\boldsymbol{p}_\mathrm{d}$

如图 2.3－4 所示，散射部分入射动量 Q_{id} 为

$$Q_{id}=\rho\mu Q_i=\rho\mu\frac{I}{c}\cos\psi \tag{2.3-14}$$

由于散射是以 $\mathrm{d}A$ 为界得半球面上对 φ 是各向同性，因此散射动量沿 $\mathrm{d}A$ 的切向分量等于零。对 θ 是满足余弦定理，即散射在半球面上反射面密度 γ 可表示为

$$\gamma=k\cos\theta \tag{2.3-15}$$

式中常数 k 可确定如下：

$$Q_{id}=\int_0^{2\pi}\mathrm{d}\varphi\int_0^{\frac{\pi}{2}}\gamma\sin\theta\,\mathrm{d}\theta=2\pi k\int_0^{\frac{\pi}{2}}\cos\theta\sin\theta\,\mathrm{d}\theta=\pi k$$

或

$$k=\frac{Q_{id}}{\pi}=\frac{\rho\mu}{\pi}\times\frac{I}{c}\cos\psi \tag{2.3-16}$$

因此散射的反射动量为

$$Q_{rd}=\int_0^{2\pi}\mathrm{d}\varphi\int_0^{\frac{\pi}{2}}\gamma\sin\theta\cos\theta\,\mathrm{d}\theta=\int_0^{2\pi}\mathrm{d}\varphi\int_0^{\frac{\pi}{2}}k\sin\theta\ \cos^2\theta\,\mathrm{d}\theta\quad\frac{2}{3}\rho\mu\ \frac{I}{c}\cos\psi \tag{2.3-17}$$

$\boldsymbol{Q}_{rd}$ 的方向沿 dA 的法向 $\boldsymbol{n}$。由动量定理得 $\boldsymbol{p}_{\mathrm{d}}$ 为

$$\boldsymbol{p}_d=\boldsymbol{Q}_{id}-\boldsymbol{Q}_{rd}$$

或

$$\left.\begin{aligned}p_{nd}&=Q_{id}\cos\psi+Q_{rd}=\rho\mu\ \frac{I}{c}\cos\psi\left(\frac{2}{3}+\cos\psi\right)\\ p_{\tau d}&=Q_{id}\sin\psi=\rho\mu\ \frac{I}{c}\cos\psi\sin\psi\end{aligned}\right\} \tag{2.3-18}$$

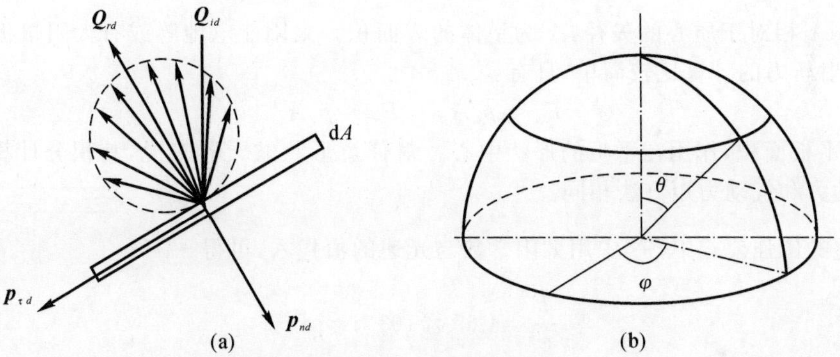

图 2.3-4　散射部分压强

2.3.3　辐射压力和压力矩

综合上述结果,得作用于 dA 上的总压强 $\boldsymbol{p}$ 为

$$\boldsymbol{p}=\boldsymbol{p}_a+\boldsymbol{p}_s+\boldsymbol{p}_d \tag{2.3-19}$$

或表示为 $\boldsymbol{n}$ 和 $\boldsymbol{\tau}$ 方向的分量:

$$\left.\begin{aligned}p_n&=\frac{I}{c}\cos\psi\left\{\frac{2}{3}\rho\mu+[1+\rho(1-\mu)]\cos\psi\right\}\\ p_\tau&=(1-\rho+\rho\mu)\frac{I}{c}\cos\psi\sin\psi\end{aligned}\right\} \tag{2.3-20}$$

由式(2.3-20)易得如下特殊条件下的压强公式:

(1) 全吸收,$\alpha=1,\rho=\mu=0$,有

$$\left.\begin{aligned}p_n&=\frac{I}{c}\ \cos^2\psi\\ p_\tau&=\frac{I}{c}\cos\psi\sin\psi\end{aligned}\right\} \tag{2.3-21}$$

(2) 全镜射,$\alpha=0,\rho=1,\mu=0$,有

$$p_n = \frac{2I}{c}\cos^2\psi \qquad p_\tau = 0 \tag{2.3-22}$$

(3) 全散射,$a=0$,$\rho=\mu=1$,有

$$p_n = \frac{I}{c}\cos\psi\left(\frac{2}{3}+\cos\psi\right) \qquad p_\tau = \frac{I}{c}\cos\psi\sin\psi \tag{2.3-23}$$

以上讨论的是作用于 $\mathrm{d}A$ 上压强 $\boldsymbol{p}$ 的表示式,而作用于整个形体表面的辐射压力和对质心的压力矩,则应从如下的两个积分求得:

$$\left.\begin{aligned} \boldsymbol{F} &= \int_A (\boldsymbol{p}_n + \boldsymbol{p}_\tau)\,\mathrm{d}A \\ \boldsymbol{L} &= \int_A \boldsymbol{r}\times(\boldsymbol{p}_n + \boldsymbol{p}_c)\,\mathrm{d}A \end{aligned}\right\} \tag{2.3-24}$$

式中,$\boldsymbol{r}$ 为 $\mathrm{d}A$ 相对于质心的矢径,A 为星体的表面积。太阳能电池阵或有太阳帆板都是平板结构,其辐射压力的计算比较简单,且有

$$F_n = p_n A,\quad F_\tau = p_\tau A$$

式中,A 为平板面积,作用在平板的形状中心。对任意形状航天器来说,其积分计算同 2.2 节讨论的气动力和气动力矩方法相同。

在上述的压强公式中,$\frac{I}{c}$ 中用太阳常数与光速的值代入,可得

$$\frac{I}{c} = 4.65\times10^{-6}\ \mathrm{N/m^2} \tag{2.3-25}$$

这是一很小的量,因此太阳辐射压力也是一很小的量。例如,平板面积 $A=1\ \mathrm{m^2}$,$\psi=0$,$\rho=1$,$\mu=0$,代入式(2.3-20) 易得

$$p_\tau = F_\tau = 0$$

$$p_n = \frac{2I}{c} = 9.3\times10^{-6}\ \mathrm{N/m^2}$$

$$F = F_n = p_n A = 9.3\times10^{-6}\ \mathrm{N}$$

如果航天器上安装一面积为 1 000 × 1 000 m² 的巨型帆板,所得到太阳辐射压力为

$$F = 9.3\times10^{-6}\times10^{6} = 9.3\ \mathrm{N}$$

因此仍是一个很小的量。

2.3.4 太阳辐射压力矩稳定系统

考虑一个简单的太阳辐射压力矩稳定系统,如图 2.3-5 所示。在星体尾部装一矩形太阳舵,c_m 为系统质心,c_p 为辐射压力中心,当舵面与太阳光线平行时,辐射压力等于零,对质心之矩也为零,因此这一位置称为系统的平衡位置。当舵面偏离辐射方向,而有一微小夹角 θ 时,辐射压力 $\boldsymbol{F}$ 对质心 c_m 产生一力矩 L。L 的转向同 c_m、c_p 及太阳三者的相对位置有关。当 c_m 位于太阳和 c_p 之间时,如图 2.3-5 所示,则 L 的转向与 θ 的转向相反,这时平衡位置是稳定的。反之,平衡位置是不稳定的。由于系统的平衡位置是舵平面平行于辐射方向,因此这样的系统可用于对太阳定向。

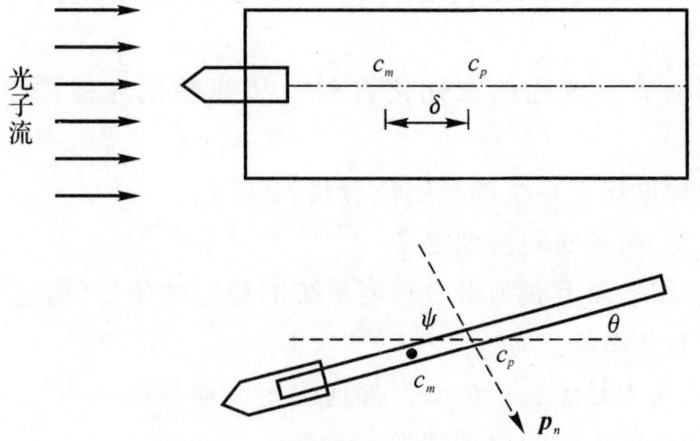

图 2.3-5　辐射压力矩稳定系统

设$\overline{c_m c_p}=\boldsymbol{\delta}$，$\theta$ 是一小偏角，则辐射压力对质心之矩 L 可表示为

$$\boldsymbol{L}=|\overline{\boldsymbol{c}_m\boldsymbol{c}_p}\times\boldsymbol{F}|=F_n\boldsymbol{\delta}=P_nA\boldsymbol{\delta} \tag{2.3-26}$$

由于 $\cos\psi=\sin\theta\approx\theta$，则由式(2.3-18)得

$$p_n=\frac{I}{c}\cos\psi\left\{\frac{2}{3}\rho\mu+[1+\rho(1-\mu)]\cos\psi\right\}\approx\frac{2}{3}\times\frac{I}{c}\rho\mu\theta \tag{2.3-27}$$

由式(2.3-27)知，为了得到最大得稳定力矩，最佳的反射模型为全散射，即 $\rho=\mu=1$，这时

$$\left.\begin{aligned}p_n&=\frac{2}{3}\times\frac{I}{c}\theta\\F_n&=p_nA=\frac{2}{3}\times\frac{I}{c}A\theta\\L&=F_n\delta=\frac{2}{3}\times\frac{I}{c}\delta A\theta\end{aligned}\right\} \tag{2.3-28}$$

设星体与舵面相对于质心得转动惯量为 I_y，则系统在辐射压力矩作用下的转动方程为

$$I_y\ddot{\theta}+\frac{2I}{3c}A\delta\theta=0$$

或

$$\ddot{\theta}+\omega_n^2\theta=0 \tag{2.3-29}$$

式中

$$\omega_n^2=\frac{2}{3}\times\frac{IA\delta}{I_yc} \tag{2.3-30}$$

是系统的自然频率。显然，这样系统也是无阻尼的振荡稳定系统，为了衰减其振幅，同样需要另加阻尼器。

复习思考题 2

1. 环境力矩有哪些？这些力矩有什么特点？有什么作用？
2. 什么是引力梯度矩？通过实例来解释。
3. 刚体的引力梯度矩是怎样定义的？写出其计算表达式，说明其性质。

4. 引力梯度矩作用下，欧拉角如何定义？引力梯度矩如何计算？欧拉运动学方程和动力学方程如何建立？

5. 如何推导姿态动力学方程的线性化方程？从线性化方程可以看出姿态运动有什么特点？

6. 怎样进行引力梯度稳定系统的稳定性分析？

7. 详细解释 $k_y - k_r$ 相平面的物理定义。

8. 如何在 $k_y - k_r$ 相平面上表示引力梯度系统的稳定性条件(稳定域)？

9. 引力梯度系统有什么特点？

10. 航天器上的气动力是怎么产生的？如何确定气动参数？

11. 叙述气动力矩稳定系统的原理和稳定条件。

12. 航天器上的太阳辐射压力是怎么产生的？如何确定太阳辐射压力？

13. 叙述太阳辐射压力矩稳定系统的原理和稳定条件。

第3章 小推力器系统

小推力器系统是通过高速喷射质量，把星体多余的动量矩排出星体外部，使星体的动量矩保持预定的大小和方向，从而达到控制星体姿态运动的目的。小推力系统有气体推进和离子推进两大类。气体推进系统包含冷气系统和热气系统。冷气系统是喷射氮、氪等惰性气体，产生推力(≤1 N)较小。冷气系统由于结构简单，又适于脉冲工作方式，因此是工程中最常用的系统。热气系统又包括单组元推进系统和双组元推进系统，产生的推力(≥5 N)较大。对姿态稳定系统来说，需要调整的动量矩较小，通常采用冷气系统。消除翻滚、初始对准、大角机动等大范围的姿态控制中，需要调整的动量矩较大，通常需要采用单组元推进系统。双组元推进系统产生的推力更大，但结构也更为复杂，在工程应用中受到限制。离子推进系统，比冲高达数千秒，寿命高达数千小时，是最有发展潜力的系统。但由于结构复杂、功耗大、价格昂贵，而在当前的工程中还未得到广泛应用。

小推力系统由于推力的大小，喷管的安装位置都允许在较大范围内选择，给控制系统的设计带来方便。又由于推力器系统具有反应快、精度高、机动能力强，能适应各种环境等良好的性能，因此是主动姿态控制系统中的主要执行元件。但是小推力系统需要消耗工质，不允许长期工作，因此在应用中又受到限制。根据小推力器系统的特点，其适用于交会、对接、返回等的姿态控制，姿态稳定前的消除翻滚与初始捕获，制导发动机工作前的姿态调整等机动性强工作时间短的控制。对长期任务的航天器来说，小推力器系统通常用作辅助系统，例如飞轮系统的卸载、被动系统的主动阻尼等。

许多航天器的推力器系统是兼用于姿态控制与质心控制，例如交会、对接、返回等过程，控制与制导是同时进行的。统一考虑六维系统的控制，可组成更优的控制律，以提高性能和节省工质。下面主要讨论姿态控制问题，但也涉及六维控制问题。

3.1 航天器姿态控制问题的一般提法

用推力器控制星体的角运动，而不至于影响星体质心的轨道运动，推力器必须对称于质心成对地安装。控制星体对某一轴的姿态，就必须配备有产生正向与反向力矩的两对推力器。当进行三轴姿态控制时，至少需要六对推力器，如图 3.1-1 所示。

设 x,y,z 为星体的惯量主轴，I_x,I_y,I_z 为相应的主惯量。

星体的动量矩 $\boldsymbol{h}$ 为

$$\boldsymbol{h}=I_x\omega_x\boldsymbol{i}+I_y\omega_y\boldsymbol{j}+I_z\omega_z\boldsymbol{k} \tag{3.1-1}$$

推力器的力矩 $\boldsymbol{L}^c$ 为

$$\boldsymbol{L}^c = L_x^c \boldsymbol{i} + L_y^c \boldsymbol{j} + L_z^c \boldsymbol{k} \tag{3.1-2}$$

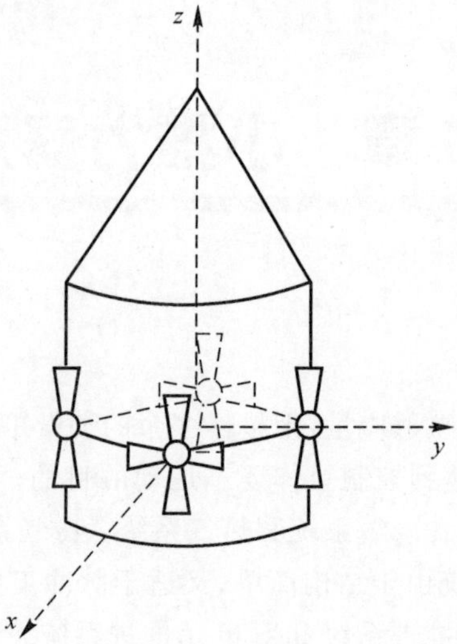

图 3.1-1　推力器安装位置

设当控制力矩作用时，干扰力矩可略去不计，则星体的动力学方程为

$$\dot{\boldsymbol{h}} = \frac{\mathrm{d}\boldsymbol{h}}{\mathrm{d}t} + \boldsymbol{\omega} \times \boldsymbol{h} = \boldsymbol{L}^c \tag{3.1-3}$$

或

$$\left.\begin{aligned} I_x\dot{\omega}_x + (I_z - I_y)\omega_y\omega_z &= L_x^c \\ I_y\dot{\omega}_y + (I_x - I_z)\omega_x\omega_z &= L_y^c \\ I_z\dot{\omega}_z + (I_y - I_x)\omega_x\omega_y &= L_z^c \end{aligned}\right\} \tag{3.1-4}$$

如果星体坐标系 $Oxyz$ 相对于参考坐标系 $Ox_ry_rz_r$ 的欧拉角为 ψ,θ,φ，如图 3.1-2 所示，则星体角速度 $\boldsymbol{\omega}$ 可表示为

$$\boldsymbol{\omega} = \boldsymbol{\omega}_r + \dot{\boldsymbol{\psi}} + \dot{\boldsymbol{\theta}} + \dot{\boldsymbol{\varphi}} \tag{3.1-5}$$

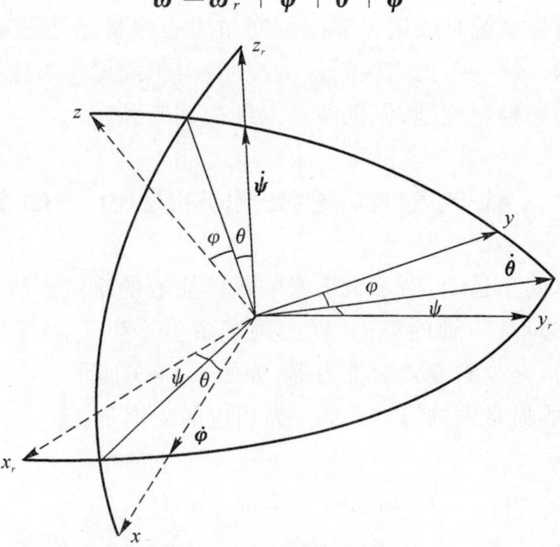

图 3.1-2　星体的欧拉角

式中，$\boldsymbol{\omega}_r$ 为参考坐标系角速度。式(3.1-5)在星体坐标系中的标量形式为

$$\left.\begin{aligned}\omega_x &= \omega_{rx} + \dot{\varphi} - \dot{\psi}\sin\theta \\ \omega_y &= \omega_{ry} + \dot{\theta}\cos\varphi + \dot{\psi}\cos\theta\sin\varphi \\ \omega_z &= \omega_{rz} + \dot{\theta}\sin\varphi + \dot{\psi}\cos\theta\sin\varphi\end{aligned}\right\} \tag{3.1-6}$$

式(3.1-4)和式(3.1-6)是刚性航天器的姿态动力学方程。作为姿态控制来说，是希望求得 $\boldsymbol{L}^c=\boldsymbol{L}^c(t)$，使得姿态角 ψ,θ,φ，姿态角速度 $\dot{\psi},\dot{\theta},\dot{\varphi}$ 能按预定的规律运动或能满足预定的边界条件。能够满足预定规律运动或边界条件的 $\boldsymbol{L}^c(t)$ 称为控制律。控制律是根据不同的姿态运动要求来研究的，对小推力器系统来说一般适用于如下两类姿态控制问题：

(1) 要求星体姿态跟踪参考坐标系的运动，即控制姿态角 ψ,θ,φ 与姿态角速度 $\dot{\psi},\dot{\theta},\dot{\varphi}$ 趋于零。当参考系坐标 $\boldsymbol{\omega}_r\equiv0$ 时，这种跟踪就是控制星体在惯性空间内定向。当 $\boldsymbol{\omega}_r$ 等于轨道角速度时，则要求星体相对于地球定向，等等。这种姿态跟踪也称为姿态稳定。

(2) 要求星体的首末状态满足给定边界条件，而对其中间的运动过程没有硬性要求。

例如：

1) 再定向。

初始状态　$t=t_0$，$\psi=\psi_0$，$\theta=\theta_0$，$\varphi=\varphi_0$，$\dot{\psi}=\dot{\theta}=\dot{\varphi}=0$；

末了状态　$t=t_f$，$\psi=\psi_f$，$\theta=\theta_f$，$\varphi=\varphi_f$，$\dot{\psi}=\dot{\theta}=\dot{\varphi}=0$。

2) 初始捕获。

初始状态　$t=t_0,\psi,\theta,\varphi,\dot{\psi},\dot{\theta},\dot{\varphi}$ 为任意值；

末了状态　$t=t_f$，$\psi=\psi_f$，$\theta=\theta_f$，$\varphi=\varphi_f$，$\dot{\psi}=\dot{\theta}=\dot{\varphi}=0$。

3) 消除翻滚：

初始状态　$t=t_0,\psi,\theta,\varphi,\dot{\psi},\dot{\theta},\dot{\varphi}$ 为任意值；

末了状态　$t=t_f$，ψ,θ,φ 为任意值，$\dot{\psi}=\dot{\theta}=\dot{\varphi}=0$。

第二类的姿态控制问题，也称为姿态机动。下面着重介绍姿态稳定问题，而对姿态机动问题，只需把中间运动过程给以适当规定以后，也可以用姿态稳定的控制方法进行研究。

3.2　相平面法

3.2.1　小推力器系统的工作原理

设星体经过初始捕获，使得星体的姿态角和姿态角速度可视为小量，同时设参考坐标系的角速度远小于推力器的响应速度，因此在初步设计时，近似有 $\boldsymbol{\omega}_r\equiv0$。在上述的简化假设下，系统方程可线性为

$$\left.\begin{aligned} \omega_x &= \dot{\varphi} \\ \omega_y &= \dot{\theta} \\ \omega_z &= \dot{\psi} \\ \dot{\omega}_x &= \frac{L_x^c}{I_x} = a_x \\ \dot{\omega}_y &= \frac{L_y^c}{I_y} = a_y \\ \dot{\omega}_z &= \frac{L_z^c}{I_z} = a_z \end{aligned}\right\} \tag{3.2-1}$$

注意到式(3.2-1)中各通道是解耦的，而且方程形式完全相同，因此三通道的控制方法也相同。为此，只需研究如下模型的控制律问题：

$$\left.\begin{aligned} \dot{\varphi} &= \omega \\ \dot{\omega} &= a \end{aligned}\right\} \tag{3.2-2}$$

这是最简单的二阶系统。φ,ω 是状态变量，$a = a(t)$ 是控制变量。于是姿态稳定问题可归结为：对任意给定的初始状态 φ_0 和 ω_0（均为小量），选择适当的控制量 $a = a(t)$，使 φ 和 ω 趋于零。

如果控制量的选择没有任何限制，敏感器测得的 φ 和 ω 值也是准确的，则最方便的控制律可选为

$$a = -k(c\dot{\varphi} + \varphi) \tag{3.2-3}$$

式中，增益 k,c 为待定常数。把式(3.2-3)代入式(3.2-2)得

$$\ddot{\varphi} + kc\dot{\varphi} + k\varphi = 0 \tag{3.2-4}$$

这是典型的二阶线性系统。适当选择增益 k 和 c，便可使 φ 与 $\dot{\varphi}$ 趋于零。但是这种控制律，要求控制量 $a(t)$ 是随时间连续变化的量，也即要求推力器能产生连续变化的推力。变推力推力器的研制与应用目前还存在一定困难，在工程中还处于研究与实验阶段。而且当状态 φ 和 $\dot{\varphi}$ 的值很小时，要求推力器产生很小的推力，即很小的喷气量。这样容易造成喷口的污染，影响阀门的气密性，加重泄漏问题。当前工程中使用的推力器是属于开关型的，控制量 $a(t)$ 可近似为常值开关型的量。下面简单介绍开关型推力器的工作原理。

图 3.2-1 是推力器阀门结构原理图。推力器不工作时，挡板在弹簧拉力作用下挡住气路。

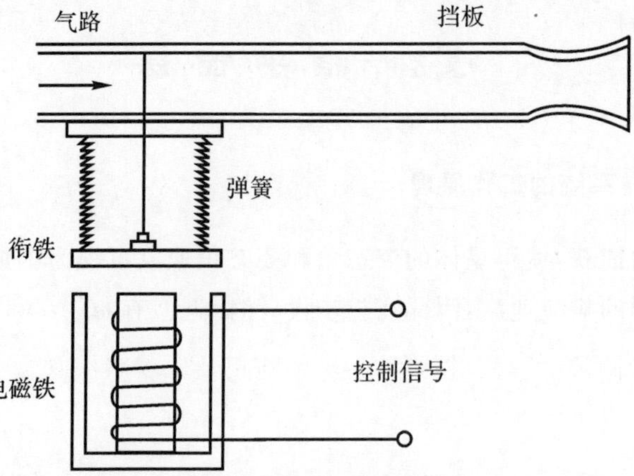

图 3.2-1　推力器阀门结构原理图

当星体姿态有偏差时，测量得到的误差信息转换为控制信号 u，电磁铁对衔铁便产生吸引力。当吸引力超过弹簧拉力时，衔铁便带动挡板把气路打开，对星体产生推力。当控制信号减至一定值时，电磁力小于弹簧拉力，衔铁回到原来的位置，气路被切断，推力器停止喷气，推力便等于零。设阀门在控制信号作用下是全开或全关的，衔铁的运动时间近似为零，推力仅取零值或额定的常值。由于阀门是电磁元件，开关信号 u 同推力 F 是一非线性关系，如图 3.2－2 所示。

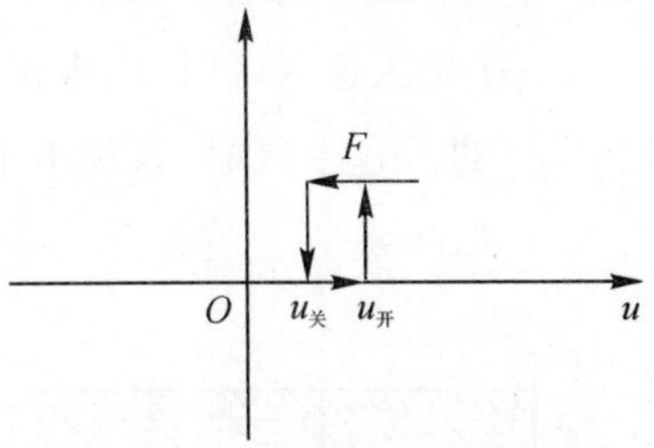

图 3.2－2　F 与 u 的非线性关系

(1) 当控制信息 u 增至某一值 $u_{开}$ 时，阀门才能打开并产生推力。因此当 $u < u_{开}$ 时，系统不工作。$u_{开}$ 称为电磁阀的门限信号。

(2) 当控制信号 u 减至 $u_{开}$ 时，由于电磁铁的剩磁作用，衔铁并不立即释放。信号继续减至某一值 $u_{关}$ 时，衔铁才释放，把气路断开。这种开与关的信号不一致称为磁滞现象。$u_{开}$ 与 $u_{关}$ 之差称为滞宽。

产生正负方向控制力矩的两对推力器，其矩 L^c 同信号 u 的关系如图 3.2－3(a) 所示。

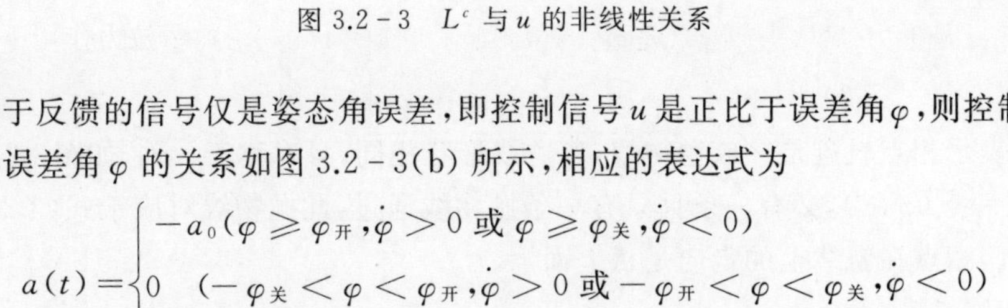

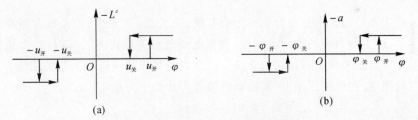

图 3.2－3　L^c 与 u 的非线性关系

如果用于反馈的信号仅是姿态角误差，即控制信号 u 是正比于误差角 φ，则控制力矩 L^c 或控制量 a 同误差角 φ 的关系如图 3.2－3(b) 所示，相应的表达式为

$$a(t)=\begin{cases}-a_0(\varphi \geqslant \varphi_{开},\dot{\varphi}>0 \text{ 或 } \varphi \geqslant \varphi_{关},\dot{\varphi}<0) \\ 0 \quad (-\varphi_{关}<\varphi<\varphi_{开},\dot{\varphi}>0 \text{ 或 } -\varphi_{开}<\varphi<\varphi_{关},\dot{\varphi}<0) \\ a_0 \quad (\varphi \leqslant -\varphi_{开},\varphi<0 \text{ 或 } \varphi \leqslant -\varphi_{关},\dot{\varphi}>0)\end{cases} \tag{3.2-5}$$

式中，$a_0=\dfrac{|L_c|}{I}$ 是一常值，是推力器工作时星体产生的角加速度。式(3.2－5) 表明推力器产生的控制量是一开关函数，共有三挡：负开、关闭与正开。控制量取哪一挡的值，取决于星体的状态变量。

3.2.2 相平面方法

研究两个状态变量的开关控制律,用相平面法可以得到非常直观的效果。相平面是以 φ 为横坐标,$\dot{\varphi}$ 为纵坐标。相平面内任一点$(\varphi,\dot{\varphi})$,是表示星体姿态的一种状态。下面先用相平面法来表示式(3.2-5)的开关控制。

如图 3.2-4 所示,式(3.2-5)把相平面分成三个区:

一区:$a=-a_o$,表示状态变量$(\varphi,\dot{\varphi})$进入这一区时,产生负向力矩的推力器就打开。

二区:$a=a_o$,表示状态变量$(\varphi,\dot{\varphi})$进入这一区时,产生正向力矩的推力器打开。

三区:$a=0$,表示状态变量$(\varphi,\dot{\varphi})$进入这一区时,系统不工作。

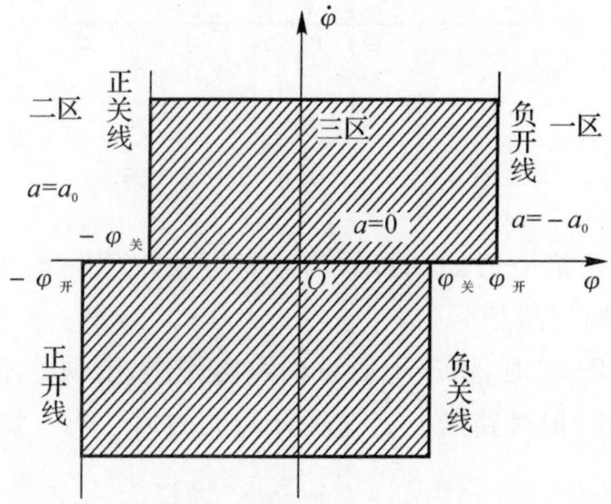

图 3.2-4 相平面与开关曲线

三个区的交界是四条半直线分别称为负开线、负关线、正开线、正关线。当相点经过负开线进入一区时,产生负力矩的推力器打开;当相点经过负关线进入三区时,产生负力矩的推力器关闭。正开线与正关线也有相同的含义。因此四条半直线又合称为开关曲线。

各区内的相点,在控制作用下,其运动的轨线可作如下分析。

(1) 一区,$a=a_o$,由式(3.2-2)得

$$\left.\begin{aligned}\ddot{\varphi}&=-a_0\\ \dot{\varphi}^2&=-2a_0\varphi+c_1\end{aligned}\right\}\tag{3.2-6}$$

式(3.2-6)表示相点轨迹是一族抛物线,各抛线形状相同,且对称于 φ 轴,如图 3.2-5 所示。在相平面内任一点$(\varphi,\dot{\varphi})$,必有一条且只有一条抛物线通过,此抛物线对应于式(3.2-6)中参数 c 为某一值。相点在轨线上的走向是从上而下。

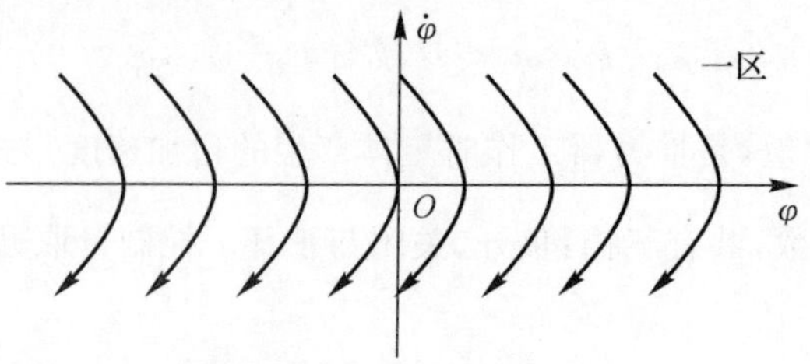

图 3.2-5 一区相点轨迹

(2) 二区，$a=a_0$。有

$$\left.\begin{aligned}\ddot{\varphi}&=a_0\\ \dot{\varphi}^2&=2a_0\varphi+c_2\end{aligned}\right\}\tag{3.2-7}$$

其抛物线族如图 3.2-6 所示。相点在轨线上的走向是从下而上。

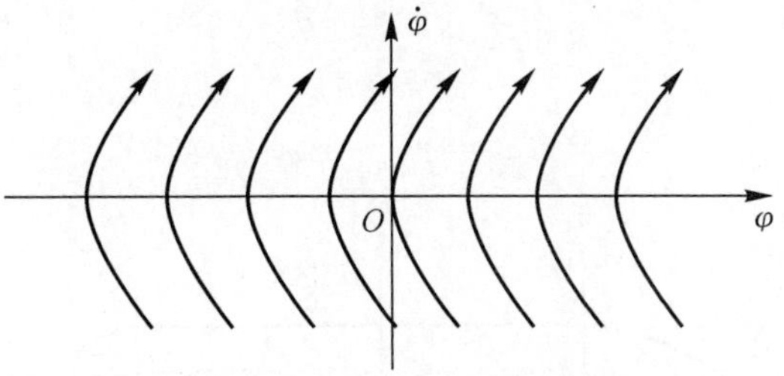

图 3.2-6　二区相点轨迹

(3) 三区，$a=0$。有

$$\left.\begin{aligned}\ddot{\varphi}&=0\\ \dot{\varphi}&=c_3\end{aligned}\right\}\tag{3.2-8}$$

轨迹线是平行于 φ 轴的直线族，如图 3.2-7 所示。相点在轨线上的走向，上半平面是从左向右，下半平面是从右向左。

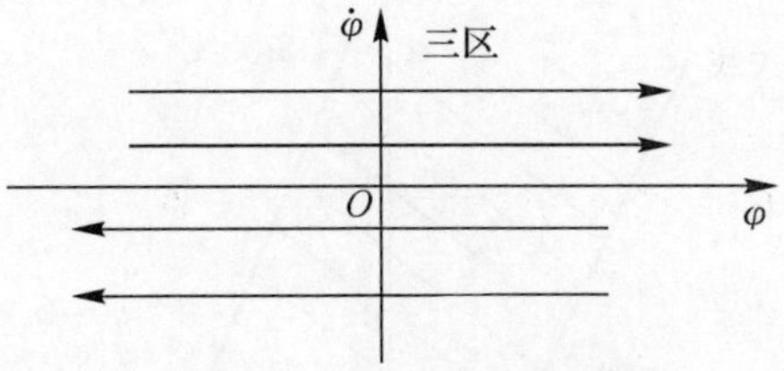

图 3.2-7　三区相点轨迹

根据上述分析的各区中相点运动的规律，及开关曲线的性质，现在考虑任一初始相点 $(\varphi_0,\dot{\varphi}_0)$，在式(3.2-5)的控制作用下的运动轨迹。如图 3.2-8 所示，初始相点 $(\varphi_0,\dot{\varphi}_0)$ 是任设在一区。相点先沿一区的轨线到达负关线的点 A_1 后进入三区，接着沿三区的轨线到达正开线的点 A_2 后进入二区，然后沿二区的轨线到达正关线的 A_3 点后又进入三区。相点在控制作用下一个弧段接着一个弧段地向前推进。

由图 3.2-8 知，相点在式(3.2-5)控制作用下，轨迹是向外发散的，也即每循环一周相点 $(\varphi,\dot{\varphi})$ 距原点 O 更远。因此，用这样的控制律不能达到消除姿态偏差的目的。轨线发散是由推力器阀门的滞宽造成的，使得这样 Ⅰ 和 Ⅲ 象限加速的时间短于 Ⅱ 和 Ⅳ 象限的加速时间。不难看出，要使轨线收敛，必须减少 Ⅱ 和 Ⅳ 象限的加速时间。

为了使轨迹收敛，可对上述控制律加以简单的修改。把图 3.2-4 的开关曲线按反钟向旋转一个角度，如图 3.2-9 所示。相应开关曲线方程变为

$$\left.\begin{array}{ll}\text{负开线} & \varphi+\tau\dot{\varphi}=d \\ \text{负关线} & \varphi+\tau\dot{\varphi}=d-\delta \\ \text{正开线} & \varphi+\tau\dot{\varphi}=-d \\ \text{正关线} & \varphi+\tau\dot{\varphi}=-(d-\delta)\end{array}\right\} \tag{3.2-9}$$

式中，τ 为开关曲线的斜率，是一可供设计选择的参数。d 为电磁阀的门限值，δ 是电磁阀的滞宽，即

$$\begin{aligned} d &= \varphi_{\text{开}} \\ \delta &= \varphi_{\text{开}}-\varphi_{\text{关}} \end{aligned} \tag{3.2-10}$$

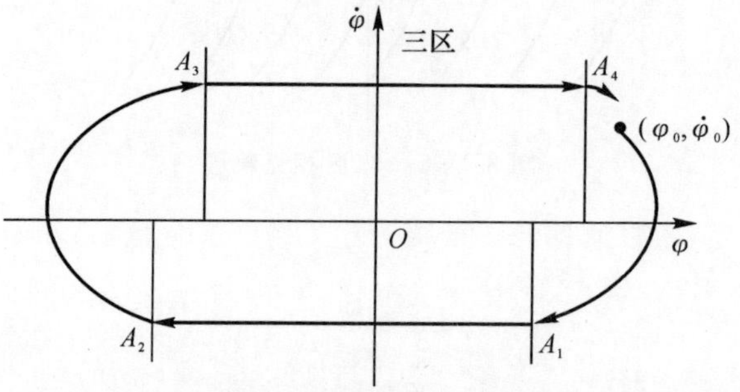

图 3.2-8　受控相点的轨迹

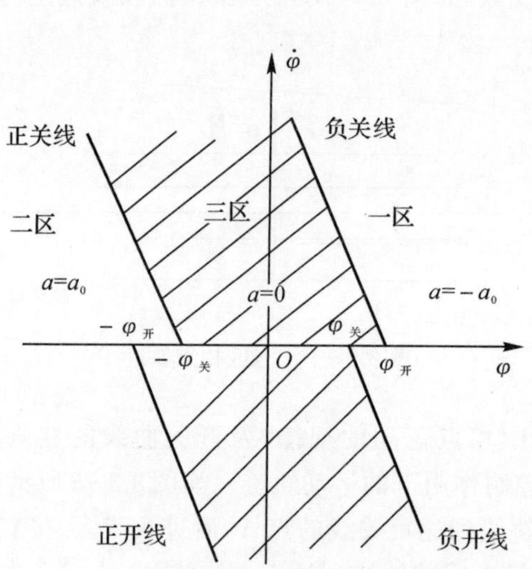

图 3.2-9　倾斜的开关曲线

各区内的轨线方程与式(3.2-6)，式(3.2-7)，式(3.2-8)相同。

开关曲线图 3.2-9 对应的控制律为

$$a(t)=\begin{cases}-a_0(\varphi+\tau\dot{\varphi}\geqslant d,\dot{\varphi}>0 \text{ 或 } \varphi+\tau\dot{\varphi}\geqslant d-\delta,\dot{\varphi}<0) \\ 0\{-(d-\delta)<\varphi+\tau\dot{\varphi}<d,\dot{\varphi}>0 \text{ 或 } -d<\varphi+\tau\dot{\varphi}<d-\delta,\dot{\varphi}<0\} \\ a_0\{\varphi+\tau\dot{\varphi}\leqslant -d,\dot{\varphi}<0 \text{ 或 } \varphi+\tau\dot{\varphi}\leqslant-(d-\delta),\dot{\varphi}>0\}\end{cases} \tag{3.2-11}$$

对任一给定的初相点(φ_0,$\dot{\varphi}_0$),易得相点在式(3.2-11)的控制下轨线图如图 3.2-10 所示。

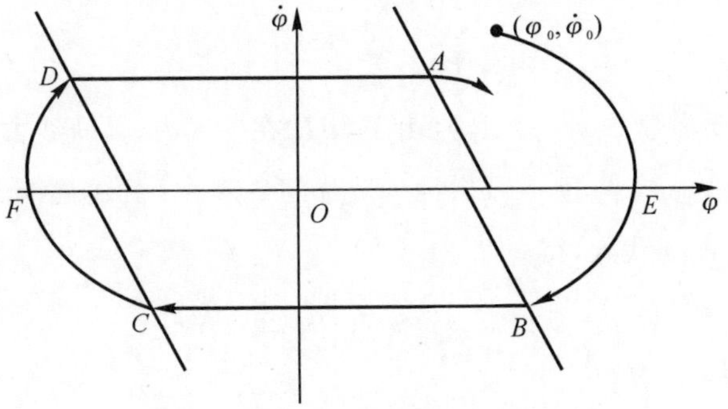

图 3.2-10　倾斜开关轨迹曲线图

3.2.3　极限环

由图 3.2-10 可以看出,在倾斜开关曲线的相平面内,相点的轨迹是收敛的。但是由于电磁阀的门限与滞宽的影响,轨迹最后不是收敛于原点,而是收敛于一闭合曲线,即极限环。如图 3.2-11 所示。因为相点在各区之间循环运动的过程中,在各象限的加速时间的差别越来越小,最后趋于相等,轨迹逐渐合成极限环。图 3.2-11 中极限环 $AEBCFD$,具有对轴 φ 和轴 $\dot{\varphi}$ 的对称性,即

$$\begin{aligned} \varphi_A &= \varphi_B = -\varphi_C = -\varphi_D = \varphi_R \\ \dot{\varphi}_A &= -\dot{\varphi}_B = -\dot{\varphi}_C = \dot{\varphi}_D = \dot{\varphi}_R \end{aligned} \tag{3.2-12}$$

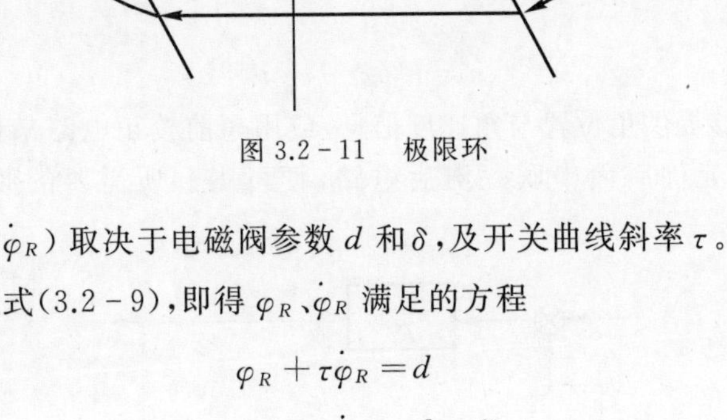

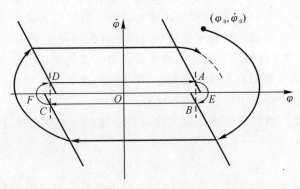

图 3.2-11　极限环

极限环参数(φ_R,$\dot{\varphi}_R$)取决于电磁阀参数 d 和 δ,及开关曲线斜率 τ。如把图 3.2-11 中 A 和 B 两点的坐标代入式(3.2-9),即得 φ_R、$\dot{\varphi}_R$ 满足的方程

$$\varphi_R + \tau\dot{\varphi}_R = d$$

$$\varphi_R - \tau\dot{\varphi}_R = d - \delta$$

或解得

$$\left.\begin{aligned}\varphi_R &= d - \frac{\delta}{2} \\ \dot{\varphi}_R &= \frac{\delta}{2\tau}\end{aligned}\right\} \tag{3.2-13}$$

极限环的另一重要参数 $\varphi_E(=-\varphi_F)$，由于点 E 在一区内，其轨线方程为

$$\dot{\varphi}^2 = -2a_0\varphi + c_1$$

如以点 A 的坐标$(\varphi_R, \dot{\varphi}_R)$ 代入，得

$$\dot{\varphi}^2 = -2a_0\varphi + 2a_0\varphi_R + \dot{\varphi}_R^2$$

由于 $\dot{\varphi}_E = 0$，故得 φ_E 为

$$\varphi_E = \varphi_R + \frac{\dot{\varphi}_R^2}{2a_0} = d + \frac{\delta}{2}\left(\frac{\delta}{4a_0\tau^2} - 1\right) \tag{3.2-14}$$

如果考虑到 δ 为很小值，可近似得 $\varphi_E = d$。因此极限环可近似表示为如下的长方形：

$$\left.\begin{aligned}\varphi_E &= d \\ \dot{\varphi}_R &= \frac{\delta}{2\tau}\end{aligned}\right\} \tag{3.2-15}$$

根据上面分析，当初始相点$(\varphi_0, \dot{\varphi}_0)$ 位于极限环外部时，由于小推力器系统的控制作用，把相点最后控制到极限环上，但不能进入极限环内部。当初始相点位于极限环内部时，则小推力器系统不工作。因此极限环内部是一无控区，且称作死区。死区范围近似可用式(3.2-15)表示。φ_E 为死区宽度，$\dot{\varphi}_R$ 为死区高度。

由于极限环是描述相点在开关控制作用下的稳态过程，因此如何选择与设计极限环的大小与形状是非常重要的。对式(3.2-11)的控制律来说，则是要选择好死区的范围。

从提高控制精度角度来说，当然希望死区越小越好。为此必须减小门限值 d 和滞宽 δ，以及增大开关曲线的斜率 τ 的值。又由于要使相点维持在极限环上运动，小推力器系统还需要间断地工作，因此还希望维持极限环的推进剂最省。节省推进剂的方法是增加停机的时间。从图 3.2-11 可看出，希望极限环有狭长的形状，即增加死区宽度与减小死区高度。因此，d 值必须根据根据精度与推进剂的相应指标进行选择。

上述的开关曲线是一组斜交于坐标轴的半直线。这时加在电磁阀上的控制信号 u 从式(3.2-9)知，为

$$u = K(\varphi + \tau\dot{\varphi}) \tag{3.2-16}$$

这就要求测量元件能够提供角位置与角速度信息，或用超前校正电路来代替测速元件。如图 3.2-12 所示，在测角元件后面串联一滞后电路，便可得到所需要的倾斜开关曲线的控制信号。

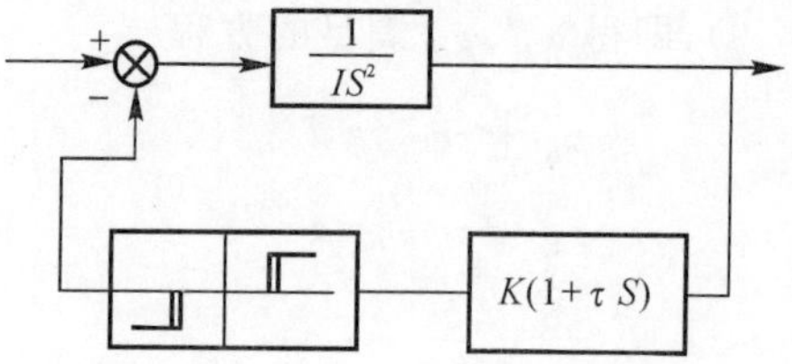

图 3.2-12　超前校正继电控制

3.3　最优控制

上面讨论了提高精度和节省推进剂对极限环的大小与形状的要求，这属于稳态优化问题。但是如何到达极限环，上面提出的一组开关曲线，只是到达极限环的一种途径，而不是优化途径。寻找到达极限环的最优途径问题，属于动态优化问题。下面就来讨论这一问题。

3.3.1　快速控制

我们知道，优化是对一定的性能指标而言的。例如时间最短、推进剂最省、开关次数最少等，指标不同得到的结论也就不同，先来研究时间最短控制律，也即快速控制。

1. 到达原点的快速控制

先设推力器电磁阀的门限值与磁滞略去不计，也即假设相点可到达原点。到达原点的快速控制是指，用最短时间把初始相点转移到原点(0,0)。下面用极大值原理进行研究。系统的状态方程从式(3.2-5)得，为

$$\left.\begin{aligned}\frac{\mathrm{d}\varphi}{\mathrm{d}t}&=\dot{\varphi}\\ \frac{\mathrm{d}\dot{\varphi}}{\mathrm{d}t}&=a\end{aligned}\right\} \tag{3.3-1}$$

式中，控制量 $a=a(t)$ 是开关控制，即只取 a_0，0，$-a_0$ 等三挡值。系统性能指标为

$$J=\int_{t_0}^{t}\mathrm{d}t=t-t_0 \tag{3.3-2}$$

设 $\lambda_1(t)$ 与 $\lambda_2(t)$ 是对应于状态变量 φ 与 $\dot{\varphi}$ 的共轭变量。系统的哈密顿函数 H 可表示为

$$H=-1+\lambda_1\dot{\varphi}+\lambda_2 a \tag{3.3-3}$$

由极大值原理知，最优控制 $a=a^*(t)$ 是使 H 函数取极大值。式(3.3-3)中 λ_1 与 λ_2 满足共轭方程

$$\left.\begin{aligned}\dot{\lambda}_1&=-\frac{\partial H}{\partial\varphi}=0\\ \dot{\lambda}_2&=-\frac{\partial H}{\partial\dot{\varphi}}=-\lambda_1\end{aligned}\right\} \tag{3.3-4}$$

解得

$$\left.\begin{aligned}\lambda_1&=c_1\\ \lambda_2&=-c_1t+c_2\end{aligned}\right\} \tag{3.3-5}$$

从式(3.3-3)知，使 H 取最大值的 $a^*(t)$ 为

$$a^*(t)=a_0\,\mathrm{sign}\lambda_2(t) \tag{3.3-6}$$

即最优控制 $a^*(t)$ 只取 a_0 与 $-a_0$ 两个值。而且由式(3.3-5)知，$\lambda_2(t)$ 是 t 的线性函数，因此 $\lambda_2(t)$ 最多只能改变一次符号，即轨线最多由两段子弧组成。由于 $a=a_0$ 与 $a=-a_0$ 的轨线形状如图 3.3-1 所示，因此最优轨线可能有以下 4 种。

(1) 初始相点$(\varphi_0,\dot{\varphi}_0)$如满足方程

$$\dot{\varphi}^2=-2a_0\varphi \tag{3.3-7}$$

则轨线如图 3.3－1(a) 所示。只需产生负向力矩的推力器开一次即可到达原点。轨线由一段子弧组成。

(2) 初始相点$(\varphi_0,\dot{\varphi}_0)$，如满足方程

$$\dot{\varphi}^2=2a_0\varphi \tag{3.3-8}$$

则轨线如图 3.3－1(b) 所示。只需产生正向力矩的推力器开一次即可到达原点。轨线也是由一段子弧组成。

(3) 初始相点$(\varphi_0,\dot{\varphi}_0)$在轨线如式(3.3－7)与式(3.3－8)的左下方，则轨线如图 3.3－1(c) 所示，先正开后负开，轨线由两段子弧组成。

(4) 初始相点$(\varphi_0,\dot{\varphi}_0)$在轨线如式(3.3－7)与式(3.3－8)的右下方，则轨线如图 3.3－1(d) 所示，先负开后正开，轨线由两段子弧组成。

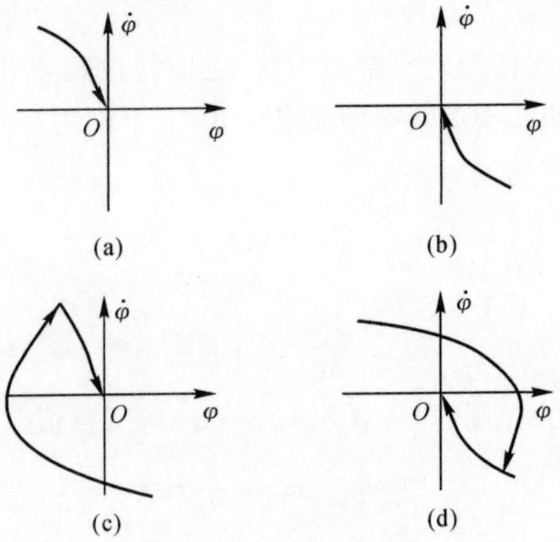

图 3.3－1　轨迹形状

综合上述 4 种情形，可得图 3.3－2 的快速控制开关曲线图。由图可知，正关线重合于负开线，负关线重合正开线。负开线和正开线为各最优轨线的子弧连接点的轨迹，也是各最优轨线的最后子弧。对任一初始相点都有一最优轨线把其转移到原点。

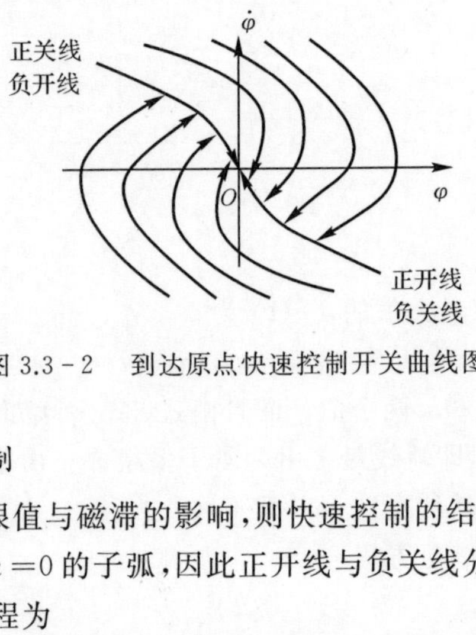

图 3.3－2　到达原点快速控制开关曲线图

2. 到达极限环的快速控制

如果考虑到电磁阀的门限值与磁滞的影响，则快速控制的结果不是到达原点，而是到达极限环。考虑到极限环上存在 $a=0$ 的子弧，因此正开线与负关线分开，负开线与正关线分开，如图 3.3－3 所示。开关曲线方程为

$$
\begin{aligned}
&\text{负开线} && \dot{\varphi}^2 = -2a_0(\varphi - d) \\
&\text{负关线} && \dot{\varphi}^2 = 2a_0(\varphi - d + \delta) \\
&\text{正开线} && \dot{\varphi}^2 = 2a_0(\varphi + d) \\
&\text{正关线} && \dot{\varphi}^2 = -2a_0(\varphi + d - \delta)
\end{aligned}
\qquad (3.3-9)
$$

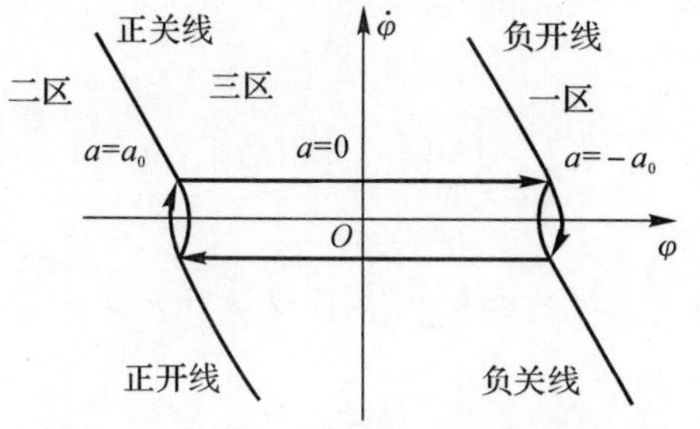

图 3.3-3　到达极限环时的开关曲线

到达极限环的最优轨线，根据初始相点$(\varphi_0, \dot{\varphi}_0)$的不同位置，而有图 3.3-4 所示的 6 种情形。由此图可知：

(1) 当$(\varphi_0, \dot{\varphi}_0)$在正开或负开线上时，一个子弧就可进入极限环，如图 3.3-4(a)(b) 所示。

(2) 当$(\varphi_0, \dot{\varphi}_0)$在三区内时，两个子弧就可进入极限环，而且只需开机一次，如图 3.3-4(c)(d) 所示。

(3) 当$(\varphi_0, \dot{\varphi}_0)$在一区或二区时，要经过三个子弧进入极限环，需开关切换一次，如图 3.3-4(e)(f) 所示。

从上面分析可知，到达极限环的轨线最多为三个子弧，因此达到快速目的。较之图 3.2-10 的直线型开关次数是与初始相点对极限环的偏离有关，偏离大开关次数就多，图 3.3-3 的抛物线型开关曲线，之所以能减少开关次数，是因为正开线与负开线不仅是开关曲线，而且是轨线的最后一段子弧，一旦相点被控至正开线或负开线上时，就直接沿此到达极限环，从而实现快速目的。

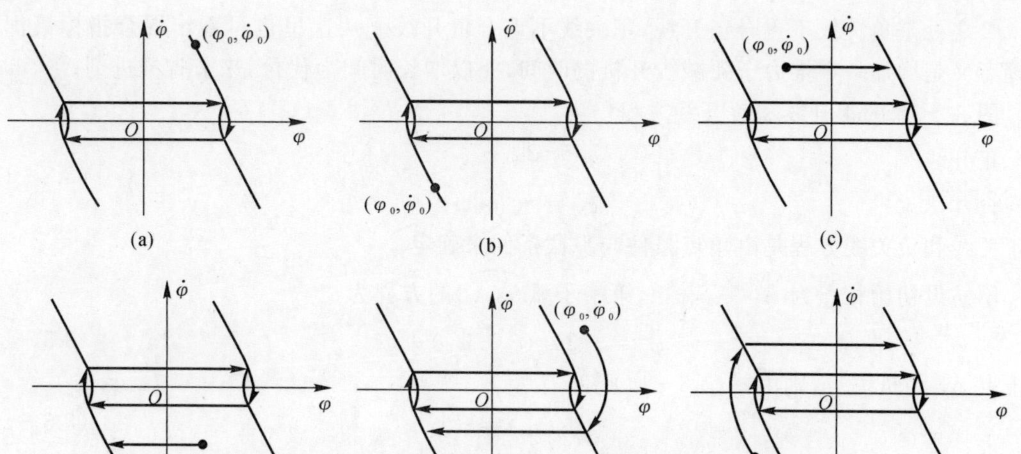

图 3.3-4　到达极限环快速控制曲线

3.2.2　混合指标的最优控制

现在考虑时间短和推进剂省的混合指标最优控制。同样分两步讨论,先讨论到达原点的最优控制,然后讨论到达极限环的最优控制。

1. 到达原点的最优控制

性能指标

$$J=\int_{t_0}^{t}[k+|a(t)|]\,\mathrm{d}t \tag{3.3-10}$$

H 函数

$$H=-k-|a|+\lambda_1\dot{\varphi}+\lambda_2 a \tag{3.3-11}$$

共轭方程为

$$\left.\begin{aligned}\dot{\lambda}_1&=-\frac{\partial H}{\partial \varphi}=0\\ \dot{\lambda}_2&=-\frac{\partial H}{\partial \dot{\varphi}}=-\lambda_2\end{aligned}\right\} \tag{3.3-12}$$

积分得

$$\left.\begin{aligned}\lambda_1&=c_1\\ \lambda_2&=-c_1 t+c_2\end{aligned}\right\} \tag{3.3-13}$$

最优控制 $a^*(t)$ 是使 H 函数取最大值,即

$$a^*(t)=\begin{cases}a_0 & \lambda_2(t)>1\\ 0 & |\lambda_2(t)|\leqslant 1\\ -a_0 & \lambda_2(t)<-1\end{cases} \tag{3.3-14}$$

由于 $\lambda_2(t)$ 是 t 的线性函数,因此最优轨线是由三段子弧组成。由式(3.3-14)可知,在 $a(t)$ 由 a_0 变为 $-a_0$,或由 $-a_0$ 变为 a_0 的过程中必有 $a(t)=0$ 的子弧,因此对任一初始相点$(\varphi_0,\dot{\varphi}_0)$的最优轨线将有图 3.3-5 的形状。图中通过原点的正开线和负开线仍是开机线。但是当相点到达开机点之前要经过一段 $a=0$ 的子弧,如图 3.3-5 中所示的$\widehat{A_1A_2}$ 和$\widehat{B_1B_2}$。因此不同于图 3.3-2 之处是负关线不重合正开线,正关线不重合负开线。从这里也可看出混合指标最优的物理意义是增加一零推力子弧减少开机的时间,并以增长时间为代价,来节省推进剂。

图 3.3-5 的正开线和负开线方程仍为

$$\left.\begin{aligned}&\text{正开线}\quad \dot{\varphi}^2=2a_0\varphi\\ &\text{负开线}\quad \dot{\varphi}^2=-2a_0\varphi\end{aligned}\right\} \tag{3.3-15}$$

而正关线和负关线方程是由角点条件与贯截条件来确定。

不妨设初始相点为 $A_0(\varphi_0,\dot{\varphi}_0)$,第一子弧$\widehat{A_0A_1}$ 的方程为

$$\dot{\varphi}^2=-2a_0(\varphi-\varphi_0)+\dot{\varphi}_0^2 \tag{3.3-16}$$

由于点 A_1 为负关点,则由式(3.3-14)知,有

$$\lambda_2(t_{A1})=-1 \tag{3.3-17}$$

第二子弧$\widehat{A_1A_2}$ 的方程为

$$\dot{\varphi}=\dot{\varphi}(t_{A1})=\dot{\varphi}(t_{A2}) \tag{3.3-18}$$

又点 A_2 是正开点，则由式(3.3－14)得

$$\lambda_2(t_{A_2})=1 \tag{3.3-19}$$

第三子弧$\widehat{A_2O}$的方程为

$$\dot{\varphi}^2=2a_0\varphi \tag{3.3-20}$$

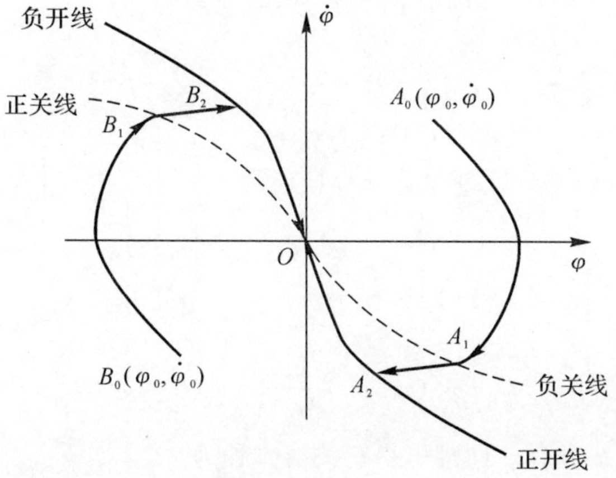

图 3.3－5　到达原点的混合指标最优控制

要确定负关线方程，就须确定点 A_1 的轨迹。

由于
$$\lambda_2(t_{A_1})=c_2-c_1t_{A_1}=-1$$
$$\lambda_2(t_{A_2})=c_2-c_1t_{A_2}=1$$

相减得

$$t_{A_2}-t_{A_1}=-\frac{2}{c_1} \tag{3.3-21}$$

最后子弧$\widehat{A_2O}$的终点条件为

$$t=t_f,\quad \varphi_f=0,\quad \dot{\varphi}_f=0$$

由于到达终点的时间 t_f 是待定的，则由贯截条件得

$$H(t_f)=-k-a_0+\lambda_2(t_f)a_0=0 \tag{3.3-22}$$

如果设 $t_f-t_{A_2}=\tau$，则有

$$\dot{\varphi}(t_{A_2})=-a_0\tau \tag{3.3-23}$$

$$\lambda_2(t_{A_2})=c_2-c_1t_{A_2}=c_2-c_1(t_f-\tau)=\lambda_2(t_f)+c_1\tau \tag{3.3-24}$$

$$H^+(t_{A_2})=-k-a_0+\lambda_2(t_{A_2})a_0+\lambda_1\dot{\varphi}(t_{A_2}) \tag{3.3-25}$$

把式(3.3－23)、式(3.3－24)代入式(3.3－25)，并注意到 $\lambda_1=c_1$，则得

$$H^+(t_{A_2})=-k-a_0+\lambda_2(t_f)a_0=0 \tag{3.3-26}$$

再由角点条件知

$$H^-(t_{A_2})=H^+(t_{A_2})=0 \tag{3.2-27}$$

则在$\widehat{A_1A_2}$子弧上，由于 $a=0$，$\dot{\varphi}(t_{A_1})=\dot{\varphi}(t_{A_2})$，以及

$$H^-(t_{A_2})=-k-c_2\dot{\varphi}(t_{A_2})=k-c_2\dot{\varphi}(t_{A_1})=0 \tag{3.3-28}$$

而有

$$c_1=\frac{-k}{\dot{\varphi}(t_{A_1})}=\frac{-k}{\dot{\varphi}(t_{A_2})} \tag{3.3-29}$$

$$\varphi(t_{A_1})=\varphi(t_{A_2})+(t_{A_2}-t_{A_1})\dot{\varphi}(t_{A_1}) \tag{3.3-30}$$

把式(3.3-21)与式(3.3-29)代入式(3.3-30)得

$$\varphi(t_{A_1})=\varphi(t_{A_2})+\frac{2}{k}\dot{\varphi}^2(t_{A_1}) \tag{3.3-31}$$

注意到$\widehat{A_2O}$子弧上有

$$\dot{\varphi}^2(t_{A_2})=2a_0\varphi(t_{A_2})=\dot{\varphi}^2(t_{A_1}) \tag{3.3-32}$$

最后由式(3.3-30)与式(3.3-32)消去$\varphi(t_{A_2})$得

$$\varphi(t_{A_1})=\frac{1}{2a_0}\dot{\varphi}^2(t_{A_1})+\frac{2}{k}\dot{\varphi}^2(t_{A_1})$$

或

$$\dot{\varphi}^2(t_{A_1})=\frac{2a_0k}{4a_0+k}\varphi(t_{A_1}) \tag{3.3-33}$$

式(3.3-33)即为负关线方程。同理可得正关线方程为

$$\dot{\varphi}^2(t_{B_1})=-\frac{2a_0k}{4a_0+k}\varphi(t_{B_1}) \tag{3.3-34}$$

如果记

$$a'_0=\frac{2a_0k}{4a_0+k} \tag{3.3-35}$$

则得混合指标最优控制的开关曲线方程为

$$\left.\begin{array}{ll}\text{正开线} & \dot{\varphi}^2=2a_0\varphi \\ \text{正关线} & \dot{\varphi}^2=-2a'_0\varphi \\ \text{负开线} & \dot{\varphi}^2=-2a_0\varphi \\ \text{负关线} & \dot{\varphi}^2=2a'_0\varphi\end{array}\right\} \tag{3.3-36}$$

2. 到达极限环的最优控制

由于极限环的存在，开关曲线相应变为

$$\left.\begin{array}{ll}\text{正开线} & \dot{\varphi}^2=2a_0(\varphi+d) \\ \text{正关线} & \dot{\varphi}^2=-2a'_0(\varphi+d-\delta) \\ \text{负开线} & \dot{\varphi}^2=-2a_0(\varphi-d) \\ \text{负关线} & \dot{\varphi}^2=2a'_0(\varphi-d+\delta)\end{array}\right\} \tag{3.3-37}$$

开关曲线表示于图3.3-6中，对任一初始相点$(\varphi_0,\dot{\varphi}_0)$，轨线的子弧不会超过三段。

比较图3.3-3和图3.3-6可知，这两种控制的差别仅在于正关线与负关线的参数分别为a_0与$-a'_0$。由于$a'_0<a_0$，因此图3.3-6中的正关线和负关线更倒向轴φ，使得轨线的零推力弧段增长，有推力弧段缩短，从而时间有所增长，推进剂有所节省。这正是混合指标最优的特点。

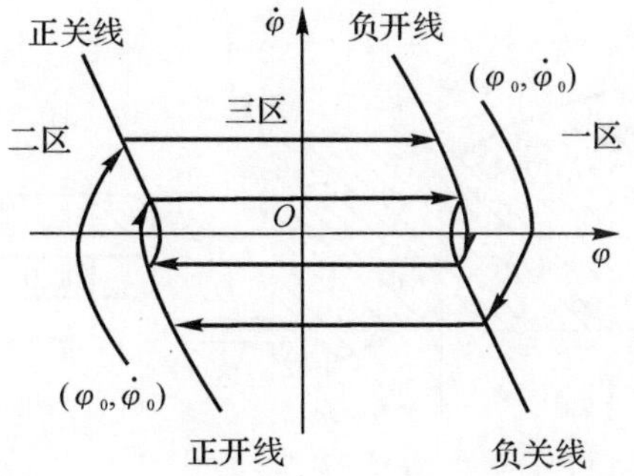

图 3.3-6　到达极限环的混合指标最优控制

3.3.3　最优控制的工程应用

在工程上，对任务期限短的小型卫星，一般采用直线型开关曲线，因为这种控制率不需要复杂的计算，易于工程实现。对于较大型的航天器，一般配备有适当规模的功能较强的计算机作为中心控制部件，为提高控制性能创造了条件。例如“阿波罗”登月飞船，配备有较大规模的通用计算机，装有许多常用的和复杂的算法软件。这种设备的复杂性，保证了长期、复杂和高质量控制任务的完成。

为了使最优控制理论在工程上应用得更为方便和更有成效，通常还需进一步考虑如下问题。

(1) 粗控和精控问题。当姿态误差较大时，需要用较大的控制力矩进行粗控，使快速控制更为快速。当姿态误差较小时，则用较小的控制力矩进行精控，使推进剂更省，精度更高。

(2) 减少开关次数问题。推力器寿命与开关次数密切相关。对工作寿命较长的航天器来说，为了使小推力器系统能长期正常工作，除了适当增加推力器的备份量外，还需尽量减少开关次数。因此在应用优化理论时，应该考虑在适当降低性能指标的条件下减少开关次数。

(3) 改善极限环性能问题。维持极限环的时间，几乎是航天器全部工作寿命的时间。因此适当节省维持极限环的推进剂，则对延长航天器工作寿命有重要意义。前面讨论的极限环称为双边极限环或硬极限环，即相点每走一周要开关两次。较好性能的极限环称为单边极限环或软极限环，相点每走一周只需开关一次。显然，这种极限环对节省推进剂与减少开关次数都是有效的。

“阿波罗”登月舱的控制律，是最优控制在工程中应用的范例，下面给以简单介绍。

1. 粗控律

粗控是指把初始较大的姿态误差，在较短的时间内控制到较小的范围内。其优化指标是时间短，开关次数少。

图 3.3-7 是粗控律的开关曲线，阴影区含有精控区与无控区。相点进入精控区后，由精控律控制。相点在无控区内则不加控制。由表 3.1 可以看出，设置无控区就是为了减少开关次数。使得初始相点不论在哪一区内，都只需开机一次便可进入阴影区。表 3.1 是上半平面相点的粗控律。

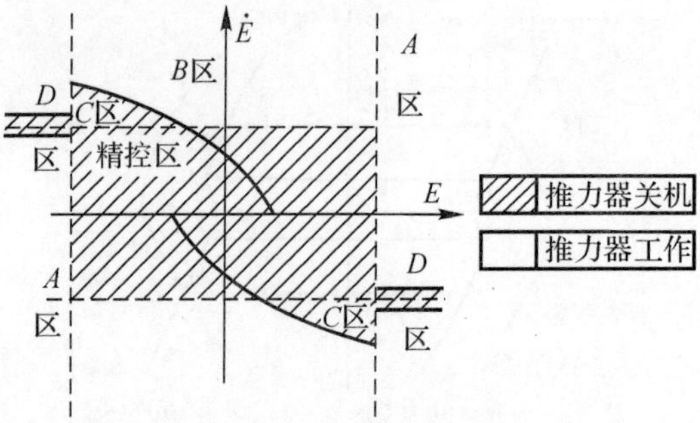

图 3.3-7　粗控律开关曲线

表 3.1　粗控律操作

相点位置	工作时间
A 区	以 $-a_0$ 把 $\dot{E}$ 减至 $-\dot{E}_0$ 时关机
B 区	以 $-a_0$ 把 $\dot{E}$ 减至 $-\dot{E}_0$ 时关机
C 区	不工作
D 区	$\dot{E}<\dot{E}_0$　以 a_0 把 $\dot{E}$ 至 $\dot{E}_0$ 时关机 $\dot{E}\approx\dot{E}_0$ 不工作 $\dot{E}>\dot{E}_0$　以 $-a_0$ 把 $\dot{E}$ 至 $\dot{E}_0$ 时关机

2. 精控律

精控是指状态误差较小，且用较小的控制量，把相点控制到极限环上。开关曲线表示于图 3.3-8 中。图中 a_+ 与 a_- 是考虑了干扰的影响。表 3.2 为上半平面相点的精控律。

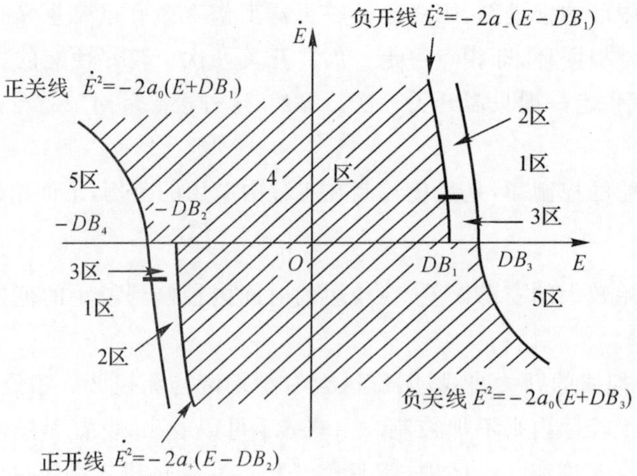

图 3.3-8　精控律开关曲线

表 3.2　精控律控制

相点位置	工作时间
1 区	以 $-a_0$ 把相点推至负关线
2 区	以 $-a_0$ 把相点推至 E 轴上
3 区	以最小的冲量 $\lvert a_m \rvert$ 工作
4 区	不工作，把已工作的相点推至 E 轴
5 区	以 a_0 把相点推至正关线

3. 极限环维持

极限环维持是由图 3.3－8 中的 3 区来完成的。因为不论初始相点在哪一区，最后必会进入 3 区而开始极限环维持。3 区的高度为推力器以最小冲量 a_m（最短的开机时间产生的冲量）推移的轨线长度。因此当相点进入 3 区后，一个最小冲量就能把相点推至轴 E，也即用一个最小冲量就能维持一周极限环。极限环位置可能有以下两个：

(1) 若干扰力矩 $a_d>0$，则维持极限环是由上半平面的 3 区来完成，如图 3.3－9(a) 所示。

(2) 若干扰力矩 $a_d<0$，则维持极限环是由下半平面的 3 区来完成，如图 3.3－9(b) 所示。

图 3.3－9 的极限环是单边极限环。在设计 DB_1 与 DB_2 宽度时，应使极限环顶点在图 3.3－8 中 4 区内。

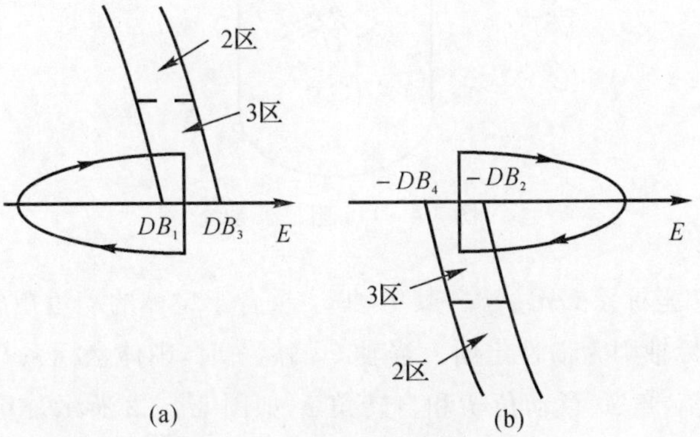

图 3.3－9　单边极限环

3.4　自旋轴的控制

自旋轴控制，是指用最小推力器系统对自旋星体的自旋轴进行章动阻尼和机动控制。由于自旋体的动力学特性同三轴稳定有很大差别，因此用于三轴稳定的控制律就不能用于自旋体的控制。在工程上，自旋轴的控制问题主要出自转移轨道上的姿态控制。因为许多航天器在转移轨道上是采用自旋稳定方法来建立远地点发动机的点火姿态的，这时自旋轴章动的快速阻尼和自旋轴方向的准确再定向，是建立远地点发动机点火姿态的关键问题。下面着重分析自旋轴控制的机理，并提出相应的控制方法。

3.4.1 自旋轴章动阻尼

在第1章中曾提出用内能耗散的方法来消除自旋轴的章动，但是这种方法仅适用于绕最大惯量主轴自旋星体的章动阻尼，而且阻尼的时间较长。而在转移轨道上的航天器，通常是同末级火箭组成一细长体，自旋轴是最小惯量主轴，内能耗散将造成自旋轴的方向发散，因此必须采用主动的章动阻尼器来消除章动角。主动的章动阻尼器，是由章动敏感器和控制执行器组成的闭环系统。这种系统可在星上组成自动控制回路，也可通过地面测控站的遥控来实现。章动敏感器可用速率陀螺、加速度表等敏感器件，执行器通常选用小推力器系统。下面讨论如何应用速率陀螺和小推力器系统组成自旋轴的章动阻尼器。

1. *系统方程*

设星体绕自旋轴 z 转动。小推力器 A 装在体坐标系的 Oyz 平面内，喷气方向平行于轴 z，可提供轴 x 负方向的控制力矩 $\boldsymbol{L}_x^c=-L^c\boldsymbol{i}$。沿轴 x 和 y 的 B_1 和 B_2 处装有速率陀螺，可测得星体角速度 ω 沿轴 x 和 y 的分量 ω_x 和 ω_y，如图 3.4-1 所示。

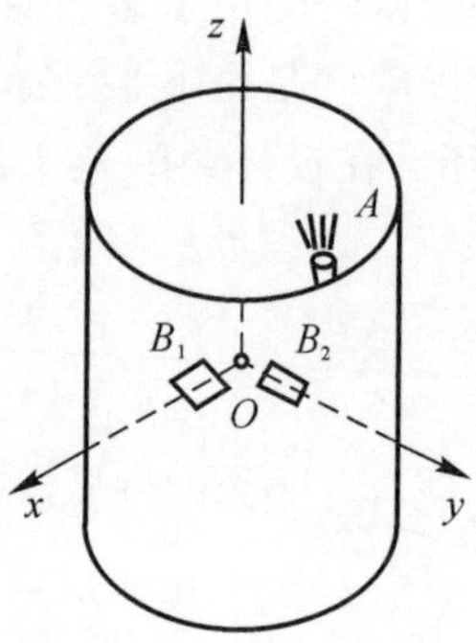

图 3.4-1 阻尼器系统

过星体质心 O 作坐标系 $Ox_hy_hz_h$，其中轴 z_h 重合于星体的动量矩矢量 $\boldsymbol{h}$。当无外力矩作用时，$Ox_hy_hz_h$ 的坐标轴则为惯性定向。当轴 z 偏离 $\boldsymbol{h}$ 时，则体坐标系 $Oxyz$ 相对于 $Ox_hy_hz_h$ 的欧拉角可表示为进动角 ψ、章动角 θ 和自转角 φ，如图 3.4-2 所示。星体对三体轴的主惯量为 $I_x=I_y=I>I_z$。星体角速度 $\boldsymbol{\omega}$ 为

$$\boldsymbol{\omega}=\omega_x\boldsymbol{i}+\omega_y\boldsymbol{j}+\omega_z\boldsymbol{k} \tag{3.4-1}$$

星体动量矩 $\boldsymbol{h}$ 为

$$\boldsymbol{h}=I(\omega_x\boldsymbol{i}+\omega_y\boldsymbol{j})+I_z\omega_z\boldsymbol{k}=I\omega_\eta\boldsymbol{e}_\eta+I_z\omega_z\boldsymbol{k} \tag{3.4-2}$$

式中，ω_η 为 $\boldsymbol{\omega}$ 在 xOy 平面内分量，且有

$$\left.\begin{aligned}\omega_\eta\boldsymbol{e}_\eta&=\omega_x\boldsymbol{i}+\omega_y\boldsymbol{j}\\ \boldsymbol{\omega}&=\omega_\eta\boldsymbol{e}_\eta+\omega_z\boldsymbol{k}\end{aligned}\right\} \tag{3.4-3}$$

由式(3.4-2)与式(3.4-3)知，$\boldsymbol{h}$，$\boldsymbol{\omega}$ 与轴 z 在星体姿态运动过程中保持在同一平面内，且 $\boldsymbol{\omega}$ 在 $\boldsymbol{h}$ 与轴 z 之间，三者的相互位置如图 3.4-3 所示。

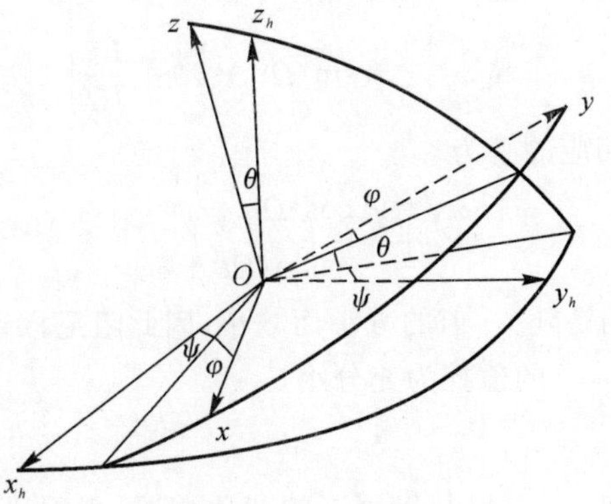

图 3.4-2　欧拉角

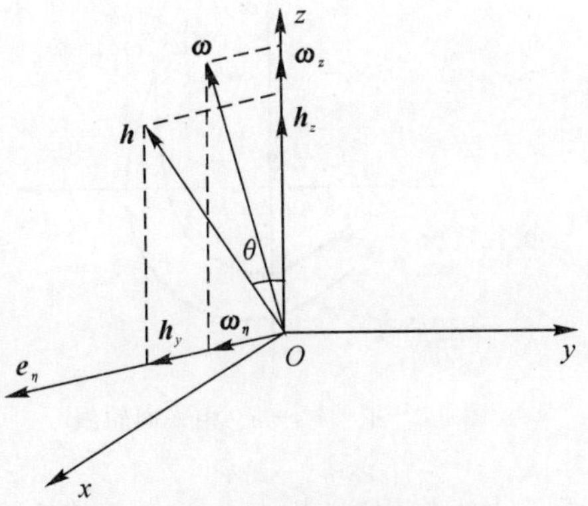

图 3.4-3　$\boldsymbol{h}$,$\boldsymbol{\omega}$ 和轴 z 共面

轴 z 对 $\boldsymbol{h}$ 的章动角 θ 可表示为

$$\theta = \arctan \frac{I\omega_\eta}{I_z\omega_z} \tag{3.4-4}$$

略去干扰力矩影响,则星体在控制力矩 $\boldsymbol{L}^c$ 作用下的欧拉动力学方程为

$$\left.\begin{aligned} &I\dot{\omega}_x - (I - I_z)\omega_z\omega_y = -L^c \\ &I\dot{\omega}_y + (I - I_z)\omega_z\omega_x = 0 \\ &I_z\dot{\omega}_z = 0 \end{aligned}\right\} \tag{3.4-5}$$

由第三式知,ω_z = 常量。记

$$\Omega = \frac{I - I_z}{I}\omega_z \tag{3.4-6}$$

把式(3.4-6)代入式(3.4-5)得

$$\left.\begin{aligned} &\dot{\omega}_x - \Omega\omega_y = -\frac{L^c}{I} \\ &\dot{\omega}_y + \Omega\omega_x = 0 \end{aligned}\right\} \tag{3.4-7}$$

解得

$$\left.\begin{aligned}\omega_x &= A\cos(\Omega t+\alpha)\\ \omega_y &= -A\sin(\Omega t+\alpha)+\frac{L^c}{I\Omega}\end{aligned}\right\} \tag{3.4-8}$$

当推力器不工作时，相应的解为

$$\left.\begin{aligned}\omega_x &= A\cos(\Omega t+\alpha)\\ \omega_y &= -A\sin(\Omega t+\alpha)\end{aligned}\right\} \tag{3.4-9}$$

由式(3.4－4)可知，章动角 θ 随 ω_η 值的减小而减小，因此阻尼章动就是把 ω_η 的值减至精度要求的范围内，也即把 ω_x 和 ω_y 的值控为充分小。

2. $\omega_x-\omega_y$ 相平面

为了直观地考察 ω_x 和 ω_y 在控制作用下的变化情况，现引进 $\omega_x-\omega_y$ 相平面如图 3.4－4 所示。

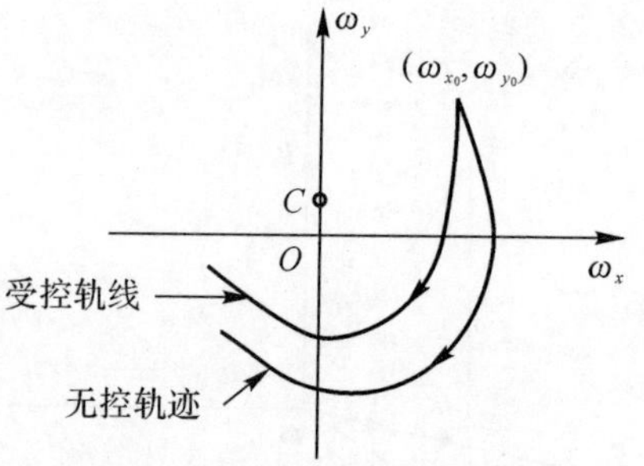

图 3.4－4　$\omega_x-\omega_y$ 相平面轨线

由式(3.4－9)可知，当无外力矩作用时，相点(ω_x，ω_y)的轨线方程为

$$\omega_x^2+\omega_y^2=A^2 \tag{3.4-10}$$

其在相平面上的轨线是一圆弧族。圆心重合于原点 O，半径 A 可由初始相点(ω_{x_0}，ω_{y_0})求得，即

$$A=\sqrt{\omega_{x_0}^2+\omega_{y_0}^2}$$

相点在轨线上走向是顺钟向，如图 3.4－4 所示。当星体受控制力矩 L^c 作用时，其轨线方程由式(3.4－8)可得，为

$$\omega_x^2+\left(\omega_y-\frac{L^c}{I\Omega}\right)^2=A^2 \tag{3.4-11}$$

其轨线也是圆弧。圆心为 $\left(0,\dfrac{L^c}{I\Omega}\right)$，如图 3.4－4 中的 C。半径

$$A=\sqrt{\omega_{x0}^2+\left(\omega_{y0}-\frac{L^c}{I\Omega}\right)^2}$$

相点在轨线上走向也是顺钟向，如图 3.4－4 所示。

现设推力器的控制信号为 u 是轴 x 的速率陀螺的输出量 ω_x。考虑到电磁阀的门限与滞宽，控制力矩 L^c 与 ω_x 有图 3.4－5 所示非线性关系。

考虑控制律

$$a(t)=\begin{cases}\dfrac{L^c}{I} & (\omega_x \geqslant \omega_{0n}) \\ 0 & (\omega_x < \omega_{0f}) \\ a(t_{N-1}) & (\omega_{0f} \leqslant \omega_x < \omega_{0n})\end{cases} \tag{3.4-12}$$

式中，$a(t_{N-1})$ 是表示保持前一步长的控制量。任一初始相点 $(\omega_{x_0}, \omega_{y_0})$ 在控制律如式(3.4-12)作用下的轨线，如图 3.4-6 所示。

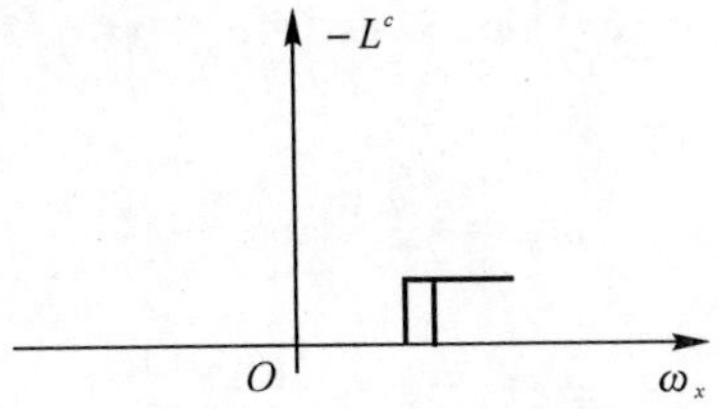

图 3.4-5　$\omega_x - L^c$ 曲线

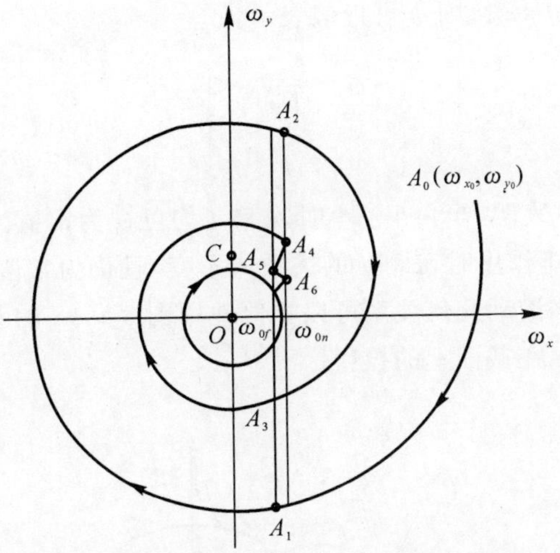

图 3.4-6　在控制律(3.4-12)作用下轨线图

由图 3.4-6 可以看出：

(1) 子弧 $\overset{\frown}{A_0A_1}$，$\overset{\frown}{A_2A_3}$，$\overset{\frown}{A_4A_5}$… 是受控弧；$\overset{\frown}{A_1A_2}$，$\overset{\frown}{A_3A_4}$，$\overset{\frown}{A_5A_6}$… 是无控弧；点 A_1，A_3，A_5… 是关机点；点 A_2，A_4，A_6… 是开机点。

(2) 轨线最后收敛于极限环；极限环是圆，圆心为原点 O，半径小于 ω_{0n}。

(3) 控制精度取决于门限值 ω_{0n}，如果要求章动角小于 θ^* 值，则应选取 ω_{on} 满足

$$\omega_{0n} \leqslant \frac{I_z}{I}\omega_z \tan\theta^* \tag{3.4-13}$$

(4) 轨线的收敛速度与 $\overline{OC}$ 的距离有关，也即与 $\dfrac{L^c}{I\Omega}$ 的值有关；当 I 与 Ω 的值给定时，则 L^c 的值越大收敛速度也越快。

(5) 控制作用如果未考虑同进动周期协调，将会造成动量矩 $\boldsymbol{h}$ 方向较大的漂移。

对于有工程应用意义的章动阻尼器来说，必须在阻尼章动时抑制动量矩方向的漂移。下面是在控制律如式(3.4－12)的基础上讨论章动阻尼器的设计问题。

3. 章动阻尼器

我们知道，当星体无外力矩作用时，其姿态运动可用图3.4－7的双锥滚动模型来表示。定锥的对称轴重合于$\boldsymbol{h}$，动锥的对称轴重合于轴z，星体角速度ω沿着双锥的切线。ω沿轴z和η分解的分量ω_z和ω_η，沿轴z和$\boldsymbol{h}$方向分解的分量$\dot{\varphi}$和$\dot{\psi}$，也即有

$$\boldsymbol{\omega}=\boldsymbol{\omega}_z+\boldsymbol{\omega}_\eta=\dot{\boldsymbol{\varphi}}+\dot{\boldsymbol{\psi}} \tag{3.4-14}$$

由图示的几何关系可得

$$\left.\begin{aligned}\omega_\eta&=\frac{I_z\omega_z}{I}\tan\theta\\ \dot{\psi}&=\frac{\omega_\eta}{\sin\theta}=\frac{I_z\omega_z}{I\cos\theta}\end{aligned}\right\} \tag{3.4-15}$$

$$\dot{\varphi}=\omega_z-\dot{\psi}\cos\theta=\frac{I-I_z}{I}\omega_z=\Omega \tag{3.4-16}$$

假设θ是一小量，$\cos\theta\approx1$，则$\dot{\psi}$可近似表示为

$$\left.\begin{aligned}\dot{\psi}&=\frac{I_z}{I}\omega_z\\ \omega_z&=\dot{\psi}+\dot{\varphi}\end{aligned}\right\} \tag{3.4-17}$$

式(3.4－16)和式(3.4－17)表明，当角θ较小时，$\dot{\varphi}$和$\dot{\psi}$均可视为常值。由于控制力矩$\boldsymbol{L}^c$不影响ω_z的值，因此当有控制力矩作用时，$\dot{\varphi}$和$\dot{\psi}$的关系式不变，且仍为常值。在图3.4－7中作$\boldsymbol{h}$的法平面与双锥面相截，则双锥滚动几何关系可以方便地用图3.4－8的双圆滚动来表示。图中点M_h和M_z分别为$\boldsymbol{h}$与轴z在截面上的投影。

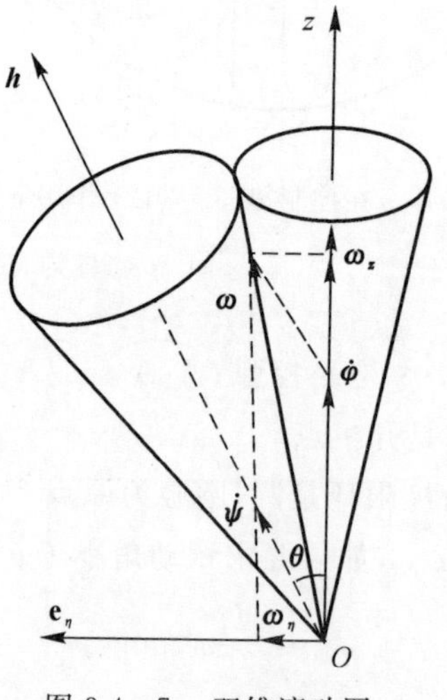

图3.4－7　双锥滚动图

为了便于说明章动阻尼器的设计，考虑如下特例。设星体惯量满足

$$I=5I_z \tag{3.4-18}$$

则由式(3.4－16)和式(3.4－17)得

$$\left.\begin{aligned}\dot{\varphi}&=\frac{4}{5}\omega_z\\ \dot{\psi}&=\frac{1}{5}\omega_z\end{aligned}\right\}\tag{3.4-19}$$

相应的自转周期 T_φ 和进动周期 T_ψ，满足关系

$$T_\psi=4T_\varphi\tag{3.4-20}$$

也即动圆在静圆上滚动时，动圆自转四周时正好在静圆上滚动一周。因此在滚动模型中，静圆的半径正好等于动圆半径的四倍。

设计阻尼器时为了能够抑制 $\boldsymbol{h}$ 方向的偏离，则要求在每一进动周期内控制力矩的作用时间能均匀地分配。例如每一进动周期内等间隔地作用四个控制脉冲，如图 3.4－8 所示。

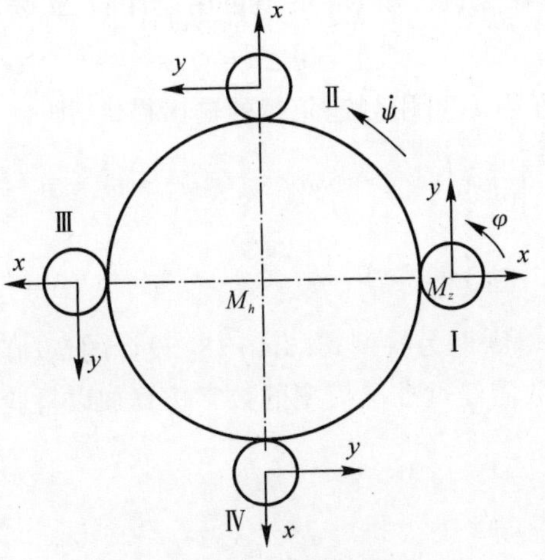

图 3.4－8　双圆滚动图

脉冲作用的时刻为 $\omega_x=\omega_\eta$，$\omega_y=0$，即图示轴 x 沿轴 η 方向。脉冲 $\delta=L^c\Delta t$，每作用一次，章动角衰减 $\Delta\theta=\dfrac{\delta}{h}$，动量矩 $\boldsymbol{h}$ 偏离 $\Delta\boldsymbol{h}=\boldsymbol{\delta}$ 对应于四个脉冲作用位置的 $\boldsymbol{\delta}$ 方向沿相应位置轴 x 的反方向，且记为 $\boldsymbol{\delta}_1$，$\boldsymbol{\delta}_2$，$\boldsymbol{\delta}_3$，$\boldsymbol{\delta}_4$，因此 $\boldsymbol{h}$ 产生的相应偏离为

$$\Delta\boldsymbol{h}_i=\boldsymbol{\delta}_i\quad i=1,2,3,4$$

$\Delta\boldsymbol{h}_i$ 的方向如图 3.4－9 所示。

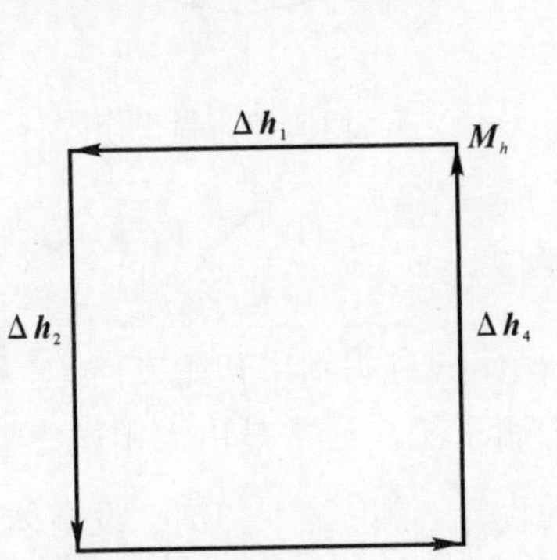

图 3.4－9　$\delta\boldsymbol{h}_i$ 的方向

易知，在每一进动周期内，$\boldsymbol{h}$ 方向的总偏量为零，而章动角的总衰减为$\frac{4\delta}{h}$。设经过 N 次脉冲作用后，章动角由初始值 θ，衰减至精度要求的 θ^*，而 $\boldsymbol{h}$ 产生的总偏离 $\Delta\boldsymbol{h}$ 的模满足

$$|\Delta\boldsymbol{h}|=\left|\sum_{i=1}^{N}\Delta\boldsymbol{h}_i\right|\leqslant\sqrt{2}\,|\Delta\boldsymbol{h}_1|=\sqrt{2}\,\delta=\sqrt{2}\,L^c\Delta t \tag{3.4-21}$$

由式(3.4-21)知，如果要求章动阻尼器产生的 $\boldsymbol{h}$ 偏离抑制在某一小范围内，例如 $|\Delta\boldsymbol{h}|\leqslant\varepsilon$，则在 $\boldsymbol{h}$ 和 $\boldsymbol{L}^c$ 给定的条件下，要求脉冲宽度 Δt 满足

$$\Delta t\leqslant\frac{\sqrt{2}}{2}\times\frac{\varepsilon}{L^c} \tag{3.4-22}$$

在设计章动阻尼器时，为了能定时定位地施加控制脉冲，可在轴 x 的近旁划出角 $\angle D_1M_zD_2=\varphi_G$ 的推力器工作区，如图 3.4-10 所示的阴影区。即$\overline{M_zD_1}$ 对准 $\boldsymbol{e}_\eta$ 时推力器开机，当$\overline{M_zD_2}$ 对准 $\boldsymbol{e}_\eta$ 时推力器关机。角 φ_G 的值可用设计的 Δt 表示为

$$\varphi_G=\dot{\varphi}\Delta t=\Omega\Delta t \tag{3.4-23}$$

推力器的开机与关机信号 u，可用测速陀螺的输出提供，即

$$\boldsymbol{u}=\begin{cases}u_{\text{开}}\left(\omega_x>0,\omega_y>0,\omega_y=\omega_x\tan\dfrac{\varphi_G}{2}\right)\\[2ex] u_{\text{关}}\left(\omega_x>0,\omega_y<0,\omega_y=-\omega_x\tan\dfrac{\varphi_G}{2}\right)\end{cases} \tag{3.4-24}$$

式(3.4-22)～式(3.4-24)即为特例式(3.4-18)设计的章动阻尼器。由于分析过程中作了近似假设，因此设计的参数需经过准确模型的数字仿真加以检验和修改。

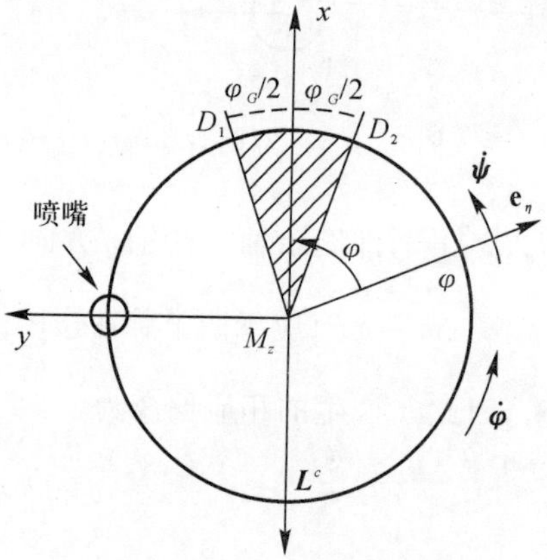

图 3.4-10　推力器工作区

3.4.2　自旋轴的再定向控制

自旋轴再定向，是指把自旋星体的自旋轴由初始方向 P_o 机动至目标方向 P_f 的控制。自旋轴的再定向控制也是一闭环控制系统。通常是由太阳敏感器与推力器组成。下面简单介绍系统的工作原理。

设在地心惯性坐标系 $O_Ex_Iy_Iz_I$ 中已知自旋轴初始方向 P_o，目标方向 P_f 和太阳方向 P_s

的赤经赤纬分别为(α_0,δ_0)，(α_f,δ_f)和(α_s,δ_s)，在天球面上的几何位置，如图 3.4－11 所示。对再定向控制来说，只要求把自旋轴从P_o方向控制至P_f方向，而对中间的机动过程没有另加约束，因此在设计控制律时仍有可供选择的参数。对工程问题来说，人们感兴趣的，是在地球面上自旋轴从P_o到P_f沿什么轨道线移动更有实际意义。目前得到充分研究的是如下两种控制轨线。

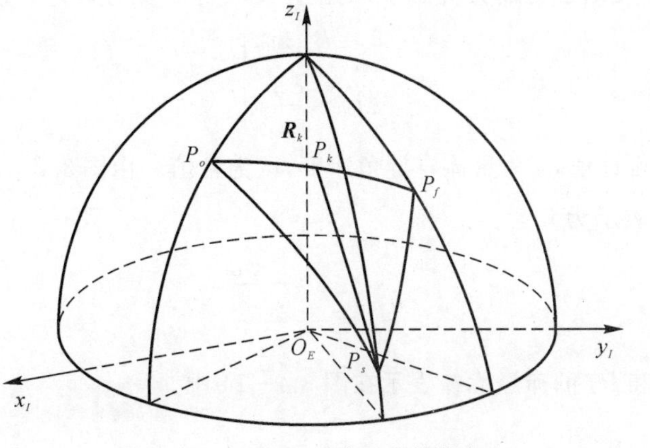

图 3.4－11　用天球表示自旋轴方向

1. 沿大圆弧控制方法

设星体经章动阻尼器控制后自旋轴P_o重合于动量矩$\boldsymbol{h}$的方向。如图 3.4－12 所示，推力方向平行于P_o，推力方向和轴P_o确定的平面为S_G；太阳敏感器子午狭缝和轴P_o确定的平面为S_L，且控制力矩$\boldsymbol{L}^c$也在平面S_L内，因此平面S_G和S_L的夹角为90°。如果作星体的横截面，则各平面之间的相对角位置可以更直观地表示于图 3.4－13。图中点P_k表示自旋轴经过k次控制脉冲作用后在天球上的位置，P_s为指向太阳的矢量，$\overline{P_oP_f}$线段表示天球面上经过点P_o和P_f的大圆弧，角φ_G为推力器工作区，φ_k为$\overline{P_kP_f}$的太阳角。

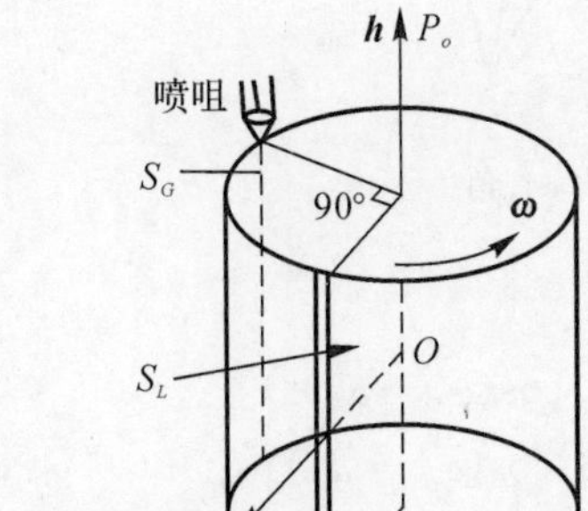

图 3.4－12　控制器件安装位置

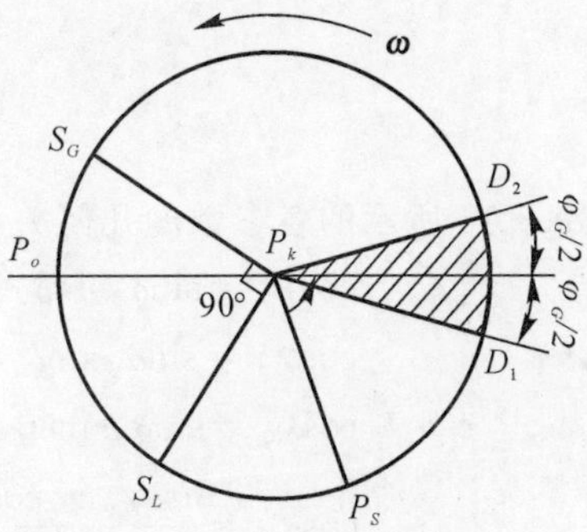

图 3.4－13　各平面相位关系

由于控制力矩$\boldsymbol{L}^c$的方向是随着星体自旋，因此在每一自旋周期中，$\boldsymbol{L}^c$只有瞬间对准$\overline{P_oP_f}$方向。为了把$\boldsymbol{h}$方向沿$\overline{P_oP_f}$方向推移，则推力器必须按脉冲方式工作。但是喷气脉冲宽度受到限制，喷气角 φ_G 通常选在 $40°\sim50°$ 之间。设经过 k 个控制脉冲作用后，$\boldsymbol{h}$ 的方向，也即自旋轴方向已沿 $\overline{P_oP_f}$ 推至 P_k 处，如图 3.4-13 所示。现在的问题是如何在 P_k 出施加第 $k+1$ 次控制脉冲。注意到太阳敏感器的子午狭缝 S_L 也是随着星体自旋，当 S_L 对准太阳 P_s 时，敏感器输出一脉冲信号。现以此信号为推力器开机与关机的基准时刻，考虑从此开始开始经过 τ_k 延时，使控制力矩 $\boldsymbol{L}^c$ 所在平面 S_L 正好转至推力器工作区的开机位置 D_1，并发出推力器开机命令，再经过 Δt_k 时间发出推力器关机命令，则星体便获得需要的第 $k+1$ 此控制脉冲 δ：

$$\left.\begin{aligned} \delta &= L^C \Delta t_k \\ \Delta t_k &= \frac{\varphi_G}{\omega} \end{aligned}\right\} \tag{3.4-25}$$

式中，喷气角 φ_G 为设计值，ω 为星体自旋角速度，设为常值。由图 3.4-13 可知，延时 τ_k 可以用 $\overline{P_kP_f}$ 的太阳角 φ_k 表示为

$$\tau_k = \frac{\varphi_k - \dfrac{\varphi_G}{2}}{\omega} \tag{3.4-26}$$

角 φ_k 可用 P_o，P_f 和 P_s 的赤经赤纬表示在图 3.4-14 中。

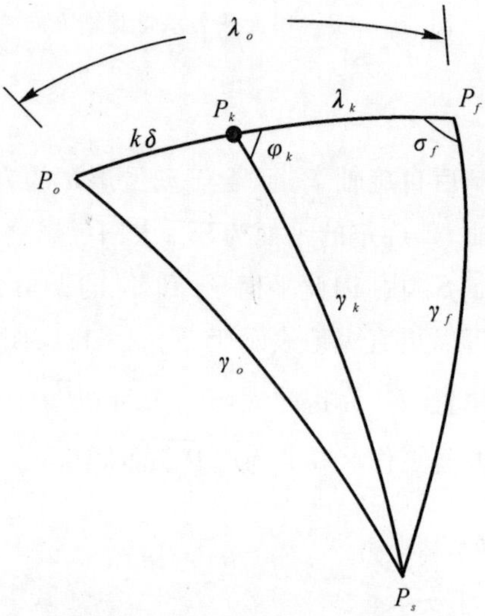

图 3.4-14 天球面上的 φ_k 角

由图 3.4-14 所示的各参数的几何关系，可得

$$\left.\begin{aligned} \cos\gamma_0 &= \sin\delta_0\sin\delta_s + \cos\delta_0\cos\delta_s\cos(\alpha_s - \alpha_0) \\ \cos\gamma_f &= \sin\delta_f\sin\delta_s + \cos\delta_f\cos\delta_s\cos(\alpha_f - \alpha_s) \\ \cos\lambda_0 &= \sin\delta_0\sin\delta_f + \cos\delta_0\cos\delta_f\cos(\alpha_f - \alpha_0) \\ \cos\sigma_f &= \frac{\cos\gamma_0 - \cos\lambda_0\cos\gamma_f}{\sin\lambda_0\sin\gamma_f} \\ \lambda_k &= \lambda_0 - k\delta \\ \cos\gamma_k &= \cos\lambda_k\cos\gamma_k + \sin\lambda_k\sin\gamma_k\cos\sigma_f \end{aligned}\right\} \tag{3.4-27}$$

最后得

$$\cos\varphi_k = \frac{\cos\gamma_f - \cos\lambda_k \cos\gamma_k}{\sin\lambda_k \sin\gamma_k} \tag{3.4-28}$$

由于在大圆弧$\widehat{P_o P_f}$上各控制脉冲作用点 P_k 对应的太阳角 φ_k 是不相同的，因此对应的延时 τ_k 也是不相同的。在设计控制系统时，延时 $\tau_k(k=1,\cdots,N)$ 是必须预先确定的参数。推力器在定向控制过程中所需的开关次数 N 可表示为

$$N = \left[\frac{\lambda_0}{\varepsilon}\right] \tag{3.4-29}$$

$$\varepsilon = \frac{|\Delta \boldsymbol{h}|}{h} = \frac{\delta}{h}$$

式中，ε 表示在控制脉冲 δ 作用下 $\boldsymbol{h}$ 方向改变的角度。方括号[·]，表示取整数值，也即当 $\lambda_k \geqslant \varepsilon$ 时，继续机动，当 $\lambda_k < \varepsilon$ 时，机动结束。再定向控制的最大误差为 ε。

2. 沿等倾线控制方法

沿大圆弧控制方法，其动量矩矢量是沿最短轨线到达目标方向，从而实现最省工质的控制，但是推力器开机时刻对太阳敏感器脉冲信号的延时 τ_k 是随控制脉冲作用点位置而改变的，因此需要预先确定的参数比较多。沿等倾线控制方法，其推力器开机时刻的延时 τ_k 是不变的，从而给工程设计带来方便。由于等倾线不是两点间最短轨线，因此这种方法消耗的工质不是最省的。但是当机动的范围较小时，消耗的工质与沿大圆弧控制方法很接近。因此工程中对等倾线方法更为重视。

考虑以星体质心为中心的单位天球，把太阳方向视为北极，如图 3.4-15(a) 所示。任一球面曲线上点 P_k 沿此曲线的弧元 $\mathrm{d}s$，均可用球坐标 (θ,φ) 的微分表示为

$$\mathrm{d}s = \sqrt{(\cos\varphi\,\mathrm{d}\theta)^2 + (\mathrm{d}\varphi)^2} \tag{3.4-30}$$

式(3.4-30) 的几何关系如图 3.4-15(b) 所示。弧元 $\mathrm{d}s$ 的斜率 p 为

$$p = \tan\alpha = \frac{1}{\cos\varphi}\frac{\mathrm{d}\varphi}{\mathrm{d}\theta} \tag{3.4-31}$$

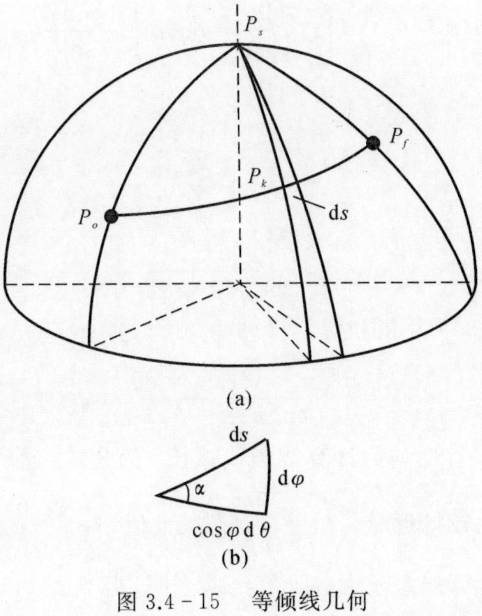

图 3.4-15　等倾线几何

球面曲线上任一点的弧元，其斜率为常值，则称此球面曲线为等倾线。球面上任意两点之间的等倾线，一般来说不是平面曲线。仅当给定两点为同一子午线上的点，或同为赤道线上的点时等倾线才为平面曲线。而且子午线和赤道线也是其上任两点的等倾线，其弧元的倾角 α 分别为 90° 和 0°。显然在这两种特殊情形中，沿等倾线控制与大圆弧控制的含义是相同的。下面讨论的沿等倾线控制属于一般情形。

沿等倾线控制，其控制脉冲方向的太阳角 $\varphi_k = 90° - \alpha$ 是一常数值，因此推力器开机时刻对太阳敏感器脉冲的延时 τ_k 为

$$\tau_k = \frac{\varphi_k - \dfrac{\varphi_G}{2}}{\omega}$$

推力器在机动过程的开关次数 N 与 P_0 和 P_f 之间等倾线弧长 s 有关。弧长 s 的表示式可推导如下。

由式(3.4－30) 和式(3.4－31) 得

$$\mathrm{d}s = \sqrt{1 + \cos^2\varphi\left(\frac{\mathrm{d}\theta}{\mathrm{d}\varphi}\right)^2}\,\mathrm{d}\varphi = \sqrt{1 + \frac{1}{p^2}}\,\mathrm{d}\varphi \tag{3.4-32}$$

积分式(3.4－32) 得

$$s = \int_{\varphi_0}^{\varphi_f} \sqrt{1 + \frac{1}{p^2}}\,\mathrm{d}\varphi = \sqrt{1 + \frac{1}{p^2}}\,\mathrm{d}\varphi \mid \varphi_f - \varphi_0 \mid \tag{3.4-33}$$

另外，由式(3.4－30) 和式(3.4－31) 还可得

$$\mathrm{d}s = \sqrt{\cos^2\varphi + \left(\frac{\mathrm{d}\varphi}{\mathrm{d}\theta}\right)^2}\,\mathrm{d}\theta = \sqrt{1 + p^2} \mid \cos\varphi \mid \mathrm{d}\theta \tag{3.4-34}$$

为了把 $\cos\varphi$ 表示为 θ 的函数，再由式(3.4－31) 得

$$p\,\mathrm{d}\theta = \frac{\mathrm{d}\varphi}{\cos\varphi}$$

或积分得

$$p(\theta - \theta_0) = \int_{\varphi_0}^{\varphi} \frac{\mathrm{d}\varphi}{\cos\varphi} = \frac{1}{2}\ln\frac{1 + \sin\varphi}{1 - \sin\varphi} - y_0 \tag{3.4-35}$$

式中

$$y_0 = \frac{1}{2}\ln\frac{1 + \sin\varphi_0}{1 - \sin\varphi_0} \tag{3.4-36}$$

从式(3.4－35) 解出 $|\cos\varphi|$ 为

$$\mid \cos\varphi \mid = \frac{1}{\mathrm{ch}[p(\theta - \theta_0) + y_0]} \tag{3.4-37}$$

把式(3.4－37) 代入(3.4－34) 并积分得

$$s = \int_{\theta_0}^{\theta_f} \frac{\sqrt{1 + p^2}\,\mathrm{d}\theta}{\mathrm{ch}[p(\theta - \theta_0) + y]} \tag{3.4-38}$$

式(3.4－33) 与式(3.4－38) 均为计算等倾线弧长 s 的公式。前一式计算简单，但是当 p 值较小，即 P 与 P_f 的纬度比较接近时，$\sqrt{1 + \dfrac{1}{p^2}}$ 是很大值，$|\varphi_f - \varphi_0|$ 是很小值，而两者相乘又是一有限值，因此带来的计算误差较大。计算经验表明，当 $p > 0.5$ 时，式(3.4－33) 计算比较

简单，当 $p \leqslant 0.5$ 时用式(3.4－38)计算比较准确。

推力器在机动过程中开关次数 N，同样表示为

$$N=\left[\frac{s}{\varepsilon}\right]$$

式中，ε 的含义与式(3.4－29)相同。

3.5　脉冲调制和变推力控制

由于推力器产生的推力是属于开关型的控制量，因而采用相平面开关曲线方法设计的控制律获得广泛应用。近年来，长寿命、高可靠度、重复性能好的推力器系统投入使用，其极限的开关次数高达数百万次。因此，如果采用脉冲调制技术，把开关型控制量调制成连续型控制量，则控制律较为简单而不需要复杂的计算。

3.5.1　PWPF 调节器工作原理

PWPF 调节器，是对脉冲的频率与宽度进行自动调制，把开关型控制量等效为连续型控制量。PWPF 调节器的结构，是在继电器特性环节前面串联一个一阶惯性环节，并组成图 3.5－1 的反馈回路。图中 K_m 和 T_m 分别为一阶惯性环节的放大系数和时间常数，u_{on} 和 u_{of} 分别为继电器开和关的门限值，a_0 为继电器脉冲幅值，a 为连续型输入量。

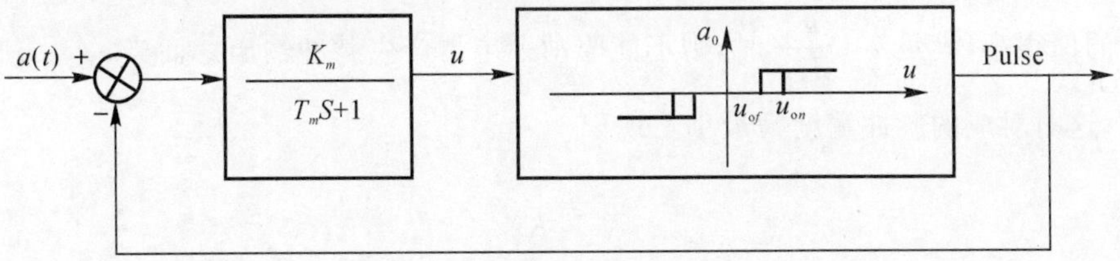

图 3.5－1　PWPF 调节器原理图

在输入量 a 的驱动下，调节器的动态特性可用对应于继电器开和关状态下的微分方程分别表示为

$$\frac{\mathrm{d}u}{\mathrm{d}t}+\frac{u}{T_m}=\frac{K_m}{T_m}(a-a_0) \tag{3.5-1}$$

$$\frac{\mathrm{d}u}{\mathrm{d}t}+\frac{u}{T_m}=\frac{K_m}{T_m}a \tag{3.5-2}$$

设对一个脉冲而言，a 可近似为常值，则解上述方程可得

$$t=0,u=u_{on},\quad u=K_m(a-a_0)(1-\mathrm{e}^{-\frac{t}{T_m}})+u_{on}\mathrm{e}^{-\frac{t}{T_m}} \tag{3.5-3}$$

$$t=0,u=u_{of},\quad u=K_m a(1-\mathrm{e}^{-\frac{t}{T_m}})+u_{of}\mathrm{e}^{-\frac{t}{T_m}} \tag{3.5-4}$$

利用式(3.5－3)和式(3.5－4)可引入如下描述调节器动态特性的有关参数。

1. 脉冲宽度 T_{on}

调节器在输入量 a 的驱动下，其输出是一串脉冲。脉冲宽度 T_{on} 是指，调节器工作一个周期是从开到关所经历的时间。式(3.5－3)中，$t=0$ 时 $u=u_{on}$，因此当 $t=T_{on}$ 时，按定义有 $u=$

u_{of}，于是得 T_{on} 的表示式为

$$u_{of}=K_m(a-a_0)(1-\mathrm{e}^{-\frac{T_{on}}{T_m}})+u_m\mathrm{e}^{-\frac{T_{on}}{T_m}}$$

或

$$T_{on}=-T_m\ln\frac{u_{of}-K_m(a-a_0)}{u_{on}-K_m(a-a_0)} \tag{3.5-5}$$

2. 间隙宽度 T_{of}

间隙宽度 T_{of} 是指，调节器工作一个周期是从关到开所经历的时间。同样，在式(3.5-4)中取 $u=u_{on}$，即得 T_{of} 得表示式为

$$u_{on}=K_m a(1-\mathrm{e}^{-\frac{T_{of}}{T_m}})+\mathrm{e}^{-\frac{T_{of}}{T_m}}$$

或

$$T_{of}=-T_m\ln\frac{u_{on}-K_m a}{u_{of}-K_m a} \tag{3.5-6}$$

3. 脉冲周期 T

脉冲周期 T 是指 T_{on} 与 T_{of} 之和，即

$$T=T_{on}+T_{of}=-T_m\ln\left[\frac{u_{of}-K_m(a-a_0)}{u_{on}-K_m(a-a_0)}\times\frac{u_{on}-K_m a}{u_{of}-K_m a}\right] \tag{3.5-7}$$

4. 最小脉冲宽度 Δ

当 a 的值很小，满足 $a<\dfrac{u_{on}}{K_m}$ 时，则不能驱动继电器产生脉冲输出。而当 $a=\dfrac{u_{on}}{K_m}$ 时才能有脉冲输出，这时对应的脉冲宽度为最小。现记

$$a_d=\frac{u_{on}}{K_m} \tag{3.5-8}$$

并且称 a_d 为调节器的死区宽度。式(3.5-8)表示了调节器死区宽度和继电器死区宽度之间的关系。由式(3.5-5)可知，最小脉冲宽度 Δ 可表示为

$$\Delta=-T_m\ln\frac{u_{of}-K_m(a_d-a_0)}{u_{on}-K_m(a_d-a_0)}=-T_m\ln\left(1-\frac{\delta}{K_m a_0}\right) \tag{3.5-9}$$

式中

$$\delta=u_{on}-u_{of} \tag{3.5-10}$$

易知 δ 即继电器的滞宽。注意到 δ 是一很小值，则 Δ 可近似表示为

$$\Delta=\frac{T_m}{K_m a_0}\delta \tag{3.5-11}$$

对推力器系统来说，最小脉冲宽度受推力器性能的限制，目前可达到毫秒的量级。从式(3.5-11)可看出，当 Δ 与 δ 给定后，则为调节器参数 K_m 和 T_m 的选择提供一个关系式。

3.5.2 占空比 D

占空比 D 是指调节器工作一个周期时，其脉冲宽度 T_{on} 和周期 T 的比值，即

$$D=\frac{T_{on}}{T}=\left(1+\frac{T_{of}}{T_{on}}\right)^{-1} \tag{3.5-12}$$

为了进一步说明占空比的物理意义，下面对式(3.5－12)作进一步推演。记

$$a_s = a_0 + \frac{u_{of}}{K_m} \tag{3.5-13}$$

且称 a_s 为调节器饱和区宽度。其含义为，当 $a \geqslant a_s$ 后，调节器便不再输出周期性的脉冲，而是输出常值 a_0。再记

$$h = \frac{\delta}{K_m(a_s - a_d)} \tag{3.5-14}$$

$$x = \frac{a - a_d}{a_s - a_d} \tag{3.5-15}$$

把式(3.5－14)和式(3.5－15)代入式(3.5－12)，得

$$D = \frac{T_{on}}{T} = \frac{\ln\left(1 + \dfrac{h}{1-x}\right)}{\ln\left[\left(1 + \dfrac{h}{1-x}\right)\left(1 + \dfrac{h}{x}\right)\right]} \tag{3.5-16}$$

从式(3.5－15)知，当 $a_d \leqslant a < a_s$ 时，$x < 1$ 且是 a 的线性函数；当 $a \geqslant a_s$ 时，调节器处于饱和状态，占空比恒等于 1；当 $a < a_d$ 时，调节器处于死区状态，占空比恒等于 0。因此需要进一步分析的是当 $a_d \leqslant a < a_s$ 时占空比的变化情况。由于这时对应的 $x < 1$，为此在 $x = 0.5$ 附近展成泰勒级数，并略去高阶项，得

$$D = 0.5 + \frac{2h}{(1+2h)\ln(1+2h)}(x - 0.5) \tag{3.5-17}$$

由式(3.5－17)知 D 是 x 的线性函数，再由式(3.5－15)知，D 也是 a 的线性函数。

综合上述知，D 与 a 的关系可直观地表示为图 3.5－2 的函数曲线关系，即输入量 a 的值，将调节器的输出分为 3 个区：

(1) 死区($a < a_d$)，这时调节器输出为零，即间隙宽度等于脉冲周期，表明系统处于无控状态。

(2) 饱和区($a \geqslant a_s$)，这时调节器输出为常值 a_0，即脉冲宽度等于脉冲周期，表明系统为了消除大的状态偏差而处于常开状态。

(3) 线性区($a_d \leqslant a < a_s$)，这时调节器输出是一系列经过调频和调宽的脉冲，表明调节器正按连续变化的输入量进行输出。

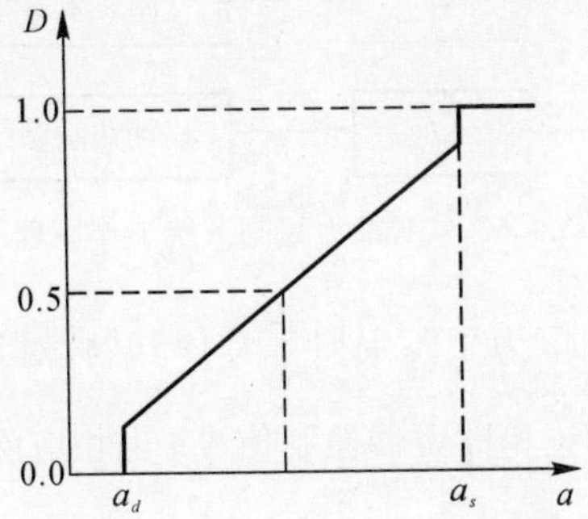

图 3.5－2　占空比 D－a 曲线

线性区是调节器的基本工作区。在一个脉冲周期内，其输入量和输出量满足关系

$$\int_T a(t)\mathrm{d}t = \int_T a_0\mathrm{d}t = \int_{T_{on}} a_0\mathrm{d}t$$

设在一个脉冲周期内 $a(t)$ 位常值，则有

$$aT = a_0 T_{on}$$

或

$$a = \frac{T_{on}}{T}a_0 = Da_0 \tag{3.5-18}$$

式(3.5-18)表明，在一个脉冲周期内，线性区中的任一连续量 a，总可以通过 a_0 的脉冲调制来等效。当输入量在线性区中连续变化时，调节器就自动地输出一系列脉冲进行等效。

3.5.3 变推力控制律

由于调节器能够把开关量调制为连续量，才使得变推力控制律的研究具有实际意义。例如，在3.2节中，我们把姿态动力学方程简化为

$$\ddot{\varphi} = a(t) \tag{3.5-19}$$

如果把控制量 $a(t)$ 表示为

$$a(t) = -K_1\dot{\varphi} - K_2\varphi \tag{3.5-20}$$

代入式(3.5-19)，得

$$\ddot{\varphi} + K_1\dot{\varphi} + K_2\varphi = 0 \tag{3.5-21}$$

增益 K_1 和 K_2 的值可按典型的二阶线性系统的性能要求进行设计。设系统是以小推力器为执行器，并配备有测角与测速敏感器。为了实现式(3.5-20)的变推力控制律，则需要在控制回路中加PWPF调节器，如图3.5-3所示。图中 $a_0 = \frac{L^c}{I}$。

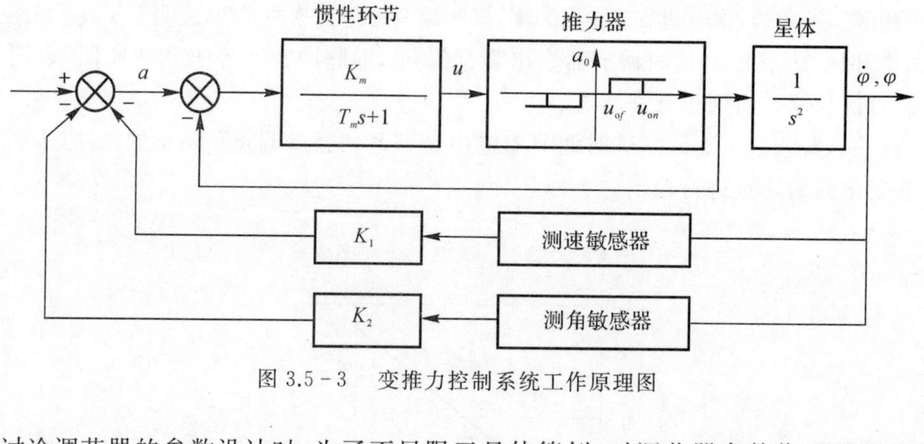

图3.5-3　变推力控制系统工作原理图

在讨论调节器的参数设计时，为了不局限于具体算例，对调节器参数作无量纲处理。为此，取 $a_0=1$，$E=\frac{a}{a_0}$；放大系数 K_m 和推力器控制信号 u 也相应除以 a_0 而变为无量纲量，但仍记作原来的符号。无量纲化后的式(3.5-8)、式(3.5-10)、式(3.5-11)、式(3.5-13) ~ 式(3.5-15)和式(3.5-17)，相应地变为

$$\left.\begin{aligned} E_d &= \frac{u_{on}}{K_m} \\ E_s &= 1 + \frac{u_{of}}{K_m} \\ \Delta &= \frac{T_m}{K_m}\delta \end{aligned}\right\} \tag{3.5-22}$$

和

$$\left.\begin{aligned} \delta &= u_{on} - u_{of} \\ h &= \frac{\delta}{K_m(E_s - E_d)} \\ x &= \frac{E - E_d}{E_s - E_d} \\ D &= 0.5 + \frac{2h}{(1+2h)\ln(1+2h)}(x - 0.5) \end{aligned}\right\} \tag{3.5-23}$$

式中，u_{on}，u_{of}，δ 等均已无量纲化。

参数 u_{on}，u_{of} 和 Δ 式取决于推力器性能，当推力器选定后，这三个参数则为已知量。因此需要设计的调节器参数为 K_m，T_m，E_d 和 E_s。由式(3.5-22)知，这 4 个参数仅满足 3 个关系式，而不是唯一确定，还可以做优化选择。注意到调节器的性能与占空比的线性区宽度有关，宽度越宽性能越好。为此考察式(3.5-23)，如果选取 K_m 的值足够大，则使得 h 和 E_d 的值足够小，E_s 的值更接近于 1，且有

$$\lim_{h\to 0}\frac{2h}{(1+2h)\ln(1+2h)} = 1 \tag{3.5-24}$$

代入占空比 D 的表示式，得

$$D = X = \frac{E}{E_s - E_d} - \frac{E_d}{E_s - E_d} \tag{3.5-25}$$

由于 E_d 足够小，E_s 接近于 1，因此在线性区内 D-E 直线的斜率 $\tan\alpha = \dfrac{1}{E_s - E_d} \approx 1$，即 $\alpha \approx 45°$，这时相应的线性区宽度最宽。由此可知，为了获得较宽的线性区，就必须选择足够大的 K_m 值。但是 K_m 值如果太大，则由式(3.5-22)，相应的死区范围(E_d 的值)便太小，这样便会增加开关次数和增加工质消耗。因此 K_m 值必须根据实际需要折中选择。

假设已知推力器电磁阀参数为

$$u_{on} = 0.09,\quad u_{of} = 0.04,\quad \delta = 0.05$$
$$\Delta = 5\ \text{ms}$$

选取 $K_m = 10$，则得

$$T_m = \frac{\Delta}{\delta}K_m = 1\ \text{s}$$

$$E_d = \frac{u_{on}}{K_m} = 0.009$$

$$E_s = 1 + \frac{u_{of}}{K_m} = 1.004$$

线性区 $D-E$ 直线斜率为

$$\tan\alpha = \frac{1}{E_s - E_d} \approx 1$$

线性区宽度为

$$0.009 \leqslant E < 1.004$$

表明上述选择的参数，使调节器有良好的性能。

从图 3.5-3 可看出，当推力器系统性能给定后，调节器参数便可根据需要进行选择，惯性环节也可用电子线路来实现，因此系统控制律的设计便是选择反馈增益 K_1 和 K_2，而不需要复杂的实时计算，对星载计算机功能要求较低。因此对飞行期限短，星载计算机功能低的航天器，采用脉冲调制技术可降低控制系统的复杂性，给系统设计带来方便。

3.6 多推力器系统的结构与操作

小推力器系统的控制任务，对不同的航天器是有所不同。对大型航天器来说由于动力学模型考虑了结构振动与液体晃动的影响，维数高，而需要完成更高维的控制任务。要完成高维控制任务的推力器系统通常需要相当数量的推力器组成一个多推力器系统。对这样复杂的系统，如何合理地设计器结构（推力器数目与安装位置）与操作（控制指令的产生与分配）是一个重要问题。

3.6.1 多推力器系统结构

多推力器系统的推力器数目与安装位置，与系统要完成的任务维数有关。另外在设计多推力器系统结构时，还要考虑如何提高系统的可靠性问题。提高可靠性除了要提高系统中各元器件的可靠性外，还希望系统中的推力器数目有一定备份量，即有一定冗余度。以便某些推力器失效后，系统仍能继续完成预定的控制任务。因此系统的推力器数目与安装位置还与系统的冗余度有关。

系统冗余度 R 是指系统仍能完成控制任务，允许推力器失效的最大数目。例如，系统如任意失效一个推力器，系统便失控，则此系统冗余度 $R=0$。如果系统任意失效一个推力器，系统仍可控，但任意失效两个，系统便失控，则系统的冗余度 $R=1$，如果任意失效 n 个，系统仍可控，而任意失效 $n+1$ 个系统便失控，则系统冗余度 $R=n$。

系统冗余度的值是衡量系统可靠性的重要指标。R 的值越大，系统越可靠。但随着 R 值增大，推力器数目也增加。如果注意到 R 值不但与推力器数目有关，而且与推力器安装位置有关的事实，就可以通过选择推力器安装位置，使系统在给定 R 值的条件下，尽量减少推力器数目。为此称用最少的推力器数目构成给定的冗余度 R 的结构，为最小冗余结构。特别称 $R=0$ 的最小冗余度结构为最小结构。最小结构是完成控制任务所需的最少推力器数目。

图 3.6-1 是用三个推力器控制星体质心在 xOy 平面内运动。易知，只要每两个推力方向的夹角不大于 180°，则系统可以提供 xOy 平面内任意给定的速度增量，也即系统是可控的。当系统中任一推力器失效时，系统便失控，因此系统 $R=0$，且为此二维任务的最小结构。当增加推力器数目时，系统的冗余度与推力器数目及安装位置之间关系可从图 3.6-2 看到。图中标号 S 表示单，D 表示双，T 表示三，Q 表示四。S_3 表示 3 个推力器的方向与位置均不相同，D_3

表示 S_3 的 3 个推力器位置与方向各有两个推力器等等。

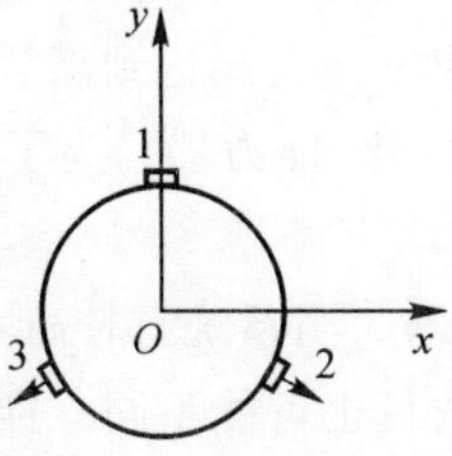

图 3.6 - 1　平面内质心控制

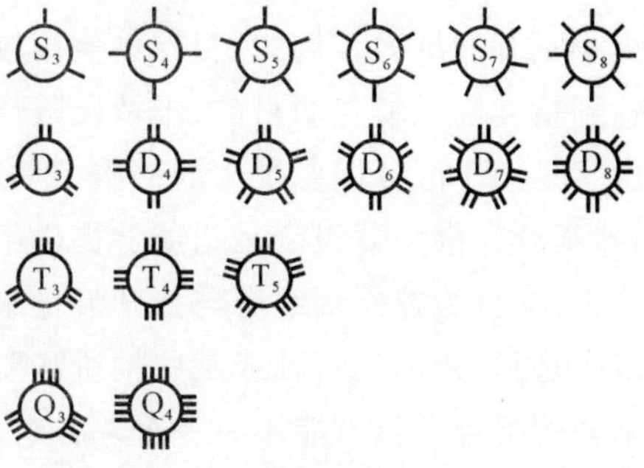

图 3.6 - 2　推力器数目和安装位置

易知，图 3.6 - 2 中第一列的冗余度分别为：S_3 为 $R=0$，D_3 为 $R=1$，T_3 为 $R=2$，Q_3 为 $R=3$。第 2 列的推力器数目较第 1 列相应地有所增加，但由于布局不同，相应的 R 值并无增加。比较图 3.6 - 2 中各系数的结构。可得相应的最小冗余度结构见表 3.6 - 1。

表 3.6 - 1　最小冗余度结构

R 值	0	1	2	3	4	…
系统	S_3	S_5	S_7	S_9	S_{11}	…

下面不加证明地引入如下结论：

(1) D 维任务的最小结构，要求推力器数目 J 为

$$J = D + 1$$

(2) D 维任务，如果要求冗余度 R，则最小冗余度结构的推力器数目 J 为

$$J = D + 1 + 2R$$

由上面分析知，最小冗余度结构是用较少的推力器数目获得较高的冗余度，从而提高系统的可靠性。但是最小冗余度结构也有两个严重的缺点，比较图 3.6 - 2 的 S_3 与 S_4 知，S_3 较 S_4 增加了系统操作难度，而且增加了耗气量。因为 S_3 系统工作时，推力产生的部分冲量相互抵消。因此对实际系统来说，必须把可靠性、省燃料以及操作的方便性等统一考虑。

3.6.2　多推力器系统操作

多推力器系统的操作是指航天器的控制过程中，对推力器系统如何产生控制指令，并根据控制指令要求，令相应的推力器工作，以提供所需要的控制量。

1. 基本概念

(1)任务字。航天器在不同的轨道飞行段，对推力器系统规定的控制任务是不同的，例如，对较小的航天器需要进行不同维数的质心控制和姿态控制。对大型航天器，还需抑制弹性振动与液体晃动的影响，其控制维数可能高于 6 维。任务字是用以规定不同轨道飞行段要求推力器系统完成的控制任务。描述任务字的重要参数是维数 D。

(2)指令矢量。指令矢量是指控制任务要求推力器系统提供的线冲量和角冲量。指令矢

量的维数等于任务字的维数。

(3)挡次字。设系统中推力器是按开关方式工作的,从优化角度考虑,对不同的性能指标常常希望用大小不等的推力。例如:粗控希望用较大的推理以达到快速的目的;精控希望用较小的推力以达到精度高燃料省的目的;维持极限环则希望用更小的推力,以保证系统能长期维持工作。挡次字是用于区分需要推力的挡次。一般设有两挡或三挡就能达到满意的性能。

(4)推力器组合。推力器组合是指能够提供给定控制量的一组推力器。为了便于星载计算机存贮与管理,又分为控制轴组合与指令矢量组合。

控制轴组合是指,控制某一轴或某些轴所需要的一组推力器。当系统有较高冗余度时,对应于同一控制轴的组合数目可能不只一个。各组合的推力器数目也可能不同。推力器数目多的组合称为高挡组合,数目少的组合称为低挡组合。当控制轴的组合数目过多时,为了减少存贮量,在保证足够冗余度的条件下需要按优化的原则进行精选,其原则为:

1)组成某一轴(或某些轴)组合时,不给其它轴带来附加力或附加力矩。

2)组成控制力矩组合时,选取力臂较大的推力器组合。

3)根据挡次字的规定,每一控制轴的组合选取相应的挡次数,且选择组合数目较多的挡,以提高组合的冗余度。

指令矢量组合,是指执行某一指令矢量所需的一组推力器。指令矢量组合由控制轴组合组成。如果一个单元存贮一个控制轴组合,则指令矢量的分配就是检索相应的存贮单元以组成相应的指令矢量组合。

(5)组合体。组合体指被录用的全体控制轴组合。在计算机的内存中组合一个存贮体,以备计算机检索而组成指令矢量组合。当某一推力器失效时,则相应的控制轴组合便失效。失效的组合必须从组合体中注销。

2. 指令矢量的产生

对高维控制系统来说,指令矢量一般要由反馈控制器来确定。这一问题已经超出本课程的范围,下面不做进一步介绍。对刚体卫星,其质心运动控制与姿态控制通常可以解耦,而且质心运动控制由制导律确定,姿态运动控制是由相平面开关曲线控制律确定。指令矢量则是根据控制任务,由这些制导律与控制律确定的线冲量分量与角冲量分量组成。

前面已经介绍了姿态控制的相平面开关曲线方法。而质心运动的控制或轨道的机动、调整或校正等问题则属于轨道力学问题。这一内容由相应的课程进行介绍。

3. 推力器组合的编排

由于指令矢量的分配就是检索所需要的控制轴组合,因此当推力器系统的结构确定后必须编排出相应的控制轴组合并在计算机的内存中组成存贮体,以备检索。对于简单的系统,如"水手"4号金星探测器或"阿波罗"登月舱等,其冗余度等于零,各控制轴的组合几乎是唯一确定的。但对"哥伦比亚"号航天飞机来说,有很高的冗余度,各控制轴的组合数目较多,就必须进行优化选择,使系统有良好的性能。下面以"哥伦比亚"号航天飞机轨道器的推力器系统为例说明控制轴组合的编排方法。

"哥伦比亚"号航天飞机轨道器有38个大推力器与6个小推力器,其安装位置如图3.6-3的所示。设推力器系统的控制任务只含三维质心运动控制与三维姿态控制运动。各控制轴相互解耦，且都用相平面开关曲线方法确定控制律。在控制过程中分粗控、精控与极限环维持三步，则推力器组合的档次可以这样组成：大推力器组合分为两挡，分别用于粗控与精控。而小推力器组合仅用于姿态控制的极限环维持。由于小推力器的冗余度等于零，其控制轴组合唯一确定。下面仅讨论大推力器组合的编排。

根据大推力器的安装位置与推力方向，分为四类，各类推力器的工作有相对独立性，其组合没有交叉影响。

(1) x 轴组合。与 x 轴方向的质心控制有关的推力器标号、位置与方向的示意图为图 3.6-3。这一类推力器共 7 台。相应的组合见表 3.6-2。表中每个括号内的推力器组成一个组合，每一个组合的选择都符合前述的优化原则。每一控制轴的组合只取两挡，每挡的组合按一定顺序排列，并加以编号，以备检索。

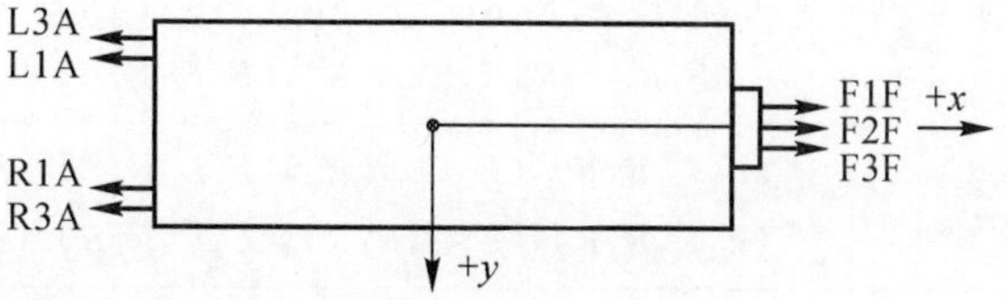

图 3.6-3　x 轴推力器组

表 3.6-2　x 轴推力器组合

控制轴	组合内推力器数	推力器组合	组数
$+x$	2	$(R_1A, L_1A), (R_1A, L_3A), (R_3A, L_1A), (R_3A, L_3A)$	4
	4	(R_1A, R_3A, L_1A, L_3A)	1
$-x$	1	$(F_3F), (F_1F), (F_2F)$	3
	2	$(F_1F, F_2F), (F_1F, F_3F), (F_2F, F_3F)$	3

(2) y 轴与偏航轴组合。这组推力器共 12 台，其布局的示意图如图 3.6-4 示。相应的组合见表 3.6-3。表中除了列入 $+y$、$-y$、+偏与 − 偏等单轴的组合外，还列入 $+y\oplus$+偏、$+y\oplus$− 偏、$-y\oplus$+偏和 $-y\oplus$− 偏等耦合轴的组合。易知用耦合轴组合比用相应的两个单轴的组合更优。因此当同时控制 y 轴与偏航轴时应采用耦合轴组合。这一结论对三轴与四轴耦合轴组合也是适用的。

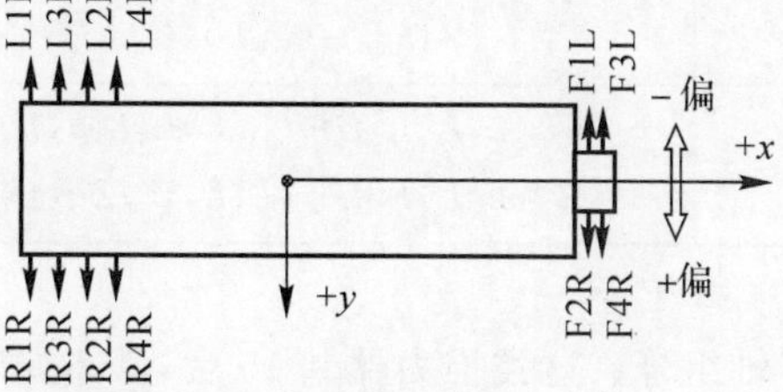

图 3.6-4　y 轴与偏航轴推力器组

表 3.6-3 y 轴与偏航轴推力器组合

控制轴	组合内推力器数	推力器组合	组数
$+y$	2	$(F_1L,L_1L),(F_1L,L_2L),(F_1L,L_3L),(F_1L,L_4L)$ $(F_3L,L_1L),(F_3L,L_2L),(F_3L,L_3L),(F_3L,L_4L)$	8
	4	$(F_1L,F_3L,L_1L,L_2L),(F_1L,F_3L,L_1L,L_3L)$ $(F_1L,F_3L,L_1L,L_4L),(F_1L,F_3L,L_2L,L_3L)$ $(F_1L,F_3L,L_2L,L_4L),(F_1L,F_3L,L_3L,L_4L)$	6
$-y$	2	$(F_2R,R_1R),(F_2R,R_2R),(F_2R,R_3R),(F_2R,R_4R)$ $(F_4R,R_1R),(F_4R,R_2R),(F_4R,R_3R),(F_4R,R_4R)$	8
	4	$(F_2R,F_4R,R_1R,R_2R),(F_2R,F_4R,R_1R,R_3R)$ $(F_2R,F_4R,R_1R,R_4R),(F_2R,F_4R,R_2R,R_3R)$ $(F_2R,F_4R,R_2R,R_4R),(F_2R,F_4R,R_3R,R_4R)$	6
$+$偏	2	$(F_1L,R_1R),(F_1L,R_2R),(F_1L,R_3R),(F_1L,R_4R)$ $(F_3L,R_1R),(F_3L,R_2R),(F_3L,R_3R),(F_3L,R_4R)$	8
	4	$(F_1L,F_3L,R_1R,R_2R),(F_1L,F_3L,R_1R,R_3R)$ $(F_1L,F_3L,R_1R,R_4R),(F_1L,F_3L,R_2R,R_3R)$ $(F_1L,F_3L,R_2R,R_4R),(F_1L,F_3L,R_3R,R_4R)$	6
$-$偏	2	$(F_2R,L_1L),(F_2R,L_2L),(F_2R,L_3L),(F_2R,L_4L)$ $(F_4R,L_1L),(F_4R,L_2L),(F_4R,L_3L),(F_4R,L_4L)$	8
	4	$(F_2R,F_4R,L_1L,L_2L),(F_2R,F_4R,L_1L,L_3L)$ $(F_2R,F_4R,L_1L,L_4L),(F_2R,F_4R,L_2L,L_3L)$ $(F_2R,F_4R,L_2L,L_4L),(F_2R,F_4R,L_3L,L_4L)$	6
$+y\oplus$ $+$偏	1	$(F_1L),(F_3L)$	2
	2	(F_1L,F_3L)	1
$-y\oplus$ $-$偏	1	$(F_2R),(F_4R)$	2
	2	(F_2R,F_4R)	1
$-y\oplus$ $+$偏	1	$(R_1R),(R_2R),(R_3R),(R_4R)$	4
	2	$(R_1R,R_2R),(R_1R,R_3R),(R_1R,R_4R)$ $(R_2R,R_3R),(R_2R,R_4R),(R_3R,R_4R)$	6
$+y\oplus$ $-$偏	1	$(L_1L),(L_2L),(L_3L),(L_4L)$	4
	2	$(L_1L,L_2L),(L_1L,L_3L),(L_1L,L_4L)$ $(L_2L,L_3L),(L_2L,L_4L),(L_3L,L_4L)$	6

(3)z 轴、俯仰轴与滚转轴组合。这类推力器共 15 台，其布局的示意图如图 3.6-5 所示。相应的组合见表 3.6-4。

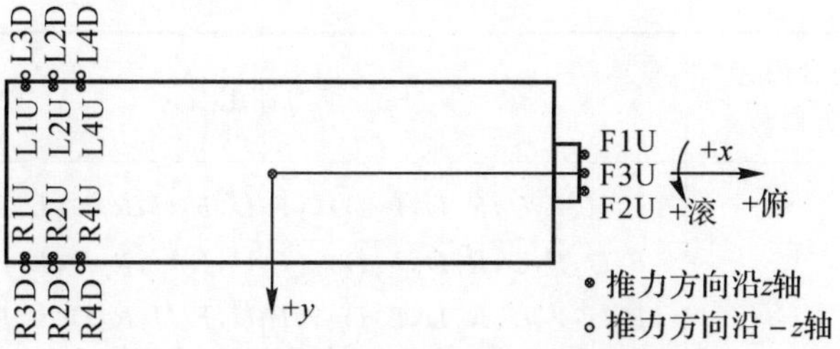

图 3.6-5　z 轴、俯仰轴与滚转轴推力器组

从表 3.6-4 可看出，根据优化原则选择的组合，对应的 $+z$ 轴与 $-$ 俯仰轴只有一挡的组合，而且 $-z$ 轴与 $+$ 俯仰轴没有相应的组合。这种不全面的功能可由斜装推力器补充。

表 3.6-4　z 轴、俯仰轴与滚转轴推力器组合

控制轴	组合内推力器数	推力器组合	组数
$+z$	4	(F_1U,F_2U,R_1U,L_1U)，(F_1U,F_2U,R_1U,L_2U)，(F_1U,F_2U,R_1U,L_4U)，(F_1U,F_2U,R_2U,L_1U)，(F_1U,F_2U,R_2U,L_2U)，(F_1U,F_2U,R_2U,L_4U)，(F_1U,F_2U,R_4U,L_1U)，(F_1U,F_2U,R_4U,L_2U)，(F_1U,F_2U,R_4U,L_4U)，(F_1U,F_3U,R_1U,L_1U)，(F_1U,F_3U,R_1U,L_2U)，(F_1U,F_3U,R_1U,L_4U)，(F_1U,F_3U,R_2U,L_1U)，(F_1U,F_3U,R_2U,L_2U)，(F_1U,F_3U,R_2U,L_4U)，(F_1U,F_3U,R_4U,L_1U)，(F_1U,F_3U,R_4U,L_2U)，(F_1U,F_3U,R_4U,L_4U)，(F_2U,F_3U,R_1U,L_1U)，(F_2U,F_3U,R_1U,L_2U)，(F_2U,F_3U,R_1U,L_4U)，(F_2U,F_3U,R_2U,L_1U)，(F_2U,F_3U,R_2U,L_2U)，(F_2U,F_3U,R_2U,L_4U)，(F_2U,F_3U,R_4U,L_1U)，(F_2U,F_3U,R_4U,L_2U)，(F_2U,F_3U,R_4U,L_4U)	27
$-z$			
$+$俯			
$-$俯	4	(F_1U,F_2U,R_2D,L_2D)，(F_1U,F_2U,R_2D,L_3D)，(F_1U,F_2U,R_2D,L_4D)，(F_1U,F_2U,R_3D,L_2D)，(F_1U,F_2U,R_3D,L_3D)，(F_1U,F_2U,R_3D,L_4D)，(F_1U,F_2U,R_4D,L_2D)，(F_1U,F_2U,R_4D,L_3D)，(F_1U,F_2U,R_4D,L_4D)	27

续 表

控制轴	组合内推力器数	推力器组合	组数
－俯	4	(F_1U,F_3U,R_2D,L_2D),(F_1U,F_3U,R_2D,L_3D),(F_1U,F_3U,R_2D,L_4D),(F_1U,F_3U,R_3D,L_2D),(F_1U,F_3U,R_3D,L_3D),(F_1U,F_3U,R_3D,L_4D),(F_1U,F_3U,R_4D,L_2D),(F_1U,F_3U,R_4D,L_3D),(F_1U,F_3U,R_4D,L_4D),(F_2U,F_3U,R_2D,L_2D),(F_2U,F_3U,R_2D,L_3D),(F_2U,F_3U,R_2D,L_4D),(F_2U,F_3U,R_3D,L_2D),(F_2U,F_3U,R_3D,L_3D),(F_2U,F_3U,R_3D,L_4D),(F_2U,F_3U,R_4D,L_2D),(F_2U,F_3U,R_4D,L_3D),(F_2U,F_3U,R_4D,L_4D)	27
＋滚	2	(R_1U,L_2D),(R_1U,L_3D),(R_1U,L_4D),(R_2U,L_2D),(R_2U,L_3D),(R_2U,L_4D),(R_4U,L_2D),(R_4U,L_3D),(R_4U,L_4D)	9
	4	(R_1U,R_2U,L_2D,L_3D),(R_1U,R_2U,L_2D,L_4D),(R_1U,R_2U,L_3D,L_4D),(R_1U,R_4U,L_2D,L_3D),(R_1U,R_4U,L_2D,L_4D),(R_1U,R_4U,L_3D,L_4D),(R_2U,R_4U,L_2D,L_3D),(R_2U,R_4U,L_2D,L_4D),(R_2U,R_4U,L_3D,L_4D)	9
－滚	2	(R_2D,L_1U),(R_2D,L_2U),(R_2D,L_4U),(R_3D,L_1U),(R_3D,L_2U),(R_3D,L_4U),(R_4D,L_1U),(R_4D,LU_2),(R_4D,L_4U)	9
	4	(R_2D,R_3D,L_1U,L_2U),(R_2D,R_3D,L_1U,L_4U),(R_2D,R_3D,L_2U,L_4U),(R_2D,R_4D,L_1U,L_2U),(R_2D,R_4D,L_1U,L_4U),(R_2D,R_4D,L_2U,L_4U),(R_3D,R_4D,L_1U,L_2U),(R_3D,R_4D,L_1U,L_4U),(R_3D,R_4D,L_2U,L_4U)	9
$+z\oplus$＋俯	2	(R_1U,L_1U),(R_1U,L_2U),(R_1D,L_4U),(R_2U,L_1U),(R_2U,L_2U),(R_2D,L_4U),(R_4U,L_1U),(R_4U,L_2U),(R_4D,L_4U)	9
	4	(R_1U,R_2U,L_1U,L_2U),(R_1U,R_2U,L_1U,L_4U),(R_1U,R_2U,L_2U,L_4U),(R_1U,R_4U,L_1U,L_2U),(R_1U,R_4U,L_1U,L_4U),(R_1U,R_4U,L_2U,L_4U),(R_2U,R_4U,L_1U,L_2U),(R_2U,R_4U,L_1U,L_4U),(R_2U,R_4U,L_2U,L_4U)	9

续 表

控制轴	组合内推力器数	推力器组合	组数
$-z\oplus$ $-$俯	2	$(R_2D, L_2D), (R_2D, L_3D), (R_2D, L_4D)$, $(R_3D, L_2D), (R_3D, L_3D), (R_3D, L_4D)$, $(R_4D, L_2D), (R_4D, L_3D), (R_4D, L_4D)$	9
	4	$(R_2D, R_3D, L_2D, L_3D), (R_2D, R_3D, L_2D, L_4D)$, $(R_2D, R_3D, L_3D, L_4D), (R_2D, R_4D, L_2D, L_3D)$, $(R_2D, R_4D, L_2D, L_4D), (R_2D, R_4D, L_3D, L_4D)$, $(R_3D, R_4D, L_2D, L_3D), (R_3D, R_4D, L_2D, L_4D)$, (R_3D, R_4D, L_3D, L_4D)	9
$+z\oplus$ $-$俯	1	$(F_3U), (F_1U), (F_2U)$	3
	2	$(F_1U, F_2U), (F_1U, F_3U), (F_2U, F_3U)$	3
$-z\oplus$ $+$俯			
$+z\oplus$ $+$滚	2	$(F_3U, R_1U), (F_3U, R_2U), (F_3U, R_4U)$, $(F_1U, R_1U), (F_1U, R_2U), (F_1U, R_4U)$, $(F_2U, R_1U), (F_2U, R_2U), (F_2U, R_4U)$	9
	4	$(F_1U, F_2U, R_1U, R_2U), (F_1U, F_2U, R_1U, R_4U)$, $(F_1U, F_2U, R_2U, R_4U), (F_1U, F_3U, R_1U, R_2U)$, $(F_1U, F_3U, R_1U, R_4U), (F_1U, F_3U, R_2U, R_4U)$, $(F_2U, F_3U, R_1U, R_2U), (F_2U, F_3U, R_1U, R_4U)$, (F_2U, F_3U, R_2U, R_4U)	9
$+z\oplus$ $-$滚	2	$(F_3U, L_1U), (F_3U, L_2U), (F_3U, L_4U), (F_1U, L_1U)$, $(F_1U, L_2U), (F_1U, L_4U), (F_2U, L_1U), (F_2U, L_2U)$, (F_2U, L_4U)	9
	4	$(F_1U, F_2U, L_1U, L_2U), (F_1U, F_2U, L_1U, L_4U)$, $F_1U, F_2U, L_2U, L_4U), (F_1U, F_3U, L_1U, L_2U)$, $(F_1U, F_3U, L_1U, L_4U), (F_1U, F_3U, L_2U, L_4U)$, $(F_2U, F_3U, L_1U, L_2U), (F_2U, F_3U, L_1U, L_4U)$, (F_2U, F_3U, L_2U, L_4U)	9
$-z\oplus$ $+$滚			
$-z\oplus$ $-$滚			
$+z\oplus$ $+$俯$\oplus$ $+$滚	1	$(R_1U), (R_2U), (R_4U)$	3
	2	$(R_1U, R_2U), (R_1U, R_4U), (R_2U, R_4U)$	3

续 表

控制轴	组合内推力器数	推力器组合	组数
$+z$⊕ +俯⊕ -滚	1	$(L_1U),(L_2U),(L_4U)$	3
	2	$(L_1U,L_2U),(L_1U,L_4U),(L_2U,L_4U)$	3
$+z$⊕ -俯⊕ +滚	3	$(F_1U,F_2U,R_1U),(F_1U,F_2U,R_2U),(F_1U,F_2U,R_4U)$, $(F_1U,F_3U,R_1U),(F_1U,F_3U,R_2U),(F_1U,F_3U,R_4U)$, $(F_2U,F_3U,R_1U),(F_2U,F_3U,R_2U),(F_2U,F_3U,R_4U)$	9
	4	$(F_1U,F_2U,F_3U,R_1U),(F_1U,F_2U,F_3U,R_2U)$, (F_1U,F_2U,F_3U,R_4U)	3
$+z$⊕ -俯⊕ -滚	3	$(F_1U,F_2U,L_1U),(F_1U,F_2U,L_2U),(F_1U,F_2U,L_4U)$ $(F_1U,F_3U,L_1U),(F_1U,F_3U,L_2U),(F_1U,F_3U,L_4U)$ $(F_2U,F_3U,L_1U),(F_2U,F_3U,L_2U),(F_2U,F_3U,L_4U)$	9
	4	$(F_1U,F_2U,F_3U,L_1U),(F_1U,F_2U,F_3U,L_2U)$, (F_1U,F_2U,F_3U,L_4U)	8
$-z$⊕ -俯⊕ -滚	1	$(R_2D),(R_3D),(R_4D)$	3
	2	$(R_2D,R_3D),(R_2D,R_4D),(R_3D,R_4D)$	3
$-z$⊕ -俯⊕ +滚	1	$(L_2D),(L_3D),(L_4D)$	3
	2	$(L_2D,L_3D),(L_2D,L_4D),(L_3D,L_4D)$	3
$-z$⊕ +俯⊕ +滚			
$-z$⊕ +俯⊕ -滚			

(4)斜装推力器组合。在轨道器头部还装有F1D、F2D、F3D与F4D等4个斜装大推力器，其推力方向平行于xOy平面，且与$-z$轴夹45°角。作为正装推力器的补充，此推力器能提供的组合列于表3.6-5。另外，同正装推力器构成的组合可产生$-z$轴与+俯仰轴的控制量见表3.6-6所示。但是这些组合将有附加力与附加力矩，而不符合优化原则。斜装推力器还可以提供其它组合。由于这些组合均不符合优化原则，而未列于表3.6-5和表3.6-6中。

表 3.6－5　斜装推力器组合

控制轴	组合内推力器数	推力器组合	组数
＋y ⊕ －z ⊕ ＋俯 ⊕ ＋偏	1	$(F_1D),(F_3D)$	2
	2	(F_1D,F_3D)	1
－y ⊕ －z ⊕ ＋俯 ⊕ －偏	1	$(F_2D),(F_4D)$	2
	2	(F_2D,F_4D)	1
－z ⊕ ＋俯 ⊕	2	$(F_1D,F_2D),(F_1D,F_4D),(F_3D,F_2D),(F_3D,F_4D)$	4
	4	(F_1D,F_2D,F_3D,F_4D)	1

表 3.6－6　斜装与正装推力器组合

控制轴	组合内推力器数	推力器组合	组数
－z	4	$(F_1D,F_2D,R_2D,L_2D),(F_1D,F_2D,R_2D,L_3D),$ $(F_1D,F_2D,R_2D,L_4D),(F_1D,F_2D,R_3D,L_2D),$ $(F_1D,F_2D,R_3D,L_3D),(F_1D,F_2D,R_3D,L_4D),$ $(F_1D,F_2D,R_4D,L_2D),(F_1D,F_2D,R_4D,L_3D),$ $(F_1D,F_2D,R_4D,L_4D),(F_1D,F_4D,R_2D,L_2D),$ $(F_1D,F_4D,R_2D,L_3D),(F_1D,F_4D,R_2D,L_4D),$ $(F_1D,F_4D,R_3D,L_2D),(F_1D,F_4D,R_3D,L_3D),$ $(F_1D,F_4D,R_3D,L_4D),(F_1D,F_4D,R_4D,L_2D),$ $(F_1D,F_4D,R_4D,L_3D),(F_1D,F_4D,R_4D,L_4D),$ $(F_3D,F_4D,R_2D,L_2D),(F_3D,F_4D,R_2D,L_3D),$ $(F_3D,F_4D,R_2D,L_4D),(F_3D,F_4D,R_3D,L_2D),$ $(F_3D,F_4D,R_3D,L_3D),(F_3D,F_4D,R_3D,L_4D),$ $(F_3D,F_4D,R_4D,L_2D),(F_3D,F_4D,R_4D,L_3D),$ (F_3D,F_4D,R_4D,L_4D) $(F_2D,F_3D,R_2D,L_2D),(F_2D,F_3D,R_2D,L_3D),$ $(F_2D,F_3D,R_2D,L_4D),(F_2D,F_3D,R_3D,L_2D),$ $(F_2D,F_3D,R_3D,L_3D),(F_2D,F_3D,R_3D,L_4D),$ $(F_2D,F_3D,R_4D,L_2D),(F_2D,F_3D,R_4D,L_3D),$ (F_2D,F_3D,R_4D,L_4D)	36

续 表

控制轴	组合内推力器数	推力器组合	组数
+俯	4	$(F_1D,F_2D,R_1U,L_1U),(F_1D,F_2D,R_1U,L_2U)$, $(F_1D,F_2D,R_1U,L_4U),(F_1D,F_2D,R_2U,L_1U)$, $(F_1D,F_2D,R_2U,L_2U),(F_1D,F_2D,R_2U,L_4U)$, $(F_1D,F_2D,R_4U,L_1U),(F_1D,F_2D,R_4U,L_2U)$, $(F_1D,F_2D,R_4U,L_4U),(F_1D,F_4D,R_1U,L_1U)$, $(F_1D,F_4D,R_1U,L_2U),(F_1D,F_4D,R_1U,L_4U)$, $(F_1D,F_4D,R_2U,L_1U),(F_1D,F_4D,R_2U,L_2U)$, $(F_1D,F_4D,R_2U,L_4U),(F_1D,F_4D,R_4U,L_1U)$, $(F_1D,F_4D,R_4U,L_2U),(F_1D,F_4D,R_4U,L_4U)$, $(F_2D,F_3D,R_1U,L_1U),(F_2D,F_3D,R_1U,L_2U)$, $(F_2D,F_3D,R_1U,L_4U),(F_2D,F_3D,R_2U,L_1U)$, $(F_2D,F_3D,R_2U,L_2U),(F_2D,F_3D,R_2U,L_4U)$, $(F_2D,F_3D,R_4U,L_1U),(F_2D,F_3D,R_4U,L_2U)$, $(F_2D,F_3D,R_4U,L_4U),(F_3D,F_4D,R_1U,L_1U)$, $(F_3D,F_4D,R_1U,L_2U),(F_3D,F_4D,R_1U,L_4U)$, $(F_3D,F_4D,R_2U,L_1U),(F_3D,F_4D,R_2U,L_2U)$, $(F_3D,F_4D,R_2U,L_4U),(F_3D,F_4D,R_4U,L_1U)$, $(F_3D,F_4D,R_4U,L_2U),(F_3D,F_4D,R_4U,L_4U)$	36

4. 指令矢量组合的检索

上述各表中的组合，存入计算机，每一组合对应一个单元，组成一个组合体。指令矢量的分配，就是根据指令矢量的各个分量检索相应的控制轴，再由控制轴检索相应的单元。为了确保可靠性与合理性，对检索过程还需做适当规定。

(1)单轴组合与耦合轴组合。单轴组合是基础，相应的组合数较多，冗余度较高，是系统正常工作的保证。耦合轴组合数较少，有的耦合轴组合是空集。但耦合轴组合更优，指令矢量分配时应先访问。当为空集时再检索单轴组合。

(2)低挡组合与高挡组合。高挡组合数目较少，冗余度较低。有些控制轴组合只有一挡，如＋z 轴与－俯仰轴。如果把仅有一挡的组合均划入低挡范围内，则高挡组合为空集时，就合用低挡组合。

(3)正常选择与失效选择。每一控制轴的组合按一定顺序编号后，第一号组合作为正常的检索对象。当第 1 号组合失效后，计算机应立即给以注销，并把第 2 号晋升为第 1 号，以此类推。当某一单轴的两档组合均为空集时，则相应的指令矢量无法执行，且立即向中心计算机报警。

综合上述分析结果，可把多推力器系统的操作过程表示为如图 3.6－6 所示的方块图。

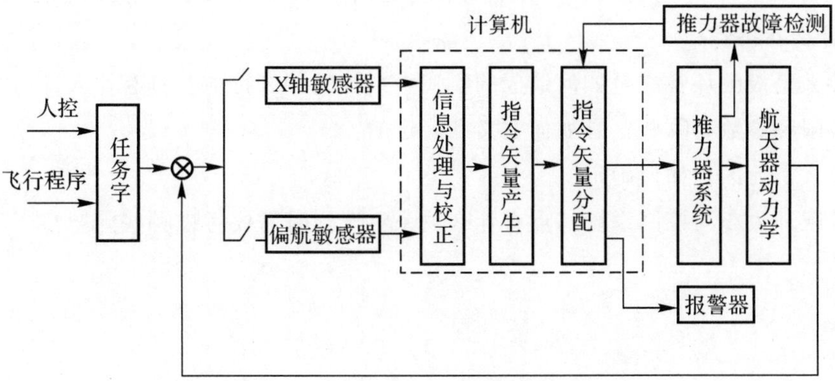

图 3.6-6　多推力器系统操作方块图

复习思考题 3

1. 说明小推力器系统控制姿态的原理。

2. 小推力器有哪些类型？各有什么特点？各自用在什么场合？

3. 说明小推力器系统的特点和应用。

4. 姿态控制对推力器的安装有什么要求？控制三轴姿态至少需要多少推力器？

5. 在推力器力矩作用下，星体的运动基本规律是什么？写出矢量式和标量式(欧拉方程)。

6. 推力器系统中姿态角(欧拉角)如何定义？写出欧拉运动学方程的矢量式和标量式。

7. 对于推力器系统，姿态控制问题的一般提法是怎样的？

8. 什么是控制律？其有什么特点？

9. 详细说明小推力器系统适用的两类姿态控制问题。

10. 小推力器系统分析采用的模型量是怎么来的？有什么特点？

11. 小推力器稳定系统控制问题的提法是什么？

12. 小推力器为什么不能采用反馈控制？应采用什么控制律？

13. 分析仅考虑姿态角反馈的小推力系统控制律的特点和执行过程。

14. 小推力器系统的开关控制律用什么方法设计？方法有什么特点？

15. 解释相平面的定义和物理意义。

16. 举典型例子说明开关控制律在相平面上的表示方法和特点。

17. 分析在控制作用下相平面上各分区相点轨迹运动的规律。

18. 以垂直于横轴的开关线为边界的开关控制律作用下，相点轨迹有什么特性？为什么？说明系统的控制特性。

19. 采用开关控制律，应采用何法改进改善系统控制特性？解释其中的原理，并说明改进后相点轨道有何特性。

20. 采用改进后的开关控制律，相点轨迹将趋向于原点，是否会无限地趋近？为什么？最终会达到什么状态？

21. 什么是极限环？它是如何形成的？代表系统的什么特性？具有什么特点？

22. 极限环参数有哪些？是如何定义和确定的？

23. 什么是死区？如何确定？

24. 极限环大小与控制系统特点有什么关系？选择时需要考虑哪些问题？

第4章 飞轮系统

飞轮系统是得到广泛应用的主动控制系统。飞轮系统的工作原理就是动量矩定理，即星体的总动量矩矢量(各部件动量矩矢量之和)对时间的导数，等于作用在星体上外力矩矢量之和。特别当外力矩矢量之和为零时，星体动量矩守恒。如果设法使星体的某一部分的动量矩发生改变，则星体的其余部分的动量矩将发生大小相等方向相反的改变。因此，为了保证星体的某一部分(主体)的动量矩按给定的规律变化，而多余的动量矩(由干扰引起的或由于机动所要减去的)将转移到星体的另一部分(飞轮)。在星体内部进行这种动量矩转移的执行元件是电机。电机产生的控制力矩是内力矩。内力矩可以把星体主体上的动量矩转移到飞轮上，但内力矩不能改变星体的总动量矩。

现代航天器对姿态控制系统的精度、寿命和可靠性的要求越来越高，通常是采用飞轮系统组成的三轴稳定系统来满足其性能要求。因为飞轮系统具有以下优点：

(1)飞轮系统不需消耗工质，只需消耗电能，而电能可由星上太阳能电池阵不断补充，不像小推力器系统那样存在着能源耗竭问题，因此适于长期工作。

(2)飞轮系统能产生较精确的控制力矩，其控制精度较小推力器系统可高出一个数量级。

(3)飞轮系统适于吸收周期性干扰的影响。在中高轨道上对星体的干扰影响基本上是周期性的，因此飞轮系统更适于在中高轨道上工作。

(4)用飞轮系统组成的三轴稳定系统，可以带有大型太阳能电池阵，以满足星上对能源的需求；而双自旋稳定系统，其太阳能电池只能贴在星体表面，远不能满足现代航天器对能源的需求。因此许多航天器，例如同步轨道上的通信卫星，已不再采用双自旋稳定系统，而改用飞轮系统组成的三轴稳定系统。

由于飞轮系统的许多优点，因此在中高轨道上长期工作的航天器，采用飞轮系统组成三轴稳定系统，以确保系统高精度长寿命性能。

飞轮系统存在的问题，是含有高速旋转部件，使寿命和可靠性受到限制。特别是承受高负载的轴承，由于磨损而影响寿命。目前对机械轴承采用了新的材料和润滑技术，寿命可达15年以上。同时磁浮轴承技术已进入工程应用阶段，在寿命与重量方面远优于机械轴承，为高性能飞轮系统的研制创造了条件。另外，飞轮系统还存在饱和问题，而需要设计相应的去饱和系统。但是现代航天器的控制系统，都备有多种多套执行器，互相补充互相备份，使系统性能达到最佳状态。因此去饱和问题不会影响飞轮系统在姿态控制系统中越来越重要的作用。

在工程中，飞轮系统有反作用飞轮、偏置动量矩轮、框架动量矩轮和控制力矩陀螺等4种类型。这 4 种飞轮系统，由于动力学特性的差别，其性能也大不相同，可以适应各种航天器对姿态控制系统不同性能要求的设计需要。

下面着重讨论这四种飞轮系统的动力学特性和工作原理。

4.1 反作用飞轮系统

反作用飞轮系统的飞轮转轴固定于星体，标称转速等于零。飞轮的质量较小，整个系统(包括飞轮、轴承、电机、外壳等)的质量为数千克，提供的控制力矩也较小，适用于高精度的姿态稳定和机动控制。

三轴控制的反作用飞轮系统，通常是沿星体三惯量主轴各装一飞轮，如图 4.1-1 所示。

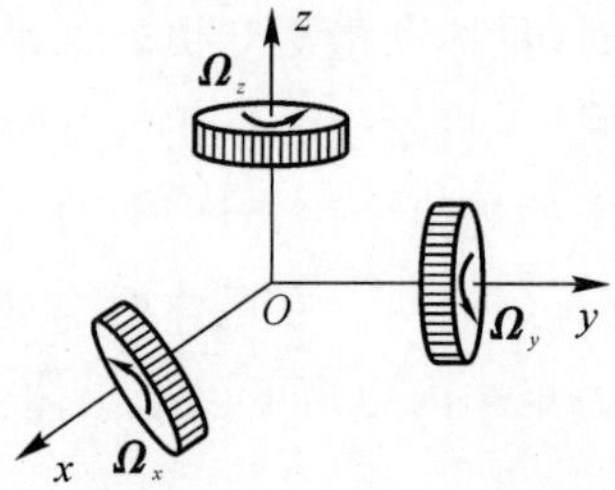

图 4.1-1 反作用飞轮系统

4.1.1 动力学方程

在图 4.1-1 中，设三飞轮的质心重合于星体质心 O。三飞轮的轴向转动惯量分别为 J_x、J_y、J_z。其横向转动惯量设已包含在星体惯量张量 $\boldsymbol{I}_c$ 内。星体角速度为 $\boldsymbol{\omega}$，飞轮相对于星体的角速度记为

$$\boldsymbol{\Omega}=[\Omega_x,\Omega_y,\Omega_z]^T \tag{4.1-1}$$

星体与飞轮的总动量矩矢量 $\boldsymbol{h}$ 为

$$\boldsymbol{h}=\boldsymbol{I}_c\boldsymbol{\omega}+\boldsymbol{I}_w(\boldsymbol{\omega}+\boldsymbol{\Omega})=\boldsymbol{I}\boldsymbol{\omega}+\boldsymbol{I}_w\boldsymbol{\Omega}=\boldsymbol{h}_b+\boldsymbol{h}_w \tag{4.1-2}$$

式中

$$\boldsymbol{I}=\begin{bmatrix} J_x & 0 & 0 \\ 0 & J_y & 0 \\ 0 & 0 & J_z \end{bmatrix}$$

$$\boldsymbol{I}=\boldsymbol{I}_c+\boldsymbol{I}_w$$

$$\boldsymbol{h}_b=\boldsymbol{I}\boldsymbol{\omega},\quad \boldsymbol{h}_w=\boldsymbol{I}_w\boldsymbol{\Omega}$$

易知，$\boldsymbol{I}$ 即星体与飞轮对点 O 的总惯量张量，$\boldsymbol{h}_b$ 即飞轮无转动时总动量矩，$\boldsymbol{h}_w$ 为飞轮转动时的相对动量矩。由动量矩定理得

$$\dot{\boldsymbol{h}}=\dot{\boldsymbol{h}}_b+\dot{\boldsymbol{h}}_w=\dot{\boldsymbol{h}}_b+\boldsymbol{\omega}\times\boldsymbol{h}_w+\dot{\boldsymbol{h}}_w=\boldsymbol{L}^e$$

或

$$\dot{\boldsymbol{h}}_b+\boldsymbol{\omega}\times\boldsymbol{h}_w=\boldsymbol{L}^e+\boldsymbol{L}^c \tag{4.1-3}$$

$$\boldsymbol{L}^c=-\dot{\boldsymbol{h}}_w=-\begin{bmatrix} J_x\dot{\Omega}_x & J_y\dot{\Omega}_y & J_z\dot{\Omega}_z \end{bmatrix}^T \tag{4.1-4}$$

式中，$\boldsymbol{L}^e$ 为外力矩，$\boldsymbol{L}^c$ 即飞轮转轴上电机的控制力矩。式(4.1-3)和式(4.1-4)即装有反作用飞轮的刚性航天器动力学方程的矢量形式。式(4.1-3)与单刚体方程的差别是增加了控制力矩 $\boldsymbol{L}^c$ 与飞轮的回转效应项 $\boldsymbol{\omega}\times\boldsymbol{h}_w$。

如设星体作对地球定向，其参考坐标系 $Ox_ry_rz_r$ 如图 4.1-2 所示。$Ox_ry_rz_r$ 的角速度 $\boldsymbol{\omega}_r$ 为

$$\boldsymbol{\omega}_r=-n\boldsymbol{j}$$

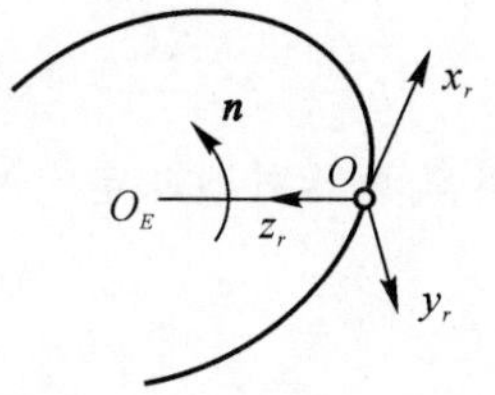

图 4.1-2　轨道坐标系

即轨道角速度。当为圆轨道时，则有

$$n^2=\frac{\mu}{R^3}$$

式中，μ 为地球引力常数，R 为轨道半径。如记 φ、θ、ψ 分别为星体的滚转角、俯仰角与偏航角，且设 φ、θ、ψ 与 $\dot{\varphi}$、$\dot{\theta}$、$\dot{\psi}$ 均为小量，则

$$\boldsymbol{\omega}=\boldsymbol{\omega}_r+\dot{\boldsymbol{\varphi}}+\dot{\boldsymbol{\theta}}+\dot{\boldsymbol{\psi}}$$

或

$$\omega_x=\dot{\varphi}-n\psi\quad\omega_y=\dot{\theta}-n\quad\omega_z=\dot{\psi}+n\varphi\tag{4.1-5}$$

再设

$$\boldsymbol{I}=\begin{bmatrix}I_x&0&0\\0&I_y&0\\0&0&I_z\end{bmatrix}$$

则式(4.1-3)的左端两项可线性化为

$$\dot{\boldsymbol{h}}_b=\dot{\boldsymbol{h}}_b+\boldsymbol{\omega}\times\boldsymbol{h}_b=\begin{bmatrix}I_x\ddot{\varphi}-(I_x+I_z-I_y)n\dot{\psi}+(I_y-I_z)n^2\varphi\\I_y\ddot{\theta}\\I_z\ddot{\psi}+(I_x+I_z-I_y)n\dot{\varphi}+(I_y-I_x)n^2\psi\end{bmatrix}\tag{4.1-6}$$

$$\boldsymbol{\omega}\times\boldsymbol{h}_w=\begin{bmatrix}J_z\Omega_z(\dot{\theta}-n)-J_y\Omega_y(\dot{\psi}+n\varphi)\\J_x\Omega_x(\dot{\psi}+n\varphi)-J_z\Omega_z(\dot{\varphi}-n\psi)\\J_y\Omega_y(\dot{\varphi}-n\psi)-J_x\Omega_x(\dot{\theta}-n)\end{bmatrix}\tag{4.1-7}$$

再考虑到引力梯度矩 $\boldsymbol{L}^g$ 的表达式为

$$\boldsymbol{L}^g=3n^2\begin{bmatrix}-(I_y-I_z)\varphi\\-(I_x-I_z)\theta\\0\end{bmatrix}\tag{4.1-8}$$

把式(4.1-6) ~ 式(4.1-8) 代入式(4.1-3) 得

$$\left.\begin{aligned}&I_x\ddot{\varphi}-(I_x+I_z-I_y)n\dot{\psi}+4(I_y-I_z)n^2\varphi+J_z\Omega_z(\dot{\theta}-n)-J_y\Omega_y(\dot{\psi}+n\varphi)=L_x^e+L_x^c\\&I_y\ddot{\theta}+3(I_x-I_z)n^2\theta+J_x\Omega_x(\dot{\psi}+n\varphi)-J_z\Omega_z(\dot{\varphi}-n\psi)=L_y^e+L_y^c\\&I_z\ddot{\psi}+(I_x+I_z-I_y)n\dot{\varphi}+(I_y-I_x)n^2\psi+J_y\Omega_y(\dot{\varphi}-n\psi)-J_x\Omega_x(\dot{\theta}-n)=L_z^e+L_z^c\\&L_x^c=-J_x\dot{\Omega}_x\\&L_y^c=-J_y\dot{\Omega}_y\\&L_z^c=-J_z\dot{\Omega}_z\end{aligned}\right\}\tag{4.1-9}$$

式(4.1-9)即装有反作用飞轮的刚性航天器对地球定向的线性化动力学方程。式中$\boldsymbol{L}^e$是不含引力梯度矩的外力系主矩。

如进一步假设：

(1) 惯量椭球近似为正球体，即

$$I_x\approx I_y\approx I_z=I$$

(2) 飞轮的轴向转动惯量远小于星体的主惯量，即

$$\frac{J_x}{I}、\frac{J_y}{I}、\frac{J_z}{I}<<1$$

则式(4.1-9)可进一步简化为

$$\left.\begin{aligned}&I_x(\ddot{\varphi}-n\dot{\psi})-J_z\Omega_z n=L_x^e+L_x^c\\&I_y\ddot{\theta}=L_y^e+L_y^c\\&I_z(\ddot{\psi}+n\dot{\varphi})+J_x\Omega_x n=L_z^e+L_z^c\end{aligned}\right\}\tag{4.1-10}$$

4.1.2 俯仰通道工作原理

从式(4.1-10)知，俯仰通道动力学方程同其余两个通道解耦，其工作原理可以单独讨论。

1. 控制律

俯仰通道方程为

$$\left.\begin{aligned}&I_y\ddot{\theta}=L_y^e+L_y^c\\&L_y^c=-J_y\dot{\Omega}_y\end{aligned}\right\}\tag{4.1-11}$$

先考虑星体受干扰作用后，如何利用控制力矩L_y^c，使θ与$\dot{\theta}$趋于稳定。最方便的控制律取：

$$L_y^c=-c_\theta\theta-c_{\dot{\theta}}\dot{\theta}\tag{4.1-12}$$

即以姿态测量得到的信息进行反馈，且设所测量的信息是准确的。把式(4.1-12)代入式(4.1-11)得

$$I\ddot{\theta}+c_{\dot{\theta}}\dot{\theta}+c_\theta\theta=L_y^e\tag{4.1-13}$$

记

$$2\zeta_n\omega_n=\frac{c_{\dot{\theta}}}{I},\quad \omega_n{}^2=\frac{c_\theta}{I}\tag{4.1-14}$$

得

$$\ddot{\theta}+2\zeta_n\omega_n\dot{\theta}+\omega_n^2\theta=\frac{L_y^e}{I} \tag{4.1-15}$$

式(4.1-15)是一典型的二阶系统，ζ_n 与 ω_n 的选择，也即 $c_{\dot{\theta}}$ 与 c_θ 的选择，是使动态过程与稳态精度优化。下面分别对几种干扰 L_y^e 的作用下系统的动态与稳态过程进行讨论。不妨设开始时系统处于标称状态，即

$$t=0,\quad \theta_\sigma=\dot{\theta}_\sigma=0$$

(1)$L_y^e=D\delta(t)$（脉冲输入）。这一输入相当于星体获得一初始角速度，即

$$t=0,\quad \theta_0=0,\quad \dot{\theta}_0=\frac{D}{I} \tag{4.1-16}$$

易解得

$$\theta=A\mathrm{e}^{-\zeta_n\omega_n t}\sin(\sqrt{1-\zeta_n^2}\,\omega_n t+\alpha) \tag{4.1-17}$$

积分常数 A 与 α 易由初始条件式(4.1-16)得到

$$\alpha=0,\quad A=\frac{D}{I\sqrt{1-\zeta_n^2}\,\omega_n} \tag{4.1-18}$$

如取 $\zeta_n=\frac{\sqrt{2}}{2}$，则

$$A=\frac{\sqrt{2}D}{I\omega_n}$$

易知，ω_n 越大，则脉冲输入后动态过程的幅值越小，且最后趋于零。

(2)$L_y^e=L_0I(t)$（阶跃输入）。相应的系统方程为

$$\ddot{\theta}+2\zeta_n\omega_n\dot{\theta}+\omega_n^2\theta=\frac{L_0}{I} \tag{4.1-19}$$

其解为

$$\theta=A\mathrm{e}^{-\zeta_n\omega_n t}\sin(\sqrt{1-\zeta_n^2}\,\omega_n t+\alpha)+\frac{L_0}{I\omega_n^2} \tag{4.1-20}$$

积分常数 A 与 α 由初始条件可得

$$\tan\alpha=\frac{\sqrt{1-\zeta_n^2}}{\zeta_n},\quad A=-\frac{L_0}{I\omega_n^2\sqrt{1-\zeta_n^2}} \tag{4.1-21}$$

由式(4.1-20)知，第一项动态过程与第二项的稳态误差，都是取 ω_n 的值越大，性能越好。

(3)$L_y^e=L_0\sin\omega_0 t$（振荡输入）。相应的系统方程为

$$\ddot{\theta}+2\zeta_n\omega_n\dot{\theta}+\omega_n^2\theta=\frac{L_0}{I}\sin\omega_0 t \tag{4.1-22}$$

解为

$$\theta=A\mathrm{e}^{-\zeta_n\omega_n t}\sin(\sqrt{1-\zeta_n^2}\,\omega_n t+\alpha)+B\sin(\omega_0 t+\beta) \tag{4.1-23}$$

易得稳态解的参数 B 与 β 为

$$B=\frac{L_0}{I(\omega_0^2+\omega_n^2)},\quad \tan\beta=\frac{2\zeta_n\omega_0\omega_n}{\omega_0^2-\omega_n^2} \tag{4.1-24}$$

2. 飞轮转速

现设控制律已由式(4.1-12)确定，则飞轮的转速可由式(4.1-11)得

$$J_y \dot{\Omega}_y = -L_y^c = L_y^e - I\ddot{\theta} \tag{4.1-25}$$

或积分得

$$J_y(\Omega_y - \Omega_{y_0}) = \int_0^t L_y^e \mathrm{d}t - I\dot{\theta}$$

或

$$\Omega_y - \Omega_{y_0} = \frac{1}{J_y}\int_0^t L_y^e \mathrm{d}t - \frac{I}{J_y}\dot{\theta} \tag{4.1-26}$$

式(4.1-26)表明受扰动的星体由于控制作用，把多余的动量矩存贮到飞轮，使飞轮的转速获得增量 $\Omega_y - \Omega_{y0}$。同样分3种情况讨论。

(1)$L_y^e = D\delta(t)$。由式(4.1-17)和式(4.1-18)得

$$\dot{\theta} = -\frac{D\zeta_n}{I\sqrt{1-\zeta_n^2}}\mathrm{e}^{-\zeta_n\omega_n t}\sin\sqrt{1-\zeta_n{}^2}\,\omega_n t + \frac{D}{I}\mathrm{e}^{-\zeta_n\omega_n t}\cos\sqrt{1-\zeta_n{}^2}\,\omega_n t \tag{4.1-27}$$

易知，当 $t \to \infty$ 时 $\dot{\theta} \to 0$，则得

$$\Omega_y - \Omega_{y0} = \frac{D}{J_y}$$

或

$$J_y(\Omega_y - \Omega_{y_0}) = D \tag{4.1-28}$$

从式(4.1-28)知，在控制作用下，作用于星体的冲量 D 被贮存到飞轮，从而保证了星体的定向性。

(2)$L_y^e = L_0 I(t)$。同样由式(4.1-20)知，当 $t \to \infty$ 时 $\dot{\theta} \to 0$，因此

$$J_y(\Omega_y - \Omega_{y_0}) = \int_0^t L_y^e \mathrm{d}t - I\dot{\theta} = L_0 t - I\dot{\theta} \tag{4.1-29}$$

当 $t \to \infty$ 时

$$J_y(\Omega_y - \Omega_{y_0}) = L_0 t \to \infty \tag{4.1-30}$$

因此，当星体作用有常值干扰力矩时，在控制作用下飞轮的转速将随时间成正比地增加。当飞轮转速达到最大值 $|\Omega|_{\max}$ 时，转速就不再增加而进入饱和状态。进入饱和状态后，星体的多余动量矩就无法存入而失控。因此需要有相应卸载系统。

(3)$L_y^e = L_0 \sin\omega_0 t$。由式(4.1-23)知，当 $t \to \infty$ 时

$$I\dot{\theta} \to B\omega_0\cos(\omega_0 t + \beta) \leqslant B_0\omega_0 \tag{4.1-31}$$

另外积分

$$\int_0^t L_0 \sin\omega_0 t \,\mathrm{d}t \leqslant \frac{2L_0}{\omega_0} \tag{4.1-32}$$

因此

$$J_y(\Omega_y - \Omega_{y0}) = \int_0^t L_0 \sin\omega_0 t\,\mathrm{d}t - I\dot{\theta} \leqslant \frac{2L_0}{\omega_0} + B\omega_0 \tag{4.1-33}$$

式(4.1-33)表明，在周期干扰作用下，存贮到飞轮的最大动量矩是一有限量。只要设计足够大的极限转速与转动惯量，就可避免饱和。因此飞轮系统特别适合吸收周期干扰。

3. 飞轮卸载

卸载必须用外力矩，把多余的动量矩卸载到系统的外部。卸载力矩可以是主动力矩，如小推力器系统、载流线圈等，也可以是环境力矩，如引力梯度矩等。

设卸载力矩 L_y^d 是常力矩，且远大于干扰力矩 L_y^e，当系统加上卸载力矩后，式(4.1-15)变为

$$\ddot{\theta}+2\zeta_n\omega_n\dot{\theta}+\omega_n{}^2\theta=\frac{L_y^d}{I} \tag{4.1-34}$$

解为

$$\left.\begin{aligned}&\theta=A\mathrm{e}^{-\zeta_n\omega_n t}\sin(\sqrt{1-\zeta_n{}^2}\,\omega_n t+\alpha)+\frac{L_y^d}{I}\\&\dot{\theta}=-A\zeta_n\omega_n\mathrm{e}^{-\zeta_n\omega_n t}\sin(\sqrt{1-\zeta_n{}^2}\,\omega_n t+\alpha)+A\sqrt{1-\zeta_n{}^2}\,\omega_n\mathrm{e}^{-\zeta_n\omega_n t}\cos(\sqrt{1-\zeta_n{}^2}\,\omega_n t+\alpha)\end{aligned}\right\} \tag{4.1-35}$$

另外，由于控制作用，飞轮的转速方程变为

$$J_y(\Omega_y-\Omega_{y_0})=L_y^d t-I\dot{\theta} \tag{4.1-36}$$

由式(4.1-35)知，当星体稳定后，$\dot{\theta}\to 0$，因此得

$$J_y\Omega_y=L_y^d t+J_y\Omega_{y_0} \tag{4.1-37}$$

为了使 Ω_y 减至零，易知 L_y^d 的转向必须与 Ω_{y_0} 转向相反。把 Ω_y 减至零所需的卸载时间 t_d 满足方程

$$L_y^d t_d+J_y\Omega_{y_0}=0$$

或

$$t_d=\left|\frac{J_y\Omega_{y_0}}{L_y^d}\right| \tag{4.1-38}$$

由式(4.1-38)知，要缩短卸载时间 t_d，就需要足够大的卸载力矩 $|L_y^d|$，t_d 的值过大将会影响系统的工作效率。

4.1.3　滚动-偏航通道

动力学方程为

$$\left.\begin{aligned}&I(\ddot{\varphi}-n\dot{\psi})-J_z\Omega_z n=L_x^e+L_x^c\\&I(\ddot{\psi}+n\dot{\varphi})+J_x\Omega_x n=L_z^e+L_z^c\\&L_x^c=-J_x\dot{\Omega}_x\\&L_z^c=-J_z\dot{\Omega}_z\end{aligned}\right\} \tag{4.1-39}$$

下面讨论两种简单的控制方法。

1. 姿态运动解耦

这一方法是选择适当控制律使得星体的滚动角 φ 只响应 L_x^e 的作用，偏航角 ψ 只响应 L_z^e 的作用，且使两通道成为典型的二阶系统

$$\left.\begin{aligned}\ddot{\varphi}+2\zeta_x\omega_{nx}\dot{\varphi}+\omega_{nx}{}^2\varphi=\frac{L_x^e}{I}\\ \ddot{\psi}+2\zeta_z\omega_{nz}\dot{\psi}+\omega_{nz}{}^2\psi=\frac{L_z^e}{I}\end{aligned}\right\}\tag{4.1-40}$$

不妨设

$$L_x^e=L_x\sin\omega_0 t,\quad L_z^e=L_z\sin\omega_0 t$$

式中，L_x 与 L_z 为常值，则式(4.1-40)的解为

$$\left.\begin{aligned}\varphi=A_1\mathrm{e}^{-\zeta_x\omega_{nx}t}\sin(\sqrt{1-\zeta_x{}^2}\,\omega_{nx}t+\alpha_1)+B_1\sin(\omega_0 t+\beta_1)\\ \psi=A_2\mathrm{e}^{-\zeta_z\omega_{nz}t}\sin(\sqrt{1-\zeta_z{}^2}\,\omega_{nz}t+\alpha_2)+B_2\sin(\omega_0 t+\beta_2)\end{aligned}\right\}\tag{4.1-41}$$

系统的控制律相应为

$$\left.\begin{aligned}L_x^c=I(\ddot{\varphi}-n\dot{\psi})-J_z\Omega_z n-I\ddot{\varphi}-2I\zeta_x\omega_{nx}\dot{\varphi}-I\omega_{nx}^2\varphi=-I(2\zeta_x\omega_{nx}\dot{\varphi}+\omega_{nx}^2\varphi+n\dot{\psi})-J_z\Omega_z n\\ L_z^c=I(\ddot{\psi}+n\dot{\varphi})+J_x\Omega_x n-I\ddot{\psi}-2I\zeta_z\omega_{nz}\dot{\psi}-I\omega_{nz}^2\psi=-I(2\zeta_z\omega_{nz}\dot{\psi}+\omega_{nz}^2\psi-n\dot{\varphi})+J_x\Omega_x n\end{aligned}\right\}\tag{4.1-42}$$

由式(4.1-42)知，此控制律的回馈信息包括 φ、$\dot{\varphi}$、ψ、$\dot{\psi}$、Ω_x、Ω_z 等。在此控制律的作用下，飞轮的方程变为

$$\left.\begin{aligned}J_x\dot{\Omega}_x-J_z\Omega_z n=I(2\zeta_x\omega_{nx}\dot{\varphi}+\omega_{nx}^2\varphi+n\dot{\psi})\\ J_z\dot{\Omega}_z+J_x\Omega_x n=I(2\zeta_z\omega_{nz}\dot{\psi}+\omega_{nz}^2\psi-n\dot{\varphi})\end{aligned}\right\}\tag{4.1-43}$$

为了理解上列结果的物理意义，考虑如下特例。设 $L_x^e=L_z^e=0$，且初始条件为

$$t=0,\quad \varphi(0)=\psi(0)=0,\quad \dot{\varphi}(0)=\dot{\psi}(0)=0$$

$$\Omega_x(0)=\Omega_0,\quad \Omega_z(0)=0$$

由式(4.1-41)知，姿态保持在平衡位置上，即恒有

$$\varphi=\psi=0,\quad \dot{\varphi}=\dot{\psi}=0$$

代入式(4.1-43)得飞轮的转动方程为

$$\begin{cases}J_x\dot{\Omega}_x-J_z\Omega_z n=0\\ J_z\dot{\Omega}_z+J_x\Omega_x n=0\end{cases}$$

不妨设 $J_x=J_z=J$，则上式变为

$$\begin{cases}\dot{\Omega}_x-\Omega_z n=0\\ \dot{\Omega}_z+\Omega_x n=0\end{cases}$$

解得

$$\begin{cases}\Omega_x=\Omega_0\cos nt\\ \Omega_z=-\Omega_0\sin nt\end{cases}$$

或

$$\left\{\begin{aligned}J\Omega_x=J\Omega_0\cos nt\\ J\Omega_z=-J\Omega_0\sin nt\end{aligned}\right\}$$

上式表明飞轮系统存贮的动量矩是守恒的。但由于星体是对地球定向,即以角速度 n 转动,动量矩在体轴上的分量按上式周期性地变化,因此所存贮的动量矩将周期性地在两个轮子间互相传递。当然要进行动量矩传递,需要有控制力矩的作用。易得其控制力矩为

$$\begin{cases} L_x^c = -J\dot{\Omega}_x = Jn\Omega_0 \sin nt \\ L_z^c = -J\dot{\Omega}_z = Jn\Omega_0 \cos nt \end{cases}$$

2. 飞轮运动解耦

这一控制方法是使各通道的飞轮只响应相应通道的姿态运动。这时飞轮的运动方程为

$$\left.\begin{aligned} J_x\dot{\Omega}_x &= -L_x^c = I(2\zeta_x\omega_{nx}\dot{\varphi} + \omega_{nx}^2\varphi) \\ J_z\dot{\Omega}_z &= -L_z^c = I(2\zeta_z\omega_{nz}\dot{\psi} + \omega_{nx}^2\psi) \end{aligned}\right\} \quad (4.1-44)$$

于是姿态运动方程为

$$\left.\begin{aligned} I(\ddot{\varphi} + 2\zeta_x\omega_{nx}\dot{\varphi} + \omega_{nx}^2\varphi) - \ln\dot{\psi} &= L_x^e + J_z n\Omega_z \\ I(\ddot{\psi} + 2\zeta_z\omega_{nz}\dot{\psi} + \omega_{nz}^2\psi) + \ln\dot{\varphi} &= L_z^e - J_x n\Omega_x \end{aligned}\right\} \quad (4.1-45)$$

如设

$$L_x^e = L_z^e = 0, \qquad J_x = J_z = J$$

$$\zeta_x = \zeta_z = 1, \qquad \omega_{nx} = \omega_{nz} = \omega_n$$

$$t = 0 \qquad \varphi = \psi = 0, \quad \dot{\varphi} = \dot{\psi} = 0, \quad \Omega_x = 0, \quad \Omega_z = \Omega_0$$

则可解得

$$\left.\begin{aligned} \varphi(t) &= \frac{J}{I}\,\frac{n\Omega_0}{\omega_n^2 + n^2}\left[\cos(nt-\beta) + \left(\omega_n t + \frac{\omega_n^2 - n^2}{\omega_n^2 + n^2}\right)e^{-\omega_n t}\right] \\ \psi(t) &= \frac{J}{I}\,\frac{n\Omega_0}{\omega_n^2 + n^2}\left[\sin(nt-\beta) - \frac{n}{\omega_n}\left(\omega_n t + \frac{\omega_n^2}{\omega_n^2 + n^2}\right)e^{-\omega_n t}\right] \\ \Omega_x(t) &= -\Omega_0(\sin nt - nt\,e^{-\omega_n t}) \\ \Omega_z(t) &= \Omega_0\left[\cos(nt-\alpha) - \frac{n^2}{\omega_n^2}(\omega_n t + 1)e^{-\omega_n t}\right] \end{aligned}\right. \quad (4.1-46)$$

式中

$$\beta = 2\arctan\frac{n}{\omega_n}, \quad \alpha = \arctan\frac{2n}{\omega_n}$$

4.1.4　状态估值与状态回馈控制

上面是在系统为确定性的假设下,用经典控制方法来讨论飞轮系统的工作原理。但对实际系统来说,系统是受随机干扰的作用和测量噪声的污染,因此作为高精度的控制律,就必须把这些影响考虑在内。下面就从现代控制理论角度来讨论,考虑随机因素影响的控制律设计问题。

1. 状态方程

在系统的线性化方程(4.1-9)中,设$\frac{J_i}{I_i}(i,j=x,y,z)$是一小量,略去二阶小量,得

$$\left.\begin{aligned}
&\ddot{\varphi}-\frac{I_x+I_z-I_y}{I_x}n\dot{\psi}+\frac{4(I_y-I_z)}{I_x}n^2\varphi=\frac{L_x^e}{I_x}+\frac{J_z\Omega_z n-J_x\dot{\Omega}_x}{I_x}\\
&\ddot{\theta}+\frac{3(I_x-I_z)}{I_y}n^2\theta=\frac{L_y^e}{I_y}-\frac{J_y\dot{\Omega}_y}{I_y}\\
&\ddot{\psi}+\frac{I_x+I_z-I_y}{I_z}n\dot{\varphi}+\frac{I_y-I_x}{I_z}n^2\psi=\frac{L_z^e}{I_z}-\frac{J_x\Omega_x n+J_z\dot{\Omega}_z}{I_z}
\end{aligned}\right\}\tag{4.1-47}$$

现引入：

状态向量 $\boldsymbol{X}=[\varphi\quad\dot{\varphi}\quad\theta\quad\dot{\theta}\quad\psi\quad\dot{\psi}]^{\mathrm{T}}$

控制向量 $\boldsymbol{u}=[u_1\quad u_2\quad u_3]^{\mathrm{T}}$

$$u_1=\frac{J_z\Omega_z n-J_x\dot{\Omega}_x}{I_x}$$

$$u_2=-\frac{J_y\dot{\Omega}_y}{I_y}$$

$$u_3=-\frac{J_x\Omega_x n+J_z\dot{\Omega}_z}{I_z}$$

则式(4.1-47)可改写为

$$\dot{\boldsymbol{X}}=\boldsymbol{AX}+\boldsymbol{Bu}+\boldsymbol{BW}\tag{4.1-48}$$

式中

$$\boldsymbol{A}=\begin{bmatrix}0&1&0&0&0&0\\a&0&0&0&0&b\\0&0&0&1&0&0\\0&0&c&0&0&0\\0&0&0&0&0&1\\0&d&0&0&e&0\end{bmatrix},\quad\boldsymbol{B}=\begin{bmatrix}0&0&0\\1&0&0\\0&0&0\\0&1&0\\0&0&0\\0&0&1\end{bmatrix}$$

$$\boldsymbol{W}=\left(\frac{L_x^e}{I_x}\quad\frac{L_y^e}{I_y}\quad\frac{L_z^e}{I_z}\right)^{\mathrm{T}}$$

$$a=-4(I_y-I_z)n^2/I_x,\qquad b=(I_x+I_z-I_y)n/I_x$$

$$c=-3(I_x-I_z)n^2/I_y$$

$$d=-(I_x+I_z-I_y)n/I_z,\qquad e=-(I_y-I_z)n^2/I_z$$

称式(4.1-48)为系统状态方程。

2. 测量方程

测量方程式与滚动、俯仰和偏航三通道是否有测角或测速敏感器有关。考虑如下三种敏感器配置方式和相应的测量方程。

(1) 模式Ⅰ。设滚动、俯仰和偏航三通道均有测角敏感器，可测得三通道的误差角，并附加有测量噪声。相应测量方程为

$$\boldsymbol{Y}=\boldsymbol{CX}+\boldsymbol{V}\tag{4.1-49}$$

式中，$\boldsymbol{V}$ 为测量噪声，且

$$\boldsymbol{Y}=[Y_1 \quad Y_2 \quad Y_3]^{\mathrm{T}}$$

$$\boldsymbol{V}=[V_1 \quad V_2 \quad V_3]^{\mathrm{T}}$$

$$\boldsymbol{C}=\begin{bmatrix}1 & 0 & 0 & 0 & 0 & 0\\0 & 0 & 1 & 0 & 0 & 0\\0 & 0 & 0 & 0 & 1 & 0\end{bmatrix}$$

(2) 模式 Ⅱ。设仅测量滚动和俯仰两通道的误差角，及相应的测量噪声，则相应的测量方程为

$$\boldsymbol{Y}=\boldsymbol{CX}+\boldsymbol{V} \tag{4.1-50}$$

式中

$$\boldsymbol{Y}=[Y_1 \quad Y_2]^{\mathrm{T}}$$

$$\boldsymbol{V}=[V_1 \quad V_2]^{\mathrm{T}}$$

$$\boldsymbol{C}=\begin{bmatrix}1 & 0 & 0 & 0\\0 & 0 & 1 & 0\end{bmatrix}$$

(3) 模式 Ⅲ。设测量滚动和俯仰通道的误差角，及偏航通道的角速度，则测量方程为

$$\boldsymbol{Y}=\boldsymbol{CX}+\boldsymbol{V} \tag{4.1-51}$$

$$\boldsymbol{Y}=[Y_1 \quad Y_2 \quad Y_3]^{\mathrm{T}}$$

$$\boldsymbol{V}=[V_1 \quad V_2 \quad V_3]^{\mathrm{T}}$$

$$\boldsymbol{C}=\begin{bmatrix}1 & 0 & 0 & 0 & 0 & 0\\0 & 0 & 1 & 0 & 0 & 0\\0 & 0 & 0 & 0 & 0 & 1\end{bmatrix}$$

3. 系统的能控性和能观性

能控性：计算系统能控性矩阵

$$[\boldsymbol{B} \quad \boldsymbol{AB} \quad \boldsymbol{A}^2\boldsymbol{B} \quad \boldsymbol{A}^3\boldsymbol{B} \quad \boldsymbol{A}^4\boldsymbol{B} \quad \boldsymbol{A}^5\boldsymbol{B}] \tag{4.1-52}$$

的秩为 6，因此系统是能控的。

能观性：计算系统能观性矩阵

$$[\boldsymbol{C}^{\mathrm{T}} \quad \boldsymbol{A}^{\mathrm{T}}\boldsymbol{C}^{\mathrm{T}} \quad \boldsymbol{A}^{\mathrm{T}2}\boldsymbol{C}^{\mathrm{T}} \quad \boldsymbol{A}^{\mathrm{T}3}\boldsymbol{C}^{\mathrm{T}} \quad \boldsymbol{A}^{\mathrm{T}4}\boldsymbol{C}^{\mathrm{T}} \quad \boldsymbol{A}^{\mathrm{T}5}\boldsymbol{C}^{\mathrm{T}}] \tag{4.1-53}$$

的秩在三种模式下均为 6，因此三种模式均是能观的。

4. 性能指标

以状态矢量 $\boldsymbol{X}$ 和控制矢量 $\boldsymbol{u}$ 的二次型积分期望值作为性能指标泛函 J

$$J=E\left[\int_{t_0}^{t_f}\left\{\frac{1}{2}\boldsymbol{X}(t)^{\mathrm{T}}\boldsymbol{Q}_1\boldsymbol{X}(t)+\frac{1}{2}u(t)^{\mathrm{T}}\boldsymbol{R}_1u(t)\right\}\mathrm{d}t+\frac{1}{2}\boldsymbol{X}(t_f)^{\mathrm{T}}\boldsymbol{SX}(t_f)\right] \tag{4.1-54}$$

式中，$E[\cdot]$ 为期望值；t_0 与 t_f 为控制的起始和终了时间；Q_1，R_1，S 为适当选取的加权矩阵。式中，第一项表示希望状态矢量在控制过程中能保持在状态空间的原点附近，第三项表示希望

控制结束状态矢量能在原点附近，第二项表示希望控制过程中不耗费过多能量。

4. 控制律设计

假设 $\boldsymbol{W}$ 是随机干扰力矩，为零均值白色噪声，测量噪声 V 也为零均值白色噪声，即满足

$$\left.\begin{aligned}&\left.\begin{aligned}&E[\boldsymbol{W}(t)]=0\\&E[\boldsymbol{V}(t)]=0\end{aligned}\right\}(t_0\leqslant t\leqslant\infty)\\&\left.\begin{aligned}&E[\boldsymbol{W}(t)\boldsymbol{W}^{\mathrm{T}}(t)]=\boldsymbol{Q}_2(t-\tau)\\&E[\boldsymbol{V}(t)\boldsymbol{V}^{\mathrm{T}}(t)]=\boldsymbol{R}_2(t-\tau)\\&E[\boldsymbol{W}(t)\boldsymbol{V}^{\mathrm{T}}(t)]=0\end{aligned}\right\}\begin{pmatrix}t_0\leqslant t\leqslant\infty\\t_0\leqslant\tau\leqslant\infty\end{pmatrix}\end{aligned}\right\}\tag{4.1-55}$$

在上述条件下，可应用分离定理分别设计最优估值器和最优控制律。

最优估值器：系统状态矢量的最优估值 $\hat{\boldsymbol{X}}(t)$ 可由如下估值器给出：

$$\begin{aligned}&\dot{\hat{\boldsymbol{X}}}(t)=\boldsymbol{A}\hat{\boldsymbol{X}}(t)+\boldsymbol{Bu}+\boldsymbol{M}[\boldsymbol{Y}(t)-\hat{\boldsymbol{Y}}(t)]\\&\hat{Y}(t)=\boldsymbol{C}\hat{\boldsymbol{X}}(t)\\&\hat{\boldsymbol{X}}(t_0)=\boldsymbol{X}_0\end{aligned}\tag{4.1-56}$$

式中，$\boldsymbol{X}_0$ 为控制开始时刻的状态。

$$\boldsymbol{M}=\boldsymbol{P}_2\boldsymbol{C}^{\mathrm{T}}\boldsymbol{R}_2^{-1}\tag{4.1-57}$$

式中，$\boldsymbol{P}_2$ 为协方差矩阵，由下面的瑞卡提方程求得：

$$\left.\begin{aligned}&\dot{\boldsymbol{P}}_2-\boldsymbol{P}_2\boldsymbol{A}^{\mathrm{T}}-\boldsymbol{A}\boldsymbol{P}_2+\boldsymbol{P}_2\boldsymbol{C}^{\mathrm{T}}\boldsymbol{R}_2^{-1}\boldsymbol{C}\boldsymbol{P}_2-\boldsymbol{B}\boldsymbol{Q}_2\boldsymbol{B}^{\mathrm{T}}=0\\&\boldsymbol{P}_2(t_0)=\boldsymbol{P}_{20}\end{aligned}\right\}\tag{4.1-58}$$

式中，$\boldsymbol{P}_{20}$ 为状态误差 $\tilde{\boldsymbol{X}}(t)=\boldsymbol{X}(t)-\hat{\boldsymbol{X}}(t)$ 的协方差矩阵的初始值。

最优控制律：控制矢量 $\boldsymbol{u}(t)$ 选取为

$$\left.\begin{aligned}&\boldsymbol{u}(t)=-\boldsymbol{K}\hat{\boldsymbol{X}}(t)\\&\boldsymbol{K}=\boldsymbol{R}_1^{-1}\boldsymbol{B}^{\mathrm{T}}\boldsymbol{P}_1\end{aligned}\right\}\tag{4.1-59}$$

式中，$\boldsymbol{P}_1$ 由下面的瑞卡提方程求得：

$$\left.\begin{aligned}&\dot{\boldsymbol{P}}_1+\boldsymbol{P}_1\boldsymbol{A}+\boldsymbol{A}^{\mathrm{T}}\boldsymbol{P}_1-\boldsymbol{P}_1\boldsymbol{B}\boldsymbol{R}_1^{-1}\boldsymbol{B}^{\mathrm{T}}\boldsymbol{P}_1+\boldsymbol{Q}_1=0\\&\boldsymbol{P}_1(t_f)=\boldsymbol{S}\end{aligned}\right\}\tag{4.1-60}$$

方程式(4.1-56)～方程式(4.1-60)即用现代控制方法设计的最优估值器和最优控制律。由于敏感器不能测得全部状态变量，因此式(4.1-59)中用于反馈的状态 $\hat{\boldsymbol{X}}(t)$，是由估值器提供的。另外，估值的增益矩阵 $\boldsymbol{M}$ 和控制律的增益矩阵 $\boldsymbol{K}$ 是分别确定而不耦合，也即估值器的闭环极点和控制律的闭环极点是各自独立进行设计。这就是控制理论中的分离定理。这一定理给估值器与控制律的设计带来极大方便。

用上述方法设计的控制律，经数字仿真表明，用模式 Ⅰ 和 Ⅲ 的测量方程，不论高或低轨道任务，都可得到满意的控制效果。而模式 Ⅱ 由于没有偏航通道的测量信息，对高轨道航天器来说，偏航通道和滚动通道之间只有很弱的耦合，使得估值器对偏航通道的状态估值带来较大误差，从而对偏航通道的控制效果较差。对低轨道航天器来说，由于偏航和滚动之间的耦合

较强，从而对偏航通道控制效果较好。因此模式 Ⅱ 仅适合于低轨道的飞行任务。

4.2　偏置动量矩轮系统

偏置动量矩轮是指转轴固定于星体，标称转速不等于零的飞轮。偏置动量矩轮通常有较大的标称转速和较大的轴向转动惯量，因此可获得较大的动量矩。当飞轮转轴的方向出现偏离时，便能产生较大的陀螺力矩，对星体起稳定作用。通常采用一个偏置动量矩轮系统，便可实现三轴姿态稳定。由于其结构的简单性，而有良好的工程应用价值、

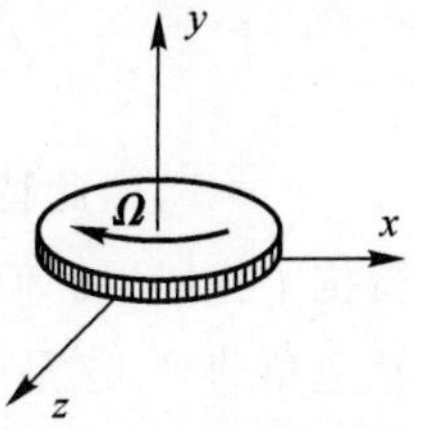

图 4.2-1　偏置动量矩轮

4.2.1　系统稳定性分析

设系统是用作对地球定向，轨道为圆。飞轮转轴沿星体轴 y（俯仰轴）安装，标称转速 $\boldsymbol{\Omega}_0$ 的转向与轴 y 相反，如图 4.2-1 所示。飞轮轴向转动惯量为 J。其动力学方程可由式(4.1-9)求得，令

$$J_y = J, \quad J_x = J_z = 0$$
$$\Omega_y = \Omega, \quad \Omega_x = \Omega_z = 0$$

即得

$$\left.\begin{aligned}
&I_x\ddot{\varphi} - (I_x + I_z - I_y)n\dot{\psi} + 4(I_y - I_z)n^2\varphi + J\Omega(\dot{\psi} + n\varphi) = L_x^e \\
&I_y\ddot{\theta} + 3(I_x - I_z)n^2\theta = L_y^e + L_y^c \\
&I_z\ddot{\psi} + (I_x + I_z - I_y)n\dot{\varphi} + (I_y - I_x)n^2\psi - J(\dot{\varphi} - n\psi)\Omega = L_z^e \\
&L_y^c = -J\dot{\Omega}
\end{aligned}\right\} \tag{4.2-1}$$

再设

$$I_x \approx I_y \approx I_z \approx I$$
$$h_n = J\Omega_0 >> In$$
$$\left|\frac{\Omega - \Omega_0}{\Omega_0}\right| << 1$$

则式(4.2-1)可进一步简化为

$$\left.\begin{aligned}
&I_x\ddot{\varphi} - h_n n\varphi + h_n\dot{\psi} = L_x^e \\
&I_y\ddot{\theta} = L_y^e + L_y^c \\
&I_z\ddot{\psi} + h_n n\psi - h_n\dot{\varphi} = L_z^e \\
&L_y^c = -J\dot{\Omega}
\end{aligned}\right\} \tag{4.2-2}$$

从式(4.2-2)可看出，俯仰通道与滚动-偏航两通道解耦，且可以通过控制飞轮的转速来控制俯仰运动。如配备有俯仰通道的红外敏感器，则可组成闭环控制回路，使控制精度达到敏感器的精度。滚动和偏航通道互相耦合，如果没有外力矩（小推力器系统或地磁力矩器）加以控制，则由式(4.2-2)可得滚动偏航通道的特征方程为

$$(Is^2 + h_n n)(Is^2 + h_n n) + h_n^2 s^2 = 0 \tag{4.2-3}$$

解得特征值为

$$s^2 = -\frac{1}{2I^2}\left(h_n^2 + 2Inh_n \pm \sqrt{h_n^4 + 4Inh_n^3}\right) \tag{4.2-4}$$

或简化得

$$s_{1,2} = \pm ni, s_{3,4} = \pm \frac{h_n}{I}i \tag{4.2-5}$$

式中，$i=\sqrt{-1}$，因此特征值是纯虚数，表明飞轮的动量矩给滚动偏航通道带来稳定性，而具有一定得抗干扰能力。但是，其稳定性属于振荡稳定，振荡频率含低频和高频两部分。低频频率等于轨道角速度，这是由于轨道运动造成滚动与偏航角误差之间的周期性交换。高频频率等于$\frac{h_n}{I}$，这是由于飞轮的动量矩产生的耦合效应，相应的高频振荡也称为章动。

由上面分析可知，滚动偏航通道的高低频振荡属于偏置动量矩轮系统的固有特性，如不加以控制则是不能衰减的。在外界干扰作用下，其振荡幅值也可能逐渐增大。例如，轨道保持需要推力器系统工作时，其偏心力矩将会加大其振荡幅值。因此作为高精度的控制系统必须设计一辅助系统，用作飞轮系统的卸载和减小滚动偏航通道的误差。

4.2.2 辅助系统设计

辅助系统可以用小推力器系统或地磁力矩器来实现。下面以小推力器系统为例说明辅助系统的工作原理。

1. 飞轮系统卸载

由于飞轮的转轴是沿着俯仰轴 y 的反方向来安装的，因此通过改变飞轮转速 Ω 来吸收俯仰通道的干扰影响，如图 4.2-2 所示。用于飞轮系统卸载的两对推力器 A_1 和 A_2 所产生的控制力矩，也应沿着轴 y 方向。推力器的开关信号是直接用飞轮转速的门限值进行反馈，飞轮转速对标称转速的增量$|\Delta\boldsymbol{\Omega}|=|\boldsymbol{\Omega}-\boldsymbol{\Omega}_0|$大于门限值时，便命令相应推力器对打开，产生卸载力矩。卸载的作用不仅是防止飞轮转速过大，同时也防止转速过小，因为转速过小使得相应的动量矩不足以起稳定作用。

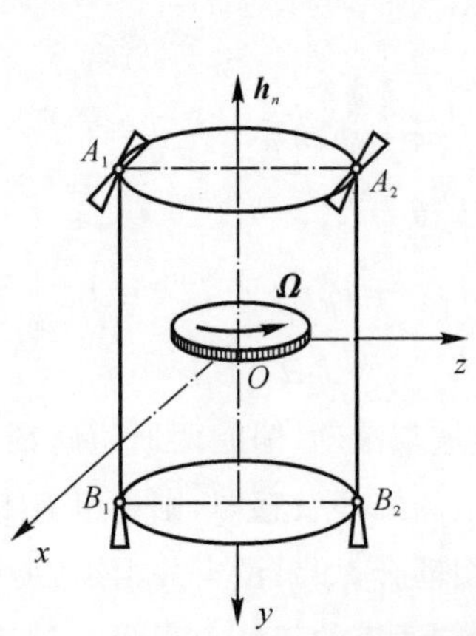

图 4.2-2　偏置动量矩轮系统原理图

2. 滚动-偏航通道控制

滚动-偏航通道控制的作用是抑制其振荡幅值，把两通道的姿态角误差限制在给定范围内。考虑到两通道姿态运动是高度耦合的，通常只对其中一个通道加以控制，而另一通道的姿态角误差便也得到抑制。如图 4.2-3 所示，设某时刻星体位于轨道的 M_1 处，动量矩 $\boldsymbol{h}$ 的偏差 $\Delta\boldsymbol{h}$ 沿滚动轴 x，经过 $\frac{1}{4}$ 轨道周期，星体运动至 M_2，如果 $\boldsymbol{h}$ 未加控制，则 $\Delta\boldsymbol{h}$ 变为沿偏航轴 z 的负方向，等等。每经一个轨道周期，$\Delta\boldsymbol{h}$ 相对于 $Oxyz$ 坐标系的方向也改变一周。因此在每一轨道周期中间断地沿 $\Delta\boldsymbol{h}$ 的反方向施加几次控制冲量，便可逐渐减小 $\Delta\boldsymbol{h}$ 的幅值，从而减小姿态角误差。

由于红外敏感器可以直接测得滚动通道的误差角，因此推力器 B_1 和 B_2 可按图 4.2-2 所示的位置安装，用以提供滚动轴 x 的控制力矩。推力器的开关信号可直接用红外敏感器的姿态误差信息来反馈。每一轨道周期中可施加一至两次控制脉冲，例如，位于 M_1 时施加一轴 x 的反作用脉冲，在位于 M_3 时再施加一轴 x 正方向脉冲，直至姿态角误差减至允许范围内。

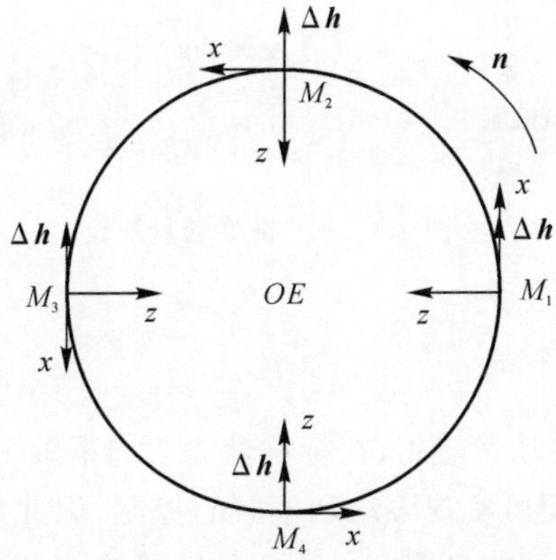

图 4.2-3　滚动-偏航两通道的耦合作用

由上面分析可以看出，含有辅助系统的偏置动量矩轮系统具有以下优点：

(1) 偏置动量矩轮系统结构简单，而且只需一个飞轮便能实现三轴稳定。

(2) 不需要偏航敏感器，仅需俯仰和滚动通道两个红外敏感器，而且敏感器可直接装在飞轮上，设计为飞轮系统与红外敏感器一体化组件，减轻系统重量。

(3) 用小推力器系统组成的辅助系统，只需提供卸载力矩和滚动-偏航的控制脉冲，消耗的工质较少。

偏置动量矩轮系统在俯仰方向可实现机动控制，但滚动和偏航方向不能实现机动。因此这一系统适用于三轴稳定，且滚动偏航方向只需中等精度的飞行任务。

但是在同步静止轨道上，三轴稳定的偏置动量矩轮系统，将会因为轨道倾角的偏差造成星上天线等设备对地面覆盖范围的偏差。为了消除覆盖范围偏差，则另需配备轨道的南北控制系统，从而导致大的工质消耗。因此这一系统对同步静止轨道任务来说，并不是一种理想的方案。

4.3 框架动量矩轮系统

框架动量矩轮，是指带有转动自由度框架的偏置动量矩轮，如图4.3-1所示。图4.3-1(a)的框架有一个转动自由度，称为单框架动量矩轮。图4.3-1(b)的框架有两个转动自由度，称为双框架动量矩轮。在标称状态下，轮的自旋轴重合于俯仰轴 y，类似于偏置动量矩轮，可通过控制转速 $\boldsymbol{\Omega}$ 来实现俯仰控制。不同于偏置动量矩轮的是框架自由度可对滚动与偏航进行控制，因此框架动量矩轮较偏置动量矩轮可获得更好的控制效果。

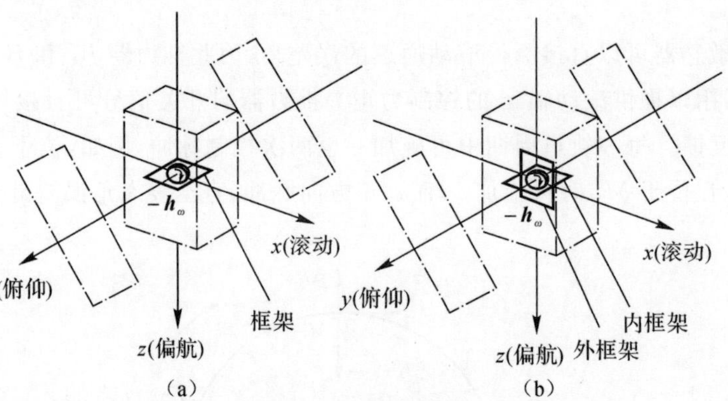

图4.3-1　框架动量矩轮

4.3.1 双框架动量矩轮系统

如图4.3-2所示，双框架动量矩轮，在标称状态下内框轴平行于滚动轴，外框轴平行于偏航轴。通过旋转内框和外框便可实现滚动和偏航的控制，因此用一个双框架动量矩轮系统便可实现三轴姿态控制，而辅助系统只需完成飞轮的卸载控制。

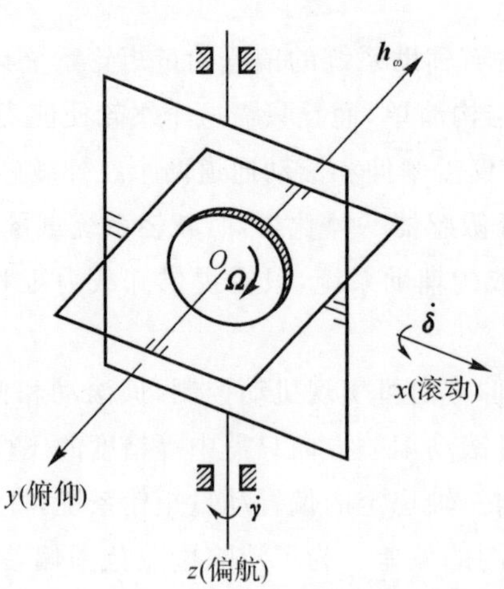

图4.3-2　双框架动量矩轮

1. 系统的动量矩

系统的动量矩 $\boldsymbol{h}$ 是由星体动量矩 $\boldsymbol{h}_b$、外框动量矩 $\boldsymbol{h}_{g_1}$、内框动量矩 $\boldsymbol{h}_{g_2}$ 和飞轮动量矩 $\boldsymbol{h}_w$ 组成的，即

$$\boldsymbol{h} = \boldsymbol{h}_b + \boldsymbol{h}_{g_1} + \boldsymbol{h}_{g_2} + \boldsymbol{h}_w \tag{4.3-1}$$

设星体角速度为 $\boldsymbol{\omega}$，外框相对于星体的角速度为 $\boldsymbol{\Omega}_{g_1}$，内框相对于星体的角速度为 $\boldsymbol{\Omega}_{g_2}$，飞轮相对于内框的角速度为 $\boldsymbol{\Omega}$。

如图 4.3-3 所示，设 $Oxyz$ 为星体坐标系，$Ox_gy_gz_g$ 为内框坐标系。$Ox_gy_gz_g$ 相对于 $Oxyz$ 的欧拉角为外框角 γ 和内框角 δ。易得从 $Ox_gy_gz_g$ 到 $Oxyz$ 的坐标变换 $\boldsymbol{B}_g$ 为

$$\boldsymbol{B}_g = \begin{bmatrix} \cos\gamma & -\sin\gamma\cos\delta & \sin\gamma\sin\delta \\ \sin\gamma & \cos\gamma\cos\delta & -\cos\gamma\sin\delta \\ 0 & \sin\delta & \cos\delta \end{bmatrix} \tag{4.3-2}$$

$\boldsymbol{\Omega}_{g_1}$ 和 $\boldsymbol{\Omega}_{g_2}$ 在 $Oxyz$ 上的分量为

$$\begin{aligned} \boldsymbol{\Omega}_{g_1} &= [0 \quad 0 \quad \dot{\gamma}]^{\mathrm{T}} \\ \boldsymbol{\Omega}_{g_2} &= [\dot{\delta}\cos\gamma \quad \dot{\delta}\sin\gamma \quad \dot{\gamma}]^{\mathrm{T}} \end{aligned} \tag{4.3-3}$$

飞轮相对于星体的角速度 $\boldsymbol{\Omega}_\omega$ 为

$$\boldsymbol{\Omega}_\omega = \boldsymbol{\Omega}_{g2} + \boldsymbol{\Omega} = [\dot{\delta}\cos\gamma + \Omega\cos\delta\sin\gamma \quad \dot{\delta}\sin\gamma - \Omega\cos\delta\cos\gamma \quad \dot{\gamma} - \Omega\sin\delta]^{\mathrm{T}} \tag{4.3-4}$$

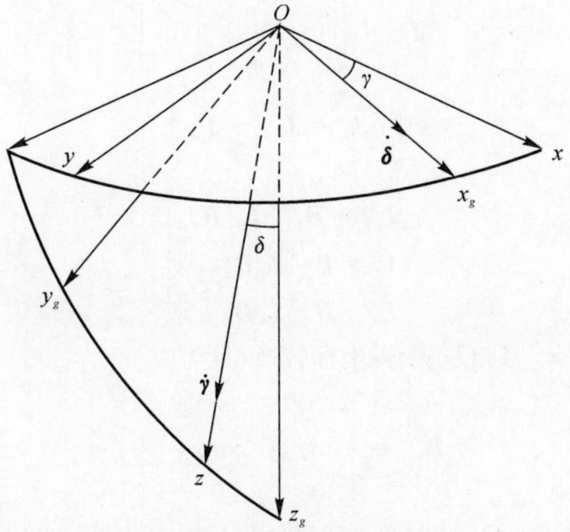

图 4.3-3　内框坐标系

设星体、外框、内框、飞轮相对于星体坐标系 $Oxyz$ 的惯量张量分别记为 $\boldsymbol{I}_b$，$\boldsymbol{I}_{g_1}$，$\boldsymbol{I}_{g_2}$，$\boldsymbol{I}_\omega$ 则得相应的动量矩为

$$\begin{aligned} \boldsymbol{h}_b &= \boldsymbol{I}_b\boldsymbol{\omega} \quad \boldsymbol{h}_{g_1} = \boldsymbol{I}_{g_1}(\boldsymbol{\omega} + \boldsymbol{\Omega}_{g1}) \\ \boldsymbol{h}_{g_2} &= \boldsymbol{I}_{g_2}(\boldsymbol{\omega} + \boldsymbol{\Omega}_{g_2}) \quad \boldsymbol{h}_\omega = \boldsymbol{I}_\omega(\boldsymbol{\omega} + \boldsymbol{\Omega}_{g_2} + \boldsymbol{\Omega}) \end{aligned} \tag{4.3-5}$$

因此系统的动量矩 $\boldsymbol{h}$ 为

$$\boldsymbol{h}=(\boldsymbol{I}_b+\boldsymbol{I}_{g_1}+\boldsymbol{I}_{g_2}+\boldsymbol{I}_\omega)\omega+\boldsymbol{I}_{g_1}\boldsymbol{\Omega}_{g_1}+(\boldsymbol{I}_{g_2}+\boldsymbol{I}_\omega)\boldsymbol{\Omega}_{g_2}+\boldsymbol{I}_\omega\boldsymbol{\Omega}= \\ \boldsymbol{I\omega}+\boldsymbol{I}_{g_1}\boldsymbol{\Omega}_{g_1}+\boldsymbol{I}_g\boldsymbol{\Omega}_{g_2}+\boldsymbol{I}_\omega\boldsymbol{\Omega}=\boldsymbol{h}_b+\boldsymbol{h}_c \tag{4.3-6}$$

式中

$$\left.\begin{aligned} I&=\boldsymbol{I}_b+\boldsymbol{I}_{g_1}+\boldsymbol{I}_{g_2}+\boldsymbol{I}_\omega \\ \boldsymbol{I}_g&=\boldsymbol{I}_{g_2}+\boldsymbol{I}_\omega \\ \boldsymbol{h}_b&=\boldsymbol{I\omega} \\ \boldsymbol{h}_c&=\boldsymbol{I}_{g_1}\boldsymbol{\Omega}_{g_1}+\boldsymbol{I}_g\boldsymbol{\Omega}_{g_2}+\boldsymbol{I}_\omega\boldsymbol{\Omega} \end{aligned}\right\} \tag{4.3-7}$$

注意到 $\boldsymbol{I}_{g_1}$，$\boldsymbol{I}_g$ 和 $\boldsymbol{I}_\omega$ 与框架角 γ 和 δ 有关，其表达式可推导如下。再引入外框坐标系 $Ox_{g_1}y_{g_1}z_{g_1}$，其中轴 x_{g_1} 重合于 x_g，z_{g_1} 重合于 z。设外框相对于 $Ox_{g_1}y_{g_1}z_{g_1}$ 的惯量张量 $\boldsymbol{J}_{g_1}$ 为

$$\boldsymbol{J}_{g_1}=\begin{bmatrix} J_{g_1x} & 0 & 0 \\ 0 & J_{g_1y} & 0 \\ 0 & 0 & J_{g_1z} \end{bmatrix}$$

内框和飞轮相对于 $Ox_gy_gz_g$ 的惯量张量 $\boldsymbol{J}_{g_2}$ 和 $\boldsymbol{J}_\omega$ 为

$$\boldsymbol{J}_{g_2}=\begin{bmatrix} J_{g_2x} & 0 & 0 \\ 0 & J_{g_2y} & 0 \\ 0 & 0 & J_{g_2z} \end{bmatrix}$$

$$\boldsymbol{J}_\omega=\begin{bmatrix} J_{\omega x} & 0 & 0 \\ 0 & J_{\omega y} & 0 \\ 0 & 0 & J_{\omega z} \end{bmatrix}$$

并记

$$\boldsymbol{J}_g=\boldsymbol{J}_{g2}+\boldsymbol{J}_\omega$$

则得

$$\left.\begin{aligned} \boldsymbol{I}_{g1}&=\boldsymbol{B}_{g1}{}^{\mathrm{T}}\boldsymbol{J}_{g1}\boldsymbol{B}_{g1} \\ \boldsymbol{I}_g&=\boldsymbol{B}_g{}^{\mathrm{T}}\boldsymbol{J}_g\boldsymbol{B}_g \\ \boldsymbol{I}_\omega&=\boldsymbol{B}_g{}^{\mathrm{T}}\boldsymbol{J}_\omega\boldsymbol{B}_g \end{aligned}\right\} \tag{4.3-8}$$

式中，$\boldsymbol{B}_{g1}$ 为从 $Ox_{g1}y_{g1}z_{g1}$ 到 $Oxyz$ 得坐标转换，且为

$$\boldsymbol{B}_{g1}=\begin{bmatrix} \cos\gamma & -\sin\gamma & 0 \\ \sin\gamma & \cos\gamma & 0 \\ 0 & 0 & 1 \end{bmatrix}$$

最后把式(4.3-3)、式(4.3-4)、式(4.3-7)和式(4.3-8)代入式(4.3-6)，即得系统的动量矩 $\boldsymbol{h}$。

2. *系统动力学方程*

注意到式(4.3-6)中动量矩 $\boldsymbol{h}$ 是写为星体坐标系 $Oxyz$ 的分量形式，因此得

$$\dot{\boldsymbol{h}}=\dot{\boldsymbol{h}}_b+\dot{\boldsymbol{h}}_c+\omega\times\boldsymbol{h}_c=\boldsymbol{L}^e \tag{4.3-9}$$

式中，$\boldsymbol{L}^e$ 为外力矩。记

$$\boldsymbol{L}^c=-\dot{h}_c \tag{4.3-10}$$

则式(4.3-9)又可以写成

$$\dot{\boldsymbol{h}}_b+\boldsymbol{\omega}\times\boldsymbol{h}_c=\boldsymbol{L}^e+\boldsymbol{L}^c \tag{4.3-11}$$

式(4.3-10)和式(4.3-11)即为矢量形式的系统动力学方程。下面直接推导系统的线性化方程。为此作如下简化假设：

(1) 设系统式是用作星体对地球定向的三轴稳定系统，则式(4.1-5)成立，即

$$\omega_x=\dot{\varphi}-n\psi,\quad \omega_y=\dot{\theta}-n,\quad \omega_z=\dot{\psi}+n\varphi \tag{4.3-12}$$

(2) 设系统是通过控制飞轮转速来控制俯仰通道，因此限制框架角 γ、δ 和框架角速度 $\dot{\gamma}$，$\dot{\delta}$ 均为小量。因此由式(4.3-8)近似得

$$\left.\begin{aligned}&\boldsymbol{I}_{g_1}=\boldsymbol{J}_{g_1},\quad \boldsymbol{I}_g=\boldsymbol{J}_g,\quad \boldsymbol{I}_\omega=\boldsymbol{J}_\omega\\&\boldsymbol{I}=\boldsymbol{I}_b+\boldsymbol{J}_{g_1}+\boldsymbol{J}_{g_2}+\boldsymbol{I}_\omega=\begin{bmatrix}I_x&0&0\\0&I_y&0\\0&0&I_z\end{bmatrix}\\&I_x=I_{bx}+J_{g_1x}+J_{g_2x}+I_{\omega x}\\&I_y=I_{by}+J_{g_1y}+J_{g_2y}+I_{\omega y}\\&I_z=I_{bz}+J_{g_1z}+J_{g_2z}+I_{\omega z}\end{aligned}\right\} \tag{4.3-13}$$

因此 $\boldsymbol{I}$ 可近似为 $\gamma=\delta=0$ 时系统对 $Oxyz$ 的总惯量张量。再由式(4.3-4)和式(4.3-7)近似得

$$\boldsymbol{h}_c=\boldsymbol{J}_\omega\Omega=[J_{\omega x}\Omega\gamma\quad -J_{\omega y}\Omega\quad -J_{\omega z}\Omega\delta]^{\mathrm{T}} \tag{4.3-14}$$

(3) 设系统工作时，飞轮转速 Ω 仅在标称转速 Ω_0 的近旁变化，即

$$\left|\frac{\Omega-\Omega_0}{\Omega_0}\right|<<1$$

则由式(4.3-14)得

$$\boldsymbol{h}_c=[J_{\omega x}\Omega_0\gamma\quad -J_{\omega y}\Omega_0\quad -J_{\omega z}\Omega_0\delta]^{\mathrm{T}}=[h_{cx}\quad -h_{cy}\quad -h_{cz}]^{\mathrm{T}} \tag{4.3-15}$$

$$\dot{h}_c=[\dot{h}_{cx}\quad -\dot{h}_{cy}\quad -\dot{h}_{cz}]^{\mathrm{T}}=[J_{\omega x}\dot{\Omega}\gamma+J_{\omega x}\Omega_0\dot{\gamma}\quad -J_{\omega y}\dot{\Omega}\quad -J_{\omega z}\dot{\Omega}\delta-J_{\omega z}\Omega_0\dot{\delta}]^{\mathrm{T}} \tag{4.3-16}$$

(4) 设飞轮的动量矩是系统动量矩的主要部分，即

$$h_{cx},h_{cy},h_{cz}>>\max(I_xn,I_yn,I_zn)$$

则得

$$\dot{\boldsymbol{h}}_b+\boldsymbol{\omega}\times\boldsymbol{h}_c=\dot{\boldsymbol{h}}_b+\boldsymbol{\omega}\times\boldsymbol{h}_b+\boldsymbol{\omega}\times\boldsymbol{h}_c=\begin{bmatrix}I_x\ddot{\varphi}+h_{cy}\dot{\psi}+h_{cy}n\varphi+h_{cz}n\\I_y\ddot{\theta}\\I_z\ddot{\psi}-h_{cy}\dot{\varphi}+h_{cy}n\psi+h_{cx}n\end{bmatrix} \tag{4.3-17}$$

在上述的近似假设下，把式(4.3-16)和式(4.3-17)代入矢量形式方程式(4.3-10)和方程式(4.3-11)，得系统的线性化方程：

$$\left.\begin{aligned}&I_x\ddot{\varphi}+h_{cy}\dot{\psi}+nh_{cy}\varphi+nh_{cz}=L_x^e+L_x^c\\&I_y\ddot{\theta}=L_y^e+L_y^c\\&I_z\ddot{\psi}-h_{cy}\dot{\varphi}+nh_{cy}\psi+nh_{cx}=L_z^e+L_z^c\end{aligned}\right\} \tag{4.3-18}$$

$$\left.\begin{aligned}&L_x^c=-\dot{h}_{cx}\\&L_y^c=\dot{h}_{cy}\\&L_z^c=\dot{h}_{cz}\end{aligned}\right\} \tag{4.3-19}$$

3. 滚动-偏航通道的控制

由方程式(4.3-18)可知,俯仰通道是解耦的,其控制规律的设计,可用4.1节的方法进行研究。对滚动-偏航通道的控制,可用现代控制理论来设计其最优控制规律。为了方便读者对双框架动量矩轮系统工作原理的理解,下面用通常的分析方法来讨论其控制律的设计问题。

设星体在系统的控制作用下成为如下的二阶系统:

$$\left.\begin{aligned} I_x\ddot{\varphi}+2I_x\omega_{nx}\dot{\varphi}+I_x\omega_{nx}^2\varphi=L_x^e \\ I_z\ddot{\psi}+2I_x\omega_{nz}\dot{\psi}+I_x\omega_{nz}^2\psi=L_z^e \end{aligned}\right\} \tag{4.3-20}$$

参数ω_{nx}和ω_{nz}的选择是使姿态角φ和ψ有良好的动态和静态特性。其相应的控制律,则由式(4.3-18)得

$$\left.\begin{aligned} L_x^c=(nh_{cy}-I_x\omega_{nx}^2)\varphi-2I_x\omega_{nx}\dot{\varphi}+h_{cy}\dot{\psi}+nh_{cz} \\ L_z^c=(nh_{cy}-I_z\omega_{nz}^2)\psi-2I_z\omega_{nz}\dot{\psi}-h_{cy}\dot{\varphi}+nh_{cx} \end{aligned}\right\} \tag{4.3-21}$$

这一控制律要求有φ、ψ、$\dot{\varphi}$、$\dot{\psi}$、γ和δ等量的测量信息。

再设俯仰通道在控制作用下使转速$\boldsymbol{\Omega}$先趋于稳定,即$\dot{\boldsymbol{\Omega}}=0$,则在控制过程中框架角$\gamma$和$\delta$满足如下方程:

$$\begin{cases} \boldsymbol{L}_x^c=-\dot{\boldsymbol{h}}_{cx}=-J_{\omega x}\Omega_0\dot{\gamma}=(nh_{cy}-I_x\omega_{nx}^2)\varphi-2I_x\omega_{nx}\dot{\varphi}+h_{cy}\dot{\psi}+J_{\omega z}\Omega_0 n\delta \\ \boldsymbol{L}_z^c=\dot{\boldsymbol{h}}_{cz}=J_{\omega z}\Omega_0\dot{\delta}=(nh_{cy}-I_z\omega_{nz}^2)\psi-2I_z\omega_{nz}\dot{\psi}-h_{cy}\dot{\varphi}+J_{\omega x}\Omega_0 n\gamma \end{cases}$$

由于飞轮是轴对称的,即$J_{\omega x}=J_{\omega z}=J_\omega$,则得

$$\left.\begin{aligned} J_\omega\Omega_0\dot{\gamma}+J_\omega\Omega_0 n\delta=-(nh_{cy}-I_x\omega_{nx}^2)\varphi+2I_x\omega_{nx}\dot{\varphi}+h_{cy}\dot{\psi} \\ J_\omega\Omega_0\dot{\delta}-J_\omega\Omega_0 n\gamma=(nh_{cy}-I_z\omega_{nz}^2)\psi-2I_z\omega_{nz}\dot{\psi}-h_{cy}\dot{\varphi} \end{aligned}\right\} \tag{4.3-22}$$

在式(4.3-20)中,当输入量L_x^e与L_z^e给定后,便可确定出

$$\varphi=\varphi(t),\quad \psi=\psi(t)$$

因此式(4.3-22)的右端便可表示为t的已知函数,即

$$\left.\begin{aligned} f_x(t)=-(nh_{cy}-I_x\omega_{nx}^2)\varphi+2I_x\omega_{nx}\dot{\varphi}+h_{cy}\dot{\psi} \\ f_z(t)=(nh_{cy}-I_z\omega_{nz}^2)\psi-2I_z\omega_{nz}\dot{\psi}-h_{cy}\dot{\varphi} \end{aligned}\right\} \tag{4.3-23}$$

则式(4.3-22)又可表示为

$$\begin{aligned} \dot{\gamma}+n\delta=\frac{1}{J_\omega\Omega_0}f_x(t) \\ \dot{\delta}-n\gamma=\frac{1}{J_\omega\Omega_0}f_z(t) \end{aligned} \tag{4.3-24}$$

可解得

$$\begin{aligned} \begin{bmatrix}\gamma(t)\\ \delta(t)\end{bmatrix}=&\frac{1}{J_\omega\Omega_0}\begin{bmatrix}\cos n(t-t_0) & -\sin n(t-t_0)\\ \sin n(t-t_0) & \cos n(t-t_0)\end{bmatrix}\begin{bmatrix}\gamma_0(t)\\ \delta_0(t)\end{bmatrix}+ \\ &\frac{1}{J_\omega\Omega_0}\int_{t_0}^{t}\begin{bmatrix}\cos n(t-\tau) & -\sin n(t-\tau)\\ \sin n(t-\tau) & \cos n(t-\tau)\end{bmatrix}\begin{bmatrix}f_x(\tau)\\ f_z(\tau)\end{bmatrix}\mathrm{d}\tau \end{aligned} \tag{4.3-25}$$

式(4.3-25)即控制过程中框架角的变换规律。从式(4.3-20)可以看出,当输入量L_x^e和L_z^e有阶跃分量时,φ和ψ的稳定值是非零的常值;随之,$f_x(t)$和$f_z(t)$也渐趋于非零常值;由式

(4.3-25)知,γ 和 δ 的绝对值将逐渐增加。因此为了防止阶跃输入造成系统饱和,同样需要有相应的卸载系统。

上面讨论的控制律是要求滚动-偏航两通道都具有测角和测速敏感器,这一要求显然是苛刻的。利用滚动-偏航两通道的耦合关系,只需滚动通道的敏感器便可满足能观的要求。

双框架动量矩轮系统由于能自动地跟踪轨道坐标系,保持对地球定向,星上天线等设备对地面覆盖范围不会受轨道角偏差影响,因此控制性能比偏置动量矩轮系统好。但是双框架动量矩轮结构复杂,框架质量较大,因此在可靠性与质量方面不如偏置动量矩轮。而单框架动量矩轮系统,在控制性能和结构复杂性这两方面正好是上述两种系统的折衷,因此在系统设计时更受到重视。

4.3.2　单框架动量矩轮系统

单框架动量矩轮的框架轴可以沿着偏航轴,也可以沿着滚动轴。当框架轴沿着偏航轴时,则滚动轴为控制轴;反之,则偏航轴为控制轴。由于滚动轴姿态信息易由红外敏感器获得,因此框架轴沿偏航轴安装,在技术上容易实现。

单框架动量矩轮系统方程,易由式(4.3-19)中令 $\delta=0(h_{cz}=0)$ 得到

$$\left.\begin{aligned}&I_x\ddot{\varphi}+h_{cy}\dot{\psi}+nh_{cy}\varphi=L_x^e+L_x^c\\&I_y\ddot{\theta}=L_y^e+L_y^c\\&I_z\ddot{\psi}-h_{cy}\dot{\varphi}+nh_{cy}\psi=L_z^e-nh_{cx}\\&L_x^c=-\dot{h}_{cx}\\&L_y^c=\dot{h}_{cy}\end{aligned}\right\}\tag{4.3-26}$$

从式(4.3-26)可知,滚动通道有控制力矩 L_x^c。如果取控制律

$$L_x^c=-\dot{h}_{cx}=-J_\omega\Omega_0\dot{\gamma}=-2I_x\omega_{nx}\dot{\varphi}+(nh_{cy}-I_x\omega_{nx}^2)\varphi\tag{4.3-27}$$

则滚动通道的姿态运动方程为

$$I_x\ddot{\varphi}+2I_x\omega_{nx}\dot{\varphi}+I_x\omega_{nx}^2=L_x^e-h_{cy}\dot{\psi}\tag{4.3-28}$$

式中,偏航耦合项 $h_{cy}\dot{\psi}$,只作为干扰输入,不影响滚动通道的稳定性,当滚动通道在控制作用下进入精度允许的误差范围内后,偏航通道通过轨道运动的耦合作用,其振荡幅值也受到抑制而达到中等精度水平。

由上面分析可以看出,单框架动量矩轮较双框架动量矩轮,偏航通道的控制精度略低些,但其结构较为简单,且不要求有偏航敏感器;单框架动量矩轮由于有高精度的俯仰和滚动的控制,使得偏航轴能高精度地对准地球,使得星上的天线等设备对地面的覆盖范围不会因为轨道倾角的偏差而受到影响。因此单框架动量矩轮系统具有双框架动量矩轮和偏置动量矩轮在控制性能和简单性两方面的折中水平。

4.4　控制力矩陀螺系统

控制力矩陀螺是指飞轮转速不变的框架动量矩轮。按框架的自由度分,有单自由度控制力矩陀螺和双自由度控制力矩陀螺。框架动量矩轮,由于要通过控制转速来控制俯仰通道,因此框架角的取值范围受到限制,对滚动和偏航通道只能提供较小的控制范围,从而增加卸载系

统的工作量。另外，从力学原理来说，控制轮速的输入力矩和输出力矩，二者是相等的；而对高速旋转飞轮的框架，只需输入很小的力矩便可获得很大的输出力矩，因此控制效率很高。控制力矩陀螺就是靠旋转飞轮的框架来获得控制力矩的，而且框架角的取值范围不受限制，卸载次数较少，因此较框架动量矩轮系统，又有较多的优点。空间站等大型航天器，综合考虑了可靠性、质量、功耗和成本等因素，均采用控制力矩陀螺作为控制系统的主要执行器。

单个控制力矩陀螺只能提供单轴（单自由度控制力矩陀螺）或双轴（双自由度控制力矩陀螺）的控制力矩，因此要实现星体三轴姿态控制，就需要有三个或更多个陀螺来提高系统的可靠性和冗余度。例如，天空实验室是用三个双自由度控制力矩陀螺作三轴正交配置，自由号和和平号空间站都是用六个单自由度陀螺组成高冗余度和高可控度系统。

下面以单自由度控制力矩陀螺为例，说明其工作原理。

4.4.1　单陀螺动力学方程

设陀螺转轴的安装位置如图 4.4-1 所示。框架轴沿 x 轴，标称位置时，框架平面重合于 xOy 平面，轮子动量矩 $\boldsymbol{h}_\omega$ 沿 y 轴反向。设框架角速度 $\dot{\delta}$ 远小于飞轮转速 $\boldsymbol{\Omega}_0$，则

$$h_\omega \approx J_y \Omega_0 = h_n = 常量$$

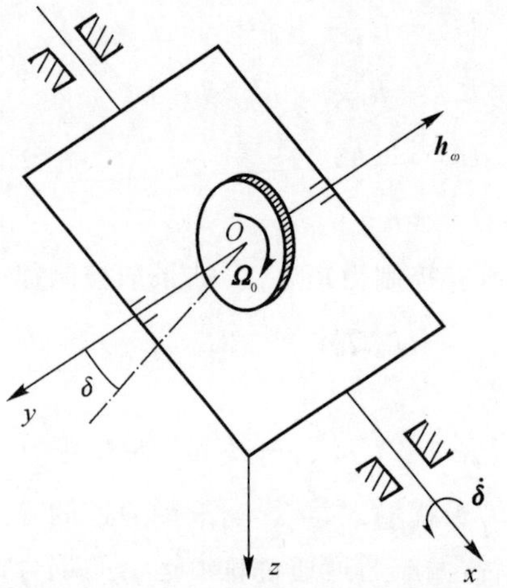

图 4.4-1　单自由度控制力矩陀螺

再设在控制过程中框架角 δ 是一小量，因此

$$\boldsymbol{h}_\omega = \begin{bmatrix} 0 \\ -h_n\cos\delta \\ -h_n\sin\delta \end{bmatrix} \approx \begin{bmatrix} 0 \\ -h_n \\ -h_n\delta \end{bmatrix} \tag{4.4-1}$$

$$\boldsymbol{L}^c = -\frac{\delta \boldsymbol{h}_\omega}{\delta t} = -\begin{bmatrix} 0 \\ 0 \\ -h_n\dot{\delta} \end{bmatrix} \tag{4.4-2}$$

由动量矩定理得

$$\dot{\boldsymbol{h}} = \dot{\boldsymbol{h}}_b + \dot{\boldsymbol{h}}_\omega = \dot{\boldsymbol{h}}_b + \boldsymbol{\omega} \times \boldsymbol{h}_\omega + \dot{\boldsymbol{h}}_\omega = \boldsymbol{L}^e$$

或

$$\dot{\boldsymbol{h}} + \boldsymbol{\omega} \times \boldsymbol{h}_{\omega} = \boldsymbol{L}^{e} + \boldsymbol{L}^{c} \tag{4.4-3}$$

设星体用作对地球定向，则易得线性化方程为

$$\left.\begin{aligned} & I_x \ddot{\varphi} - (I_x + I_z - I_y) n\psi + 4(I_y - I_z) n^2 \varphi + h_n(\dot{\psi} + n\varphi + n\delta) = L_x^e \\ & I_y \ddot{\theta} + 3(I_x - I_z) n^2 \theta = L_y^e \\ & I_z \ddot{\psi} + (I_x + I_z - I_y) n \dot{\varphi} + (I_y - I_x) n^2 \psi + h_n(n\psi - \dot{\varphi}) = L_z^e + h_n \dot{\delta} \end{aligned}\right\} \tag{4.4-4}$$

式(4.4-4)左端已考虑了引力梯度矩的影响。再设

$$I_x \approx I_y \approx I_z = I$$

$$h_n >> In$$

则式(4.4-4)可进一步简化为

$$\left.\begin{aligned} & I_x \ddot{\varphi} + h_n(\dot{\psi} + n\varphi + n\delta) = L_x^e \\ & I_y \ddot{\theta} = L_y^e \\ & I_z \ddot{\psi} + h_n(-\dot{\varphi} + n\psi) = L_z^e + L_z^c \end{aligned}\right\} \tag{4.4-5}$$

式中，$L_z^c = h_n \dot{\delta}$。由式(4.4-5)知：

(1) 俯仰通道解耦，且不受飞轮动量矩影响，因此这样安装的陀螺对 y 轴不起控制作用。

(2) 滚动-偏航通道由于 h_n 的存在而耦合。

(3) 框架的角速度 $\dot{\delta}$，对偏航通道起控制作用。因此 z 轴是这样安装陀螺的控制轴。

由上述讨论知，要利用单框架陀螺构成三轴稳定系统，必须对每一轴都要安装相应的陀螺。为了消除各通道间 h_n 造成的耦合作用，考虑如下双陀螺的安装模式。

4.4.2　双陀螺运动方程

考虑图 4.4-2 的双陀螺结构。设两陀螺结构参数完全相同，框架轴互相平行，转速相等但相反。框架角 δ 与角速度 $\dot{\delta}$ 也正好等值反向。如果规定其中之一的 h_{ω} 与 δ 为正值，则另一的 h_{ω} 与 δ 为负值。易得图 4.4-2 双陀螺的总动量矩 $\boldsymbol{h}_{\omega}$ 为

$$\boldsymbol{h}_{\omega} = \begin{bmatrix} 0 \\ 0 \\ -2h_n \sin\delta \end{bmatrix} \approx \begin{bmatrix} 0 \\ 0 \\ -2h_n \delta \end{bmatrix} \tag{4.4-6}$$

$$\boldsymbol{L}_c = -\dot{\boldsymbol{h}}_{\omega} = -\begin{bmatrix} 0 \\ 0 \\ -2h_n \dot{\delta} \end{bmatrix} \tag{4.4-7}$$

如是对地球定向，且略去高阶项的方程则为

$$\left.\begin{aligned} & I \ddot{\varphi} + 2h_n n\delta = L_x^e \\ & I\ddot{\theta} = L_y^e \\ & I\ddot{\psi} = L_z^e + L_z^c \\ & L_z^c = 2h_n \dot{\delta} \end{aligned}\right\} \tag{4.4-8}$$

比较式(4.4-5)与式(4.4-8)知，采用双陀螺结构，可以解除滚动-偏航通道的耦合影响。

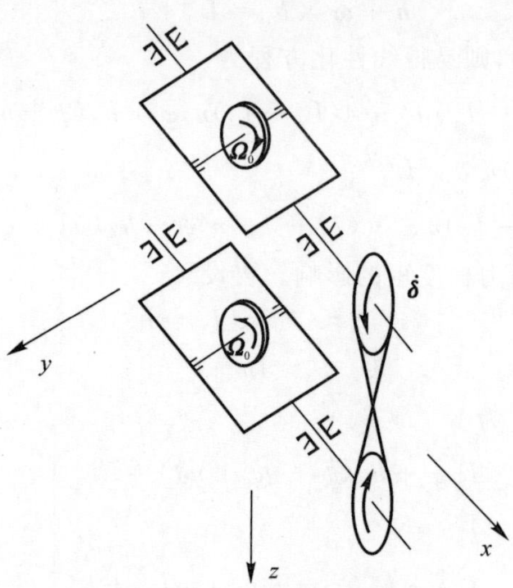

图 4.4-2　双陀螺结构图

同理可得控制轴为 x 轴和 y 轴的动力学方程分别为

$$\left.\begin{aligned} &I\ddot{\varphi}=L_x^e+L_x^c \\ &I\ddot{\theta}=L_y^e \\ &I\ddot{\psi}-2h_n n\delta=L_z^e \\ &L_x^c=2h_n\dot{\delta} \end{aligned}\right\} \tag{4.4-9}$$

和

$$\left.\begin{aligned} &I\ddot{\varphi}=L_x^e \\ &I\ddot{\theta}=L_y^e+L_y^c \\ &I\ddot{\psi}=L_z^e \\ &L_y^c=2h_n\dot{\delta} \end{aligned}\right\} \tag{4.4-10}$$

4.4.3　双陀螺结构的控制律

下面以俯仰通道稳定系统为例，讨论双陀螺结构的控制律。其姿态运动方程为

$$\left.\begin{aligned} &I\ddot{\theta}=L_y^e+L_y^c \\ &L_y^c=2h_n\dot{\delta} \end{aligned}\right\} \tag{4.4-11}$$

考虑最简单的控制律

$$L_y^c=-c_\theta\theta-c_{\dot{\theta}}\dot{\theta} \tag{4.4-12}$$

对此控制律，要求框架产生的角速度 $\dot{\delta}_m$ 为

$$\dot{\delta}_m=-\frac{c_\theta\theta+c_{\dot{\theta}}\dot{\theta}}{2h_n} \tag{4.4-13}$$

由图 4.4-3 知，当控制轴为 y 时，而框架轴为轴 z。星体需要的控制力矩是作用在轴 y 上，而控制电机产生的实际力矩则是作用在轴 z 上。在电机力矩 L^a 的作用下框架角 δ 的变化规

律可用下述方法确定。

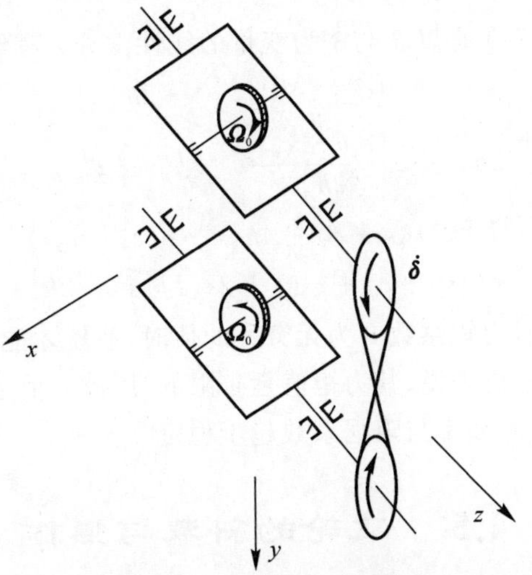

图 4.4-3　俯仰轴双陀螺

先考虑图 4.4-3 中上面一个陀螺的框架转动方程。设陀螺对 z 轴的转动惯量为 J_g，则陀螺的动量矩 $\boldsymbol{h}_w$ 为

$$\boldsymbol{h}_\omega = \boldsymbol{h}_n + J_g\dot{\delta}\boldsymbol{k} = \begin{bmatrix} -h_n\cos\delta \\ -h_n\sin\delta \\ J_g\dot{\delta} \end{bmatrix} \approx \begin{bmatrix} -h_n \\ -h_n\delta \\ J_g\dot{\delta} \end{bmatrix}$$

$$\dot{\boldsymbol{h}}_\omega = \dot{\boldsymbol{h}}_\omega + \boldsymbol{\omega} \times \boldsymbol{h}_\omega$$

略去高阶项，得框架转动方程为

$$J_g\ddot{\delta} + h_n(\dot{\theta} - n) = \frac{L^a}{2} \tag{4.4-14}$$

对下面一个陀螺也可得到同样方程，只需把式(4.4-14) 中的 h_n、δ 与 L_a 加以反号即可：

$$-J_g\ddot{\delta} - h_n(\dot{\theta} - n) = -\frac{L^a}{2} \tag{4.4-15}$$

合并式(4.4-14) 与式(4.4-15) 得

$$2J_g\ddot{\delta} + 2h_n(\dot{\theta} - n) = L^a \tag{4.4-16}$$

在电机驱动下，为了使框架的实际角速度 $\dot{\delta}$ 能够跟踪控制律需要的角速度$\dot{\delta}_m$，取 L^a 满足

$$L^a = c(\dot{\delta}_m - \dot{\delta}) \tag{4.4-17}$$

如果 $\dot{\delta}$ 实时跟踪$\dot{\delta}_m$，则姿态运动方程在控制律的作用下成为典型的二阶系统，即

$$I\ddot{\theta} + c_{\dot{\theta}}\dot{\theta} + c_\theta\theta = L_y^e \tag{4.4-18}$$

但考虑到 $\dot{\delta}$ 跟踪$\dot{\delta}_m$ 有一过渡过程，则姿态的稳定过程不能完全按式(4.4-18) 进行。为了分析 $\dot{\delta}$ 跟踪$\dot{\delta}_m$ 的过渡过程对系统稳定过程的影响，由式(4.4-11) 得

$$I\dot{\theta} - 2h_n\dot{\delta} = L_y^e \tag{4.4-19}$$

再把式(4.4-13) 与式(4.4-17) 代入式(4.4-16) 得

$$2J_g\ddot{\delta}+c\dot{\delta}+\left[2h_n\dot{\theta}+\frac{c(c_\theta\theta+c_{\dot{\theta}}\dot{\theta})}{2h_n}\right]=2nh_n \tag{4.4-20}$$

则式(4.4-19)与式(4.4-20)是以 θ 与 $\dot{\delta}$ 为变量的线性微分方程组。其特征方程为

$$\begin{aligned}\det\begin{bmatrix} Is^2 & -2h_n \\ 2h_ns+\dfrac{c(c_\theta\theta+c_{\dot{\theta}}s)}{2h_n} & 2J_gs+c\end{bmatrix}&= \\ Is^2(2J_gs+c)+4h_n^2s+c(c_\theta+c_{\dot{\theta}}s)&= \\ c(Is^2+c_\theta+c_{\dot{\theta}}s)+2s(IJ_gs^2+2h_n^2)&=0\end{aligned} \tag{4.4-21}$$

由式(4.4-21)知,仅当电机力矩系数 c 为无穷大的值时,系统才能按式(4.4-18)的典型二阶系统的形式稳定。对实际电机来说,其力矩值是有限的,因此 c 值也是有限的。因此系统只能按式(4.4-21)所确定的自然频率与阻尼系数趋于稳定。

4.5 飞轮的斜装与操作

为了提高飞轮系统的可靠性,同样希望飞轮系统有一定冗余度。下面以反作用飞轮系统为例进行讨论。

图 4.5-1 的反作用飞轮系统中,三个飞轮是沿三体轴安装的,称为正装飞轮阵。易知,此飞轮阵中如果任意失效一个飞轮,系统便失控,其冗余度 $R=0$。如果要使冗余度 $R=1$,则每一轴都要增加一个飞轮,共需六个飞轮。如果改变上述的安装方式,则有可能用较少的飞轮数目,得到较大的冗余度。考虑图 4.5-1 中的三种斜装的飞轮阵。下图表示站在 $-y$ 轴上观察飞轮阵在 xOz 平面上投影的分布。上图表示站在 $-z$ 轴上观察飞轮阵在 xOy 平面上投影的分布。轮轴在 xOz 平面上的分布是等间隔的,轮轴与 $-y$ 轴夹角为 α。易知,此三种阵的冗余度分别为 $R=1$, $R=2$, $R=3$,且都是最小冗余结构。因此斜装飞轮提高了系统的冗余度,也即提高了可靠性。

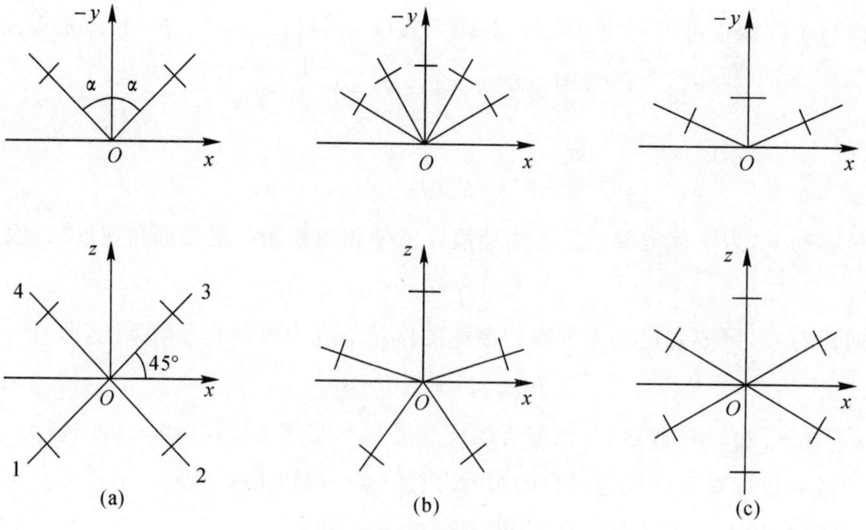

图 4.5-1 斜装飞轮阵

但是，斜装飞轮阵带来的问题，是增加了系统操作的复杂性。为此下面对系统的操作问题作了研究，为工程应用提供方便。

4.5.1　结构矩阵与分配矩阵

下面以图4.5-1(a)的飞轮阵为例进行分析。设各飞轮的动量矩是沿转轴向外为正。当各轮存贮的动量矩为 $\boldsymbol{H}_i\ (i=1,2,3,4)$ 时，则飞轮阵存贮的总动量矩 $\boldsymbol{H}_w$ 为

$$\boldsymbol{H}_w=\boldsymbol{H}_1+\boldsymbol{H}_2+\boldsymbol{H}_3+\boldsymbol{H}_4 \tag{4.5-1}$$

式中，下标1,2,3,4与图4.5-1(a)的标号一致。$\boldsymbol{H}_w$ 在星体坐标系上的分量为

$$\left.\begin{aligned}
H_{wy}&=-H_1\cos\alpha-H_2\cos\alpha-H_3\cos\alpha-H_4\cos\alpha\\
H_{wz}&=-\frac{H_1}{\sqrt{2}}\sin\alpha-\frac{H_2}{\sqrt{2}}\sin\alpha+\frac{H_3}{\sqrt{2}}\sin\alpha+\frac{H_4}{\sqrt{2}}\sin\alpha\\
H_{wx}&=-\frac{H_1}{\sqrt{2}}\sin\alpha+\frac{H_2}{\sqrt{2}}\sin\alpha+\frac{H_3}{\sqrt{2}}\sin\alpha-\frac{H_4}{\sqrt{2}}\sin\alpha
\end{aligned}\right\} \tag{4.5-2}$$

或写成矩阵形式

$$\begin{bmatrix}H_{wy}\\H_{wz}\\H_{wx}\end{bmatrix}=\begin{bmatrix}-\cos\alpha & -\cos\alpha & -\cos\alpha & -\cos\alpha\\ -\frac{1}{\sqrt{2}}\sin\alpha & -\frac{1}{\sqrt{2}}\sin\alpha & \frac{1}{\sqrt{2}}\sin\alpha & \frac{1}{\sqrt{2}}\sin\alpha\\ -\frac{1}{\sqrt{2}}\sin\alpha & \frac{1}{\sqrt{2}}\sin\alpha & \frac{1}{\sqrt{2}}\sin\alpha & -\frac{1}{\sqrt{2}}\sin\alpha\end{bmatrix}\begin{bmatrix}H_1\\H_2\\H_3\\H_4\end{bmatrix} \tag{4.5-3}$$

记

$$\boldsymbol{C}=\begin{bmatrix}-\cos\alpha & -\cos\alpha & -\cos\alpha & -\cos\alpha\\ -\frac{1}{\sqrt{2}}\sin\alpha & -\frac{1}{\sqrt{2}}\sin\alpha & \frac{1}{\sqrt{2}}\sin\alpha & \frac{1}{\sqrt{2}}\sin\alpha\\ -\frac{1}{\sqrt{2}}\sin\alpha & \frac{1}{\sqrt{2}}\sin\alpha & \frac{1}{\sqrt{2}}\sin\alpha & -\frac{1}{\sqrt{2}}\sin\alpha\end{bmatrix} \tag{4.5-4}$$

式中，$\boldsymbol{C}$ 是一个常值矩阵，称为飞轮的结构矩阵。记

$$\begin{aligned}\boldsymbol{u}&=\begin{bmatrix}\dot{H}_{wy} & \dot{H}_{wz} & \dot{H}_{wx}\end{bmatrix}^{\mathrm{T}}\\ \boldsymbol{u}_n&=\begin{bmatrix}\dot{H}_1 & \dot{H}_2 & \dot{H}_3 & \dot{H}_4\end{bmatrix}^{\mathrm{T}}\end{aligned} \tag{4.5-5}$$

对式(4.5-3)求导得

$$\boldsymbol{u}=\boldsymbol{C}\boldsymbol{u}_n \tag{4.5-6}$$

注意到式(4.1-4)控制力矩 $\boldsymbol{L}^C$ 的定义，知

$$\boldsymbol{L}^C=-\dot{\boldsymbol{H}}_w=-\boldsymbol{u} \tag{4.5-7}$$

而各飞轮电机提供的力矩 $\boldsymbol{L}^n$ 为

$$\boldsymbol{L}^n=-\boldsymbol{u}_n \tag{4.5-8}$$

把式(4.5-7)与式(4.5-8)代入式(4.5-6)得

$$\boldsymbol{L}^C=\boldsymbol{C}\boldsymbol{L}^n \tag{4.5-9}$$

式(4.5-9)表明，当各飞轮电机提供力矩 $\boldsymbol{L}^n$ 时，飞轮阵对星体提供的控制力矩 $\boldsymbol{L}^C=\boldsymbol{C}\boldsymbol{L}^n$。反之，如果控制指令矢量为 $\boldsymbol{L}^c_*$，此矢量分配到各飞轮电机的信号 $\boldsymbol{L}^n_*$ 的表达式若为

$$L_*^n = DL_*^c \tag{4.5-10}$$

则称 D 为指令矢量分配矩阵。当飞轮电机按信号 L_*^n 提供力矩 L^n，则飞轮阵将为星体提供的控制力矩为

$$L^C = CL^n = CL_*^n = CDL_*^c = CDL^C \tag{4.5-11}$$

由式(4.5-11)知

$$CD = E \tag{4.5-12}$$

式中，E 为单位矩阵，因此 D 是 C 伪逆矩阵，即

$$D = C^+ = C^T (CC^T)^{-1} \tag{4.5-13}$$

易得

$$(CC^T)^{-1} = \begin{bmatrix} \frac{1}{4\cos^2\alpha} & 0 & 0 \\ 0 & \frac{1}{2\sin^2\alpha} & 0 \\ 0 & 0 & \frac{1}{2\sin^2\alpha} \end{bmatrix} \tag{4.5-14}$$

$$D = \begin{bmatrix} -\frac{1}{4\cos\alpha} & -\frac{\sqrt{2}}{4\sin\alpha} & -\frac{\sqrt{2}}{4\sin\alpha} \\ -\frac{1}{4\cos\alpha} & -\frac{\sqrt{2}}{4\sin\alpha} & \frac{\sqrt{2}}{4\sin\alpha} \\ -\frac{1}{4\cos\alpha} & \frac{\sqrt{2}}{4\sin\alpha} & \frac{\sqrt{2}}{4\sin\alpha} \\ -\frac{1}{4\cos\alpha} & \frac{\sqrt{2}}{4\sin\alpha} & -\frac{\sqrt{2}}{4\sin\alpha} \end{bmatrix} \tag{4.5-15}$$

4.5.2 结构矩阵的优化

由图 4.5-1(a) 知，当 $\alpha=\pm90°$ 时 y 轴不可控，当 $\alpha=0°$ 或 $\alpha=180°$ 时，x 轴与 z 轴都不可控。除此外，对任意的 α 值，系统都是可控的，因此 α 值可以在结构矩阵优化的意义下进行选择。

通常希望选择 α 值使得飞轮阵的功耗为最省，相应的性能指标可表示为

$$J[u(\alpha)] = \frac{1}{2}\int u^T(t,\alpha)\, u_n(t,\alpha)\,dt \tag{4.5-16}$$

由于

$$u^T = (Du)^T = u^T (CC^T)^{-1} C$$

$$u_n{}^T u_n = u^T (CC^T)^{-1} u = u^T \begin{bmatrix} \frac{1}{4\cos^2\alpha} & 0 & 0 \\ 0 & \frac{1}{2\sin^2\alpha} & 0 \\ 0 & 0 & \frac{1}{2\sin^2\alpha} \end{bmatrix} u \tag{4.5-17}$$

现取

$$\frac{1}{4\cos^2\alpha}=\frac{1}{2\sin^2\alpha} \tag{4.5-18}$$

或

$$\cos\alpha=\frac{\sqrt{3}}{3},\quad \alpha=54.74° \tag{4.5-19}$$

把式(4.5-19)代入式(4.5-17)得

$$\boldsymbol{u}_n^{\mathrm{T}}\boldsymbol{u}_n=\frac{3}{4}\boldsymbol{u}^{\mathrm{T}}\boldsymbol{u} \tag{4.5-20}$$

易知，$\boldsymbol{u}$ 可视为三个正装飞轮的控制力矩。因此，$\alpha=54.74°$ 的四个斜装飞轮的功耗指标是三个正装飞轮的3/4。计算表明，当取 $45°\leqslant\alpha\leqslant 60°$ 时，四个斜装飞轮的功耗指标都比三个正装飞轮阵的功耗指标小，且以 $\alpha=54.74°$ 为最优。

如选取 $\alpha=54.74°$，则得

$$\boldsymbol{C}=\frac{\sqrt{3}}{3}\begin{bmatrix}-1&-1&-1&-1\\-1&-1&1&1\\-1&1&1&-1\end{bmatrix} \tag{4.5-21}$$

$$\boldsymbol{D}=\frac{\sqrt{3}}{4}\begin{bmatrix}-1&-1&-1\\-1&-1&1\\-1&1&1\\-1&1&-1\end{bmatrix} \tag{4.5-22}$$

4.5.3　正常操作

飞轮阵的操作方块图如图 4.5-2 所示。图中控制指令 $\boldsymbol{L}_*^c$ 的分配计算可由星载计算机完成，但也可以用一个电路网络来代替 $\boldsymbol{D}$ 的计算。网络的方块图可根据式(4.5-10)表示为图 4.5-3。

图 4.5-2　飞轮阵操作方块图

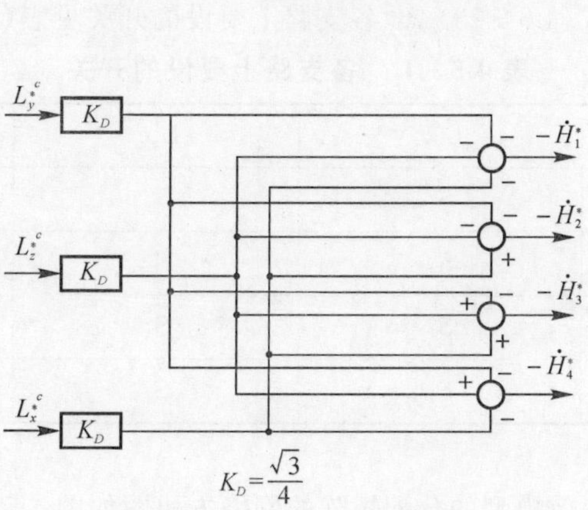

图 4.5-3　正常操作网络图

4.5.4 故障操作

当飞轮阵中有一个飞轮失效时，则从式(4.5－21)知结构矩阵 $\boldsymbol{C}$ 变为 3×3 矩阵，相应的分配矩阵 $\boldsymbol{D}$ 也要变为 3×3 矩阵。下面列出任一飞轮失效时的结构矩阵与分配矩阵。式中 $\boldsymbol{C}_i$ 与 $\boldsymbol{D}_i$ 的下标 i 表示第 i 号飞轮失效时的结构矩阵与分配矩阵。

$$\boldsymbol{C}_1=\frac{\sqrt{3}}{3}\begin{bmatrix}-1&-1&-1\\-1&1&1\\1&1&-1\end{bmatrix},\quad \boldsymbol{D}_1=\frac{\sqrt{3}}{2}\begin{bmatrix}-1&-1&0\\0&1&1\\-1&0&-1\end{bmatrix}$$

$$\boldsymbol{C}_2=\frac{\sqrt{3}}{3}\begin{bmatrix}-1&-1&-1\\-1&1&1\\-1&1&-1\end{bmatrix},\quad \boldsymbol{D}_2=\frac{\sqrt{3}}{2}\begin{bmatrix}-1&-1&0\\-1&0&1\\0&1&-1\end{bmatrix}$$

$$\boldsymbol{C}_3=\frac{\sqrt{3}}{3}\begin{bmatrix}-1&-1&-1\\-1&-1&1\\-1&1&-1\end{bmatrix},\quad \boldsymbol{D}_3=\frac{\sqrt{3}}{2}\begin{bmatrix}0&-1&-1\\-1&0&1\\-1&1&0\end{bmatrix}$$

$$\boldsymbol{C}_4=\frac{\sqrt{3}}{3}\begin{bmatrix}-1&-1&-1\\-1&-1&1\\-1&1&1\end{bmatrix},\quad \boldsymbol{D}_4=\frac{\sqrt{3}}{2}\begin{bmatrix}-1&0&-1\\0&-1&1\\-1&1&0\end{bmatrix}$$

同样，故障模型的控制律也可以采用图 4.5－3 的类似网络来代替计算机。这时网络中需要设计相应的开关。例如 1 号飞轮失效，则 H_1^* 的输出信号就要断开，同时 $\boldsymbol{D}_1$ 阵中 9 个元素有三个元素为零，即相应的三支路线也要断开。考察 $\boldsymbol{D}_1$ 矩阵

$$\begin{matrix} & L_{y*}^c & L_{z*}^c & L_{x*}^c \end{matrix}$$

$$\boldsymbol{D}_1=\frac{\sqrt{3}}{2}\begin{bmatrix}-1&-1&0\\0&1&1\\-1&0&-1\end{bmatrix}\begin{bmatrix}\dot{H}_2^*\\\dot{H}_3^*\\\dot{H}_4^*\end{bmatrix}$$

$\boldsymbol{D}_1$ 矩阵中，列代表 $\boldsymbol{L}_*^c$ 信号传递的支路，行代表分配到各有效飞轮的支路。$\boldsymbol{D}_1$ 矩阵中有三个零元素，表明 L_{y*}^c 通往 $\dot{H}_3^*$，L_{z*}^c 通往 $\dot{H}_4^*$，L_{x*}^c 通往 $\dot{H}_2^*$ 等三支路要断开。其断开的开关是相应地用 S_i 来标志。综合式(4.5－23)知，各支路上要设的开关见表(4.5－1)。

表 4.5－1　各支路上要设的开关

支路	L_{y*}^c	L_{z*}^c	L_{x*}^c
$\dot{H}_1^*$	S_3	S_4	S_2
$\dot{H}_2^*$	S_4	S_3	S_1
$\dot{H}_3^*$	S_1	S_2	S_4
$\dot{H}_4^*$	S_2	S_1	S_3

根据表 4.5－1，可得失效模型的分配矩阵的网络方块图如图 4.5－4 所示。图 4.5－4 中，当第 i 号飞轮失效时，只需把 S_i 开关断开并把增益 K_D 增加一倍，即得相应的 D_i 分配矩阵。这

样一来，当飞轮阵的操作从正常模型转到故障模型时，只需做不大的修改。

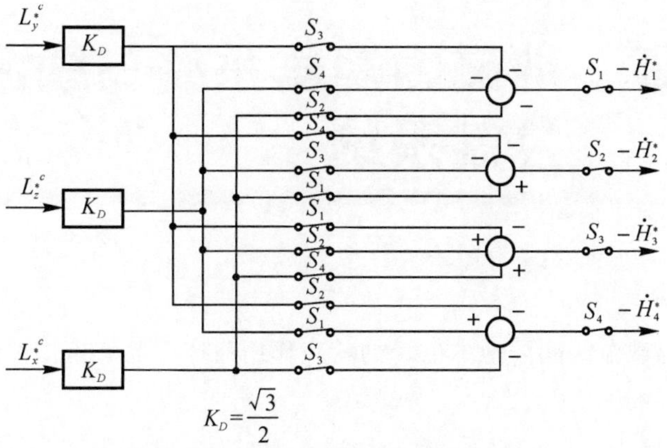

图 4.5-4　故障操作网络图

复习思考题 4

1. 说明飞轮系统的工作原理。
2. 飞轮系统的特点是什么？
3. 飞轮系统的类型有哪几种？
4. 反作用飞轮的特点是什么？
5. 说明反作用飞轮系统动力学方程的建立方法。
6. 说明反作用飞轮系统运动学方程的建立方法。
7. 反作用飞轮系统俯仰通道的控制律及各类干扰的作用效果是什么？
8. 说明反作用飞轮转速的确定方法。
9. 说明飞轮卸载的原理。写出卸载量的计算方法。
10. 说明滚动-偏航通道控制的特点和方法。
11. 偏置动量矩轮的特点是什么？
12. 说明偏置动量轮系统稳定性分析方法及稳定特性。
13. 说明偏置动量轮系统辅助系统的作用原理。
14. 说明控制力矩陀螺的特点和控制原理。
15. 说明单自由度控制力矩陀螺的工作原理。
16. 说明双控制力矩陀螺结构的工作原理。
17. 说明双陀螺结构控制律的设计方法。

第 5 章　地磁力矩器系统与联合主动控制系统

地磁力矩器是以载流线圈同地球磁场的相互作用而产生的力矩作控制力矩的。下面先简单介绍地球磁场的影响。

5.1　地球磁场

地球磁场分布在地球上空数万公里高度的范围内。在这范围内运动的飞行器都要受到地球磁场的影响。

地球磁场主要起源于地球内部，称为主要磁场。但也有极少部分起源于地球外部，如电离层的电流、太阳的带电粒子流等。地球内部构造有长期不规则的缓慢运动与变化，造成地球磁场有长期性的变化。又由于外部条件，例如太阳活动水平在经常而迅速地变化着，也造成地球磁场有经常性的微小变化。另外，地球内部不均匀地分布着磁场性矿区，使得地球磁场的分布有局部性的异常。因此研究地球磁场时，不但要在一定时间内重新测定，以校正原来的数据，而且必须对局部的异常加以适当补偿。

研究地球磁场的分析方法，是在大量测量数据的基础上提出来的。高斯对气球磁场的大量测量数据进行研究后，提出用球谐分析方法来研究，类似于引力位提出地球磁场位。如果略去外部磁场的影响，则得主要磁场的磁位为

$$V=R_E\sum_{n=1}^{\infty}\sum_{m=0}^{n}\left(\frac{R_E}{r}\right)^{n+1}(g_n^m\cos m\lambda+h_n^m\sin m\lambda)P_n^m\cos\theta \tag{5.1-1}$$

式中，R_E 为地球半径，r 为地心距，θ 为地球余纬，λ 为东经，g_n^m，h_n^m 为高斯系数，$P_n^m(x)$ 为 n 次 m 阶的缔合勒让德多项式。

高斯系数 g_n^m 与 h_n^m 是随地球内部的运动变化而缓慢变化，需要根据测量数据加以校正。近年国际会议议定了一组高斯系数，称为国际参照地球磁场(JGRF)。数据见表 5.1-1。

从式(5.1-1)知，在高空 $\dfrac{R_E}{r}$ 的值较小，使得高阶项衰减较快，通常取前三项就可得到满意的近似结果，即

$$V=\frac{R_E^3}{r^2}[g_1^0\cos\theta+(g_1^1\cos\lambda+h_1^1\sin\lambda)\sin\theta] \tag{5.1-2}$$

如图 5.1-1 所示，磁场 V 在向北、向东与向下(x，y，z 向)的梯度，就是磁通密度 $\boldsymbol{B}$ 在这三个方向的分量，即

$$B_x = \frac{1}{r}\frac{\partial V}{\partial \theta}$$

$$B_y = -\frac{1}{r\sin\theta}\frac{\partial V}{\partial \lambda} \qquad (5.1-3)$$

$$B_z = -\frac{\partial V}{\partial r}$$

表 5.1－1　高斯系数表(单位:×10⁻⁵ Gs)

	0	1	2	3	4	5	6	7	8
1	－30 339	－2 123 5 758							
2	－1 654	2 994 －2 006	1 567 130						
3	1 297	－2 036 －403	1 289 242	843 －176					
4	985	805 149	942 －280	－392 8	256 －265				
5	－233	357 16	246 125	－26 －123	－161 －107	－51 77			
6	47	60 －14	4 106	－229 68	3 －32	－4 －10	－112 －13		
7	71	－54 －57	0 －27	12 －8	－25 9	－9 23	13 －19	－2 －17	
8	10	9 3	－3 －13	－12 5	－4 －17	7 4	－5 22	－12 －3	6 －16

注:表中上面是 g_n^m,下面是 h_n^m。

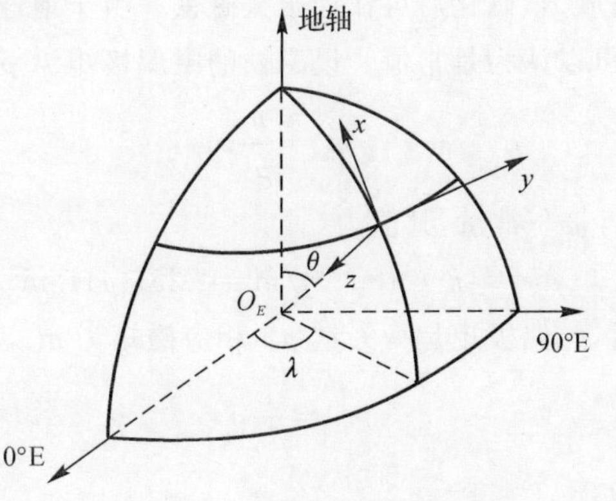

图 5.1－1　磁通密度分解方向

如把 V 的近似式(5.1-2) 代入，得地球磁场磁通密度的近似式为

$$\left.\begin{aligned}B_x&=-\frac{R_E{}^3}{r^3}[g_1^0\sin\theta-(g_1^1\cos\lambda+h_1^1\sin\lambda)\cos\theta]\\B_y&=\frac{R_E{}^3}{r^3}(g_1^1\sin\lambda-h_1^1\cos\lambda)\\B_z&=\frac{2R_E{}^3}{r^3}[g_1^0\cos\theta+(g_1^1\cos\lambda+h_1^1\sin\lambda)\sin\theta]\end{aligned}\right\}\tag{5.1-4}$$

注意到 g_1^0 的值远大于 g_1^1 与 h_1^1，因此更为近似的磁位公式是保留某一项，即

$$V=\frac{R_E{}^3}{r^2}g_1^0\cos\theta\tag{5.1-5}$$

相应的磁通密度公式为

$$\left.\begin{aligned}B_x&=-\frac{R_E^3}{r^3}g_1^0\sin\theta\\B_y&=0\\B_z&=\frac{2R_E^3}{r^3}g_1^0\cos\theta\end{aligned}\right\}\tag{5.1-6}$$

其模为

$$B=\sqrt{B_x{}^2+B_y{}^2+B_z{}^2}=\frac{R_E^3}{r^3}g_1^0\ (1+3\cos^2\theta)^{\frac{1}{2}}\tag{5.1-7}$$

式(5.1-6) 和式(5.1-7) 可用作初步设计时的计算公式。

地球磁场对星体的作用力，是通过星体的磁性元件、磁性材料与金属构件等产生的。其作用力通常是以力偶的形式出现，其力偶矩称为磁力矩。磁力矩 $\boldsymbol{L}$ 与地球磁场的磁通密度 $\boldsymbol{B}$ 满足关系式

$$\boldsymbol{L}=\boldsymbol{m}\times\boldsymbol{B}\tag{5.1-8}$$

式中，$\boldsymbol{m}$ 称为磁矩。磁矩是一矢量，单位为($\mathrm{A\cdot m^2}$)。磁通密度的单位为 T(特斯拉)(1 特斯拉 $=10^4$ 高斯)，则由式(5.1-8) 得力矩单位为 $\mathrm{N\cdot m}$。

5.1.1 硬磁材料的永磁矩 $\boldsymbol{m}_i$

硬磁材料有较大的矫顽力，磁化后可作为永久磁铁。由于地球磁场的磁通密度较小，对硬磁材料的磁矩影响较小，可以认为是常值。设磁铁的磁偶极矩为 $\boldsymbol{p}_i$，则磁矩 $\boldsymbol{m}_i$ 为

$$\boldsymbol{m}_i=\frac{\boldsymbol{p}_i}{\mu_0}$$

式中，μ_0 称为真空磁导率，是一常量，其值为

$$\mu_0=4\pi\times10^{-7}\ \mathrm{H/m}=1.257\ \mu\mathrm{H/m}$$

当磁铁的位置给定后，磁偶极矩是一矢量 $\boldsymbol{p}_i$，相应磁矩为 $\boldsymbol{m}_i$，有

$$\boldsymbol{m}_i=\frac{1}{\mu_0}\boldsymbol{p}_i\tag{5.1-9}$$

$\boldsymbol{m}_i$ 和 $\boldsymbol{B}$ 产生的力矩 $\boldsymbol{L}_i$ 为

$$\boldsymbol{L}_i=\boldsymbol{m}_i\times\boldsymbol{B}\tag{5.1-10}$$

5.1.2　软磁材料的感生磁矩 $\boldsymbol{m}_r$

软磁材料的矫顽力较小，其磁矩随磁环境地磁场强度而改变。设软磁材料体积 V，磁化率 χ_m，在磁场强度 $\boldsymbol{H}^*$ 的影响下，磁化强度 $\boldsymbol{M}$ 为

$$\boldsymbol{M}=\chi_m\boldsymbol{H}^* \tag{5.1-11}$$

相应的感生磁矩 $\boldsymbol{m}_r$ 为

$$\boldsymbol{m}_r=\boldsymbol{VM}=\chi_m\boldsymbol{VH}^* \tag{5.1-12}$$

$\boldsymbol{m}_r$ 和 $\boldsymbol{B}$ 产生的力矩 $\boldsymbol{L}_r$ 为

$$\boldsymbol{L}_r=\boldsymbol{m}_r\times\boldsymbol{B} \tag{5.1-13}$$

5.1.3　载流线圈磁矩 $\boldsymbol{m}_z$

设载流线圈面积 S，匝数 n，通过的电流 I，则磁矩 $\boldsymbol{m}_z$ 为

$$\boldsymbol{m}_z=nIS\boldsymbol{k} \tag{5.1-14}$$

单位矢量 $\boldsymbol{k}$ 垂直于线圈平面，指向由右手规则确定。$\boldsymbol{m}_z$ 和 $\boldsymbol{B}$ 产生的力矩 $\boldsymbol{L}_z$ 为

$$L_z=\boldsymbol{m}_z\times\boldsymbol{B} \tag{5.1-15}$$

5.1.4　线圈的感生磁矩 $\boldsymbol{m}_s$

如图 5.1-2 所示，设线圈在磁场中以角速度 $\boldsymbol{\omega}$ 旋转。取 $t=0$ 时刻线圈所在平面重合于 xOy 平面。其中 x 轴重合于 $\boldsymbol{\omega}$，地球磁场的磁通密度 $\boldsymbol{B}$ 在 xOy 平面内。$\boldsymbol{B}$ 与 $\boldsymbol{\omega}$ 的夹角为 θ。设线圈面积为 S，则在 t 时刻通过线圈的磁通 φ_s 为

$$\varphi_s=BS\sin\theta\cos\omega t \tag{5.1-16}$$

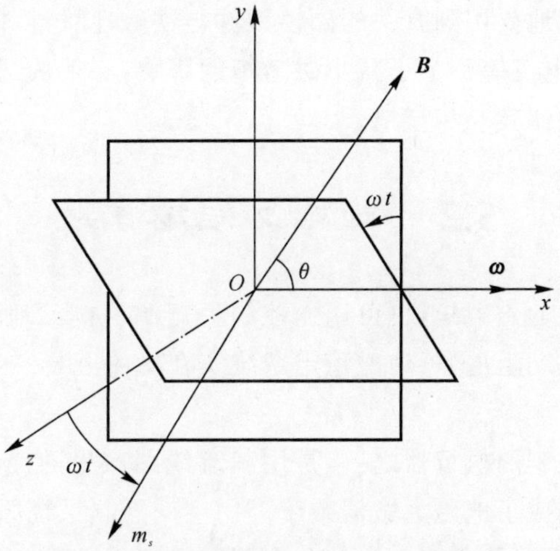

图 5.1-2　旋转线圈相当于磁场位置

当线圈以角速度 ω 旋转时，产生的感应电动势和感应电流为

$$\left.\begin{aligned}E_s&=-\frac{\mathrm{d}\varphi_s}{\mathrm{d}t}=-BS\omega\sin\theta\sin\omega t\\ \boldsymbol{I}_S&=\frac{E_s}{R_S}=-\frac{BS\omega}{R_S}\sin\theta\sin\omega t\end{aligned}\right\} \tag{5.1-17}$$

式中，R_s 为线圈电阻。相应的感生磁矩 $\boldsymbol{m}_s$ 为

$$\boldsymbol{m}_s = -I_S S\boldsymbol{k} = \frac{B\,S^2\omega}{R_S}\sin\theta\sin\omega t\boldsymbol{k}$$

式中，$\boldsymbol{k}$ 为线圈平面的法向。当有 n 匝线圈时有

$$\boldsymbol{m}_s = \frac{nBS^2\omega}{R_S}\sin\theta\sin\omega t\boldsymbol{k} \tag{5.1-18}$$

相应力矩 $\boldsymbol{L}_s$ 为

$$\boldsymbol{L}_s = \boldsymbol{m}_s \times \boldsymbol{B} \tag{5.1-19}$$

5.1.5 涡流的感生磁矩

如星上装有一大块金属构件，当星体旋转时将感生涡流电流和感生力矩。设金属构件的体积为V，星体角速度$\boldsymbol{\omega}$。取环状体积元 dV，其平面平行于$\boldsymbol{\omega}$ 和$\boldsymbol{\omega}\times\boldsymbol{B}$ 所在平面。设此体积元长为 l，所围的面积为 S，则类似于线圈的感生磁矩的推导可得

$$\mathrm{d}\boldsymbol{m}_\omega = \frac{BS^2}{l^2\rho}\omega\,\mathrm{d}V\sin\theta\sin\omega t\boldsymbol{k} \tag{5.1-20}$$

式中，θ 为$\boldsymbol{B}$ 与$\boldsymbol{\omega}$ 的夹角，$\boldsymbol{k}$ 为体积元 dV 所在平面的法向，ρ 为导体的电阻率。对式(5.1-20)积分得

$$\boldsymbol{m}_\omega = \frac{B\omega}{\rho}\left(\int_V \frac{S^2}{l^2}\mathrm{d}V\right)\sin\theta\sin\omega t\boldsymbol{k} \tag{5.1-21}$$

相应的力矩为

$$\boldsymbol{L}_\omega = \boldsymbol{m}_\omega \times \boldsymbol{B} \tag{5.1-22}$$

由于星体上不可避免地要用到有关的磁性元件与铁磁性材料，例如磁带记录仪、自锁继电器、蓄电池、电磁阀、控制电机等。为了减小磁力矩的影响，必须从结构与工艺方面对有大的偶极矩部件采用配对的方法使其互相抵消。

5.2 地磁力矩器系统

地球磁场对星体产生的磁力矩，也可用作控制力矩源。例如地磁阻尼器可用作自旋卫星或引力梯度稳定卫星的被动阻尼器；地磁稳定系统实在星体上装一强磁铁，使星体姿态稳定在地球磁场方向。

地磁力矩器是主动控制的执行器之一，是用载流线圈产生的磁力矩作为控制力矩。以地磁力矩器作为执行器就构成了地磁力矩器系统。用主动控制系统原理来设计和分析该系统。

如图 5.2-1 所示，设沿星体的三坐标轴分别装有线圈与磁强计，且设星上备有姿态测量系统、简单功能计算机。计算机把测得的姿态误差信号换算出控制力矩的大小与方向或沿三轴的分量 L_x、L_y、L_z，另由磁强计测得当地磁通密度 $\boldsymbol{B}$ 的三分量 B_x、B_y、B_z，则要求各线圈产生的磁矩 m_x、m_y、m_z 可由下面计算得出。

由 $\boldsymbol{L} = \boldsymbol{m} \times \boldsymbol{B}$ 可得

$$\boldsymbol{B} \times \boldsymbol{L} = \boldsymbol{B} \times (\boldsymbol{m} \times \boldsymbol{B}) = \boldsymbol{m}(\boldsymbol{B}\cdot\boldsymbol{B}) - \boldsymbol{m}(\boldsymbol{B}\cdot\boldsymbol{m})$$

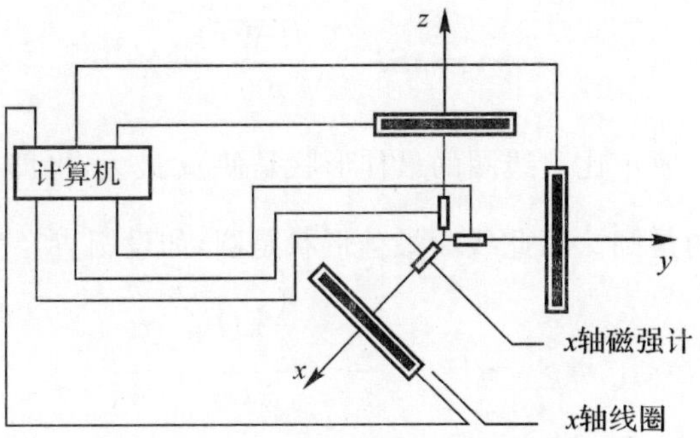

图 5.2-1　地磁力矩器原理图

注意到 $\boldsymbol{m}$ 与 $\boldsymbol{B}$ 平行的分量不产生力矩，因此可选择 $\boldsymbol{B}\cdot\boldsymbol{m}=0$，于是得

$$\boldsymbol{m}=\frac{1}{B^2}(\boldsymbol{B}\times\boldsymbol{L}) \tag{5.2-1}$$

或

$$\left.\begin{aligned} m_x&=\frac{B_yL_Z-B_zL_y}{B_x{}^2+B_y{}^2+B_z{}^2}\\ m_y&=\frac{B_zL_x-B_xL_z}{B_x{}^2+B_y{}^2+B_z{}^2}\\ m_z&=\frac{B_xL_y-B_yL_x}{B_x{}^2+B_y{}^2+B_z{}^2}\end{aligned}\right\} \tag{5.2-2}$$

如果三线圈的匝数为 n，面积为 S，则得三线圈的电流相应为

$$\left.\begin{aligned} I_x&=\frac{m_x}{nS}=\frac{1}{nS}\frac{B_yL_z-B_zL_y}{B_x{}^2+B_y{}^2+B_z{}^2}\\ I_y&=\frac{m_y}{nS}=\frac{1}{nS}\frac{B_zL_x-B_xL_z}{B_x{}^2+B_y{}^2+B_z{}^2}\\ I_z&=\frac{m_z}{nS}=\frac{1}{nS}\frac{B_xL_y-B_yL_x}{B_x{}^2+B_y{}^2+B_z{}^2}\end{aligned}\right\} \tag{5.2-3}$$

对控制系统来说，为了能得到足够大的控制力矩 $\boldsymbol{L}$ 或磁矩 $\boldsymbol{m}$，则对线圈的形状、大小、匝数、数量、导线的材料、横截面积及电源功率等参数都有一定的要求。但这些参数不都是独立的，设计时只需要独立的参数满足要求，就能得到足够大的控制力矩 $\boldsymbol{L}$。下面就力矩器的参数选择问题进一步加以讨论。

设线圈匝数为 n，每圈长为 p，导线截面积为 A，电阻率 ρ，电阻 R，则满足

$$R=\frac{np\rho}{A} \tag{5.2-4}$$

如果导线密度为 r(kg/ m^3)，则线圈质量 W 为

$$W=n\rho A\gamma \tag{5.2-5}$$

如果电源功率为 P(W)，则电流 I 为

$$I=\sqrt{\frac{P}{R}} \tag{5.2-6}$$

相应的磁矩 m 为

$$m = nSI = \sqrt{\frac{PW}{\rho\gamma}}\ \frac{s}{p} \tag{5.2-7}$$

式(5.2-7)表明,m 与 $\frac{s}{p}$ 成正比。线圈的最佳形状是使 m 最大,也即 $\frac{s}{p}$ 最大。由几何学知,当 p 给定后,使 S 为最大的是圆。因此线圈最佳形状是圆,如设圆直径为 D,则有

$$p = \pi D, \quad \frac{s}{p} = \frac{\frac{1}{4}\pi D^2}{\pi D} = \frac{D}{4} \tag{5.2-8}$$

把式(5.2-8)代入式(5.2-7)得

$$m = \frac{D}{4}\sqrt{\frac{PW}{\rho\gamma}} \tag{5.2-9}$$

由式(5.2-9)知,要得到足够大的 m 值,线圈的最佳形状是圆,且有充分大的直径 D、质量 W 与电源功率 P 的值。ρ 和 γ 与导线的材料有关。为了得到大的 m 值,希望 $\rho\gamma$ 的值充分小,即要选择电导率大而密度小的导线材料。三种良好的 $\rho\gamma$ 值见表 5.2-1。

表 5.2-1　良导体 $\rho\gamma$

金属	$\rho/(\Omega/\mathrm{m})$	$\gamma/(\mathrm{kg/m^3})$	$\rho\gamma/(\Omega\cdot\mathrm{kg/m^4})$
铜	1.724×10^{-8}	8.89×10^{3}	1.53×10^{-4}
铝	2.828×10^{-8}	2.69×10^{3}	0.764×10^{-4}
银	1.629×10^{-8}	10.60×10^{3}	1.73×10^{-4}

由表 5.2-1 知,铝是最理想的线圈材料。

地球磁场的 B 的值,由近似式(5.1-7)得

$$B \approx \frac{R_E^3}{r^3} g_1^0 \tag{5.2-10}$$

且 $\boldsymbol{m}$ 设与 $\boldsymbol{B}$ 垂直,则力矩 L 可近似为

$$L = mB = \frac{D}{4}\sqrt{\frac{PW}{\rho\gamma}}\ \frac{R_E^3}{r^3}\ g_1^0 \tag{5.2-11}$$

式(5.2-11)即设计时用以估算线圈与电源参数的公式,下面是以铝为材料的一组典型参数:

$$P = 1\ \mathrm{W}, \quad W = 0.5\ \mathrm{kg}$$
$$D = 1.5\ \mathrm{m}, \quad h = 500\ \mathrm{Km}$$
$$L = 7\ 337\times10^{-5}\ \mathrm{N\cdot cm}$$

5.3　联合主动控制系统

5.3.1　各主动控制系统的特点

上面分别讨论了推力器、飞轮及地磁力矩器为执行器的主动控制系统。这些系统各有优缺点,在设计各种任务航天器的控制系统时,必须利用其特点,组成性能良好的联合控制系

统。由上面各章节的分析知，各系统有如下特点。

推力器系统，精度高、机动性能强，能适应各种空间环境工作。而且推力器的大小、安装位置、喷射的工质等都允许最佳选择，便于设计。但是由于工质的数量受限制，不宜长期连续地工作，因此全推力器的姿态控制系统适用于短期的机动性强的航天器，例如制导段的姿态控制，而不适用于长寿命的卫星。

飞轮系统，精度高，机动性能强，能吸收周期性和冲量式的干扰源造成的扰动。能耗低，可用在中长期任务的卫星上。但是这种系统受阶跃式干扰作用时会出现饱和状态，因此设计这种系统时必须设计其卸载系统，以保证其正常工作状态。

地磁力矩器，结构简单可靠，没有运动部件。但是由于地球磁场强度小，要得到大的控制力矩，就需要大的线圈面积和大的电流强度，这在卫星上都受到限制，因此控制力矩值也受到限制，而不宜用作主要的执行器。

5.3.2　干扰力矩分析

前面着重讨论各种主动系统的特点、性能和工作原理，但这些仅是问题的一个方面。问题的另一个重要方面是对环境干扰的分析，充分估算各种干扰对系统的影响。在第 2 章和本章中已经推导了四种环境力矩的计算公式，但没有进一步分析这些力矩对系统各通道的影响，即各干扰力矩对各通道产生多少多余的动量矩。各种主动系统的工作，从本质上说，就是吸收或排除各通道上多余的动量矩。因此在选择或设计一个控制系统时，首先必须估算各种动量矩，作为选择与设计各通道执行器的依据。

计算干扰力矩产生的动量矩增量，需要作积分运算。当体坐标系为转动坐标系时，这种运算就必须十分谨慎。例如常力矩 $\boldsymbol{L}$，对星体产生的动量矩增量 $\Delta\boldsymbol{h}=\boldsymbol{L}\Delta t$。如图 5.3-1 所示，当体坐标系 Oxy 以匀角速度 ω 转动时，在轴 x，y 上产生的动量矩增量为

$$\begin{aligned}\Delta h_x &= \Delta h\cos\omega t = L\Delta t\cos\omega t \\ \Delta h_y &= -\Delta h\sin\omega t = -L\Delta t\sin\omega t\end{aligned} \tag{5.3-1}$$

但不等于 $\boldsymbol{L}$ 在轴 x，y 上分量 L_x、L_y 进行的积分。实际上由

$$\begin{aligned}L_x &= L\cos\omega t \\ L_y &= -L\sin\omega t\end{aligned}$$

积分得

$$\int_{t_0}^{t_0+\Delta t} L_x\,\mathrm{d}t = \frac{L}{\omega}[\sin\omega(t_0+\Delta t)-\sin\omega t_0] \neq \Delta h_x$$

$$\int_{t_0}^{t_0+\Delta t} L_y\,\mathrm{d}t = \frac{L}{\omega}[\cos\omega(t_0+\Delta t)-\cos\omega t_0] \neq \Delta h_y$$

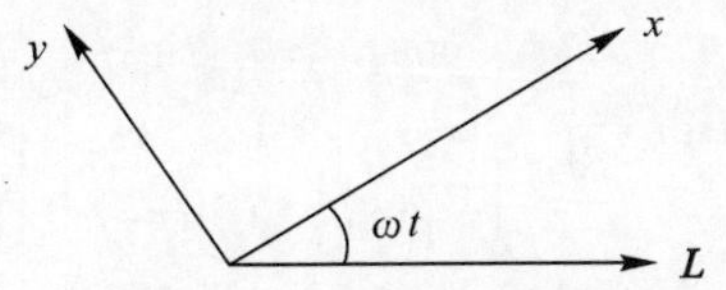

图 5.3-1　常力矩对转动

因此计算各通道的动量矩增量时，必须先在惯性坐标系上计算，然后再用坐标变换，换算到体坐标系上。我们知道，推力矩、引力梯度、气动力矩等都习惯地表示为体坐标系上的分量。当体坐标系跟踪某一转动参考坐标系而转动时，这些外力矩对星体各通道产生的动量矩增量都必须先把力矩转换到惯性坐标系上进行积分，然后把积分结果再变换到体坐标系上。下面讨论几种干扰力矩产生动量矩增量的计算结果。

如图 5.3-2 所示，设 $Ox_ry_rz_r$ 为轨道坐标系，$Ox_Iy_Iz_I$ 为惯性定向坐标系。角 f 为真近点角，则坐标变换 $\boldsymbol{T}$ 为

$$\boldsymbol{T}=\begin{bmatrix}\cos f & 0 & -\sin f\\ 0 & 1 & 0\\ \sin f & 0 & \cos f\end{bmatrix} \tag{5.3-2}$$

干扰力矩 $\boldsymbol{L}$ 在惯性坐标系上分量为

$$\boldsymbol{L}=[L_{xI}\quad L_{yI}\quad L_{zI}]^{\mathrm{T}}$$

则动量矩增量 $\Delta\boldsymbol{h}$ 为

$$\Delta\boldsymbol{h}=\int_{t_0}^{t}\boldsymbol{L}\,\mathrm{d}t=\begin{bmatrix}\int_{t_0}^{t}L_{xI}\,\mathrm{d}t\\ \int_{t_0}^{t}L_{yI}\,\mathrm{d}t\\ \int_{t_0}^{t}L_{zI}\,\mathrm{d}t\end{bmatrix}\cong\int_{t_0}^{t}\begin{bmatrix}L_{xI}\\ L_{yI}\\ L_{zI}\end{bmatrix}\mathrm{d}t \tag{5.3-3}$$

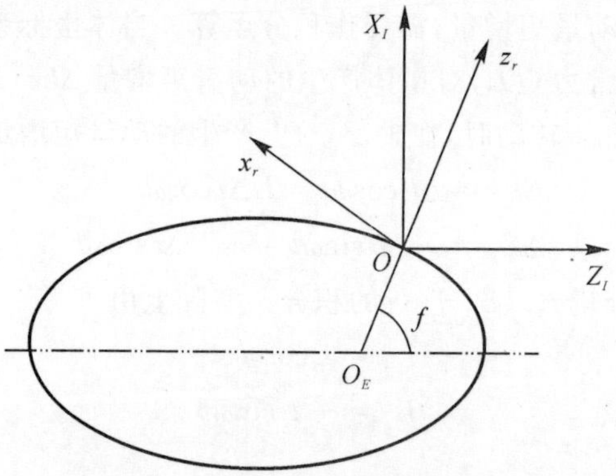

图 5.3-2　轨道坐标系和惯性坐标系

如果已知干扰力矩在轨道坐标系上的分量为

$$\boldsymbol{L}=[L_x\quad L_y\quad L_z]^{\mathrm{T}}$$

利用坐标变换得

$$\Delta\boldsymbol{h}=\int_{t_0}^{t}\boldsymbol{L}\,\mathrm{d}t=\int_{t_0}^{t}\begin{bmatrix}\cos f & 0 & \sin f\\ 0 & 1 & 0\\ -\sin f & 0 & \cos f\end{bmatrix}\begin{bmatrix}L_x\\ L_y\\ L_z\end{bmatrix}\mathrm{d}t=$$

$$\int_{t_0}^{t}\begin{bmatrix}L_x\cos f+L_z\sin f\\ L_y\\ -L_x\sin f+L_z\cos f\end{bmatrix}\mathrm{d}t \tag{5.3-4}$$

当 L_x、L_y、L_z 为常量或 f 的函数时，应把积分变量变换为 f，则

$$\mathrm{d}t=\frac{\mathrm{d}f}{\dot{f}}=\frac{p^2\mathrm{d}f}{b\,(1+e\cos f)^2} \tag{5.3-5}$$

式中，p 为轨道半通径，b 为两倍面积速度，e 为偏心率。把式(5.3-5)代入式(5.3-4)，得

$$\Delta\boldsymbol{h}=\int_{f_0}^{f}\frac{p^2}{b\,(1+e\cos f)^2}\begin{bmatrix}L_x\cos f+L_z\sin f\\ L_y\\ -L_x\sin f+L_z\cos f\end{bmatrix}\mathrm{d}f \tag{5.3-6}$$

下面利用式(5.3-3)与式(5.3-6)计算星体作惯性定向和作对地球定向时几种干扰力矩产生的动量矩增量。

1. 漏气力矩

推力器系统如存在漏气现象，所产生的漏气力矩是影响星体姿态运动的一种干扰源。如果喷管是固定安装，且漏气速度不变，则漏气力矩相对于体坐标系是一常矢量。易知：

(1) 当星体做惯性定向时，如果略去星体扰动影响，则漏气力矩相对于惯性坐标系也是一常矢量，因此所产生的动量矩增量可直接用式(5.3-3)的积分得到。

(2) 当星体做对地球定向，同样略去星体扰动影响，则漏气力矩相对于轨道坐标系是一常矢量。所产生的动量矩增量应由式(5.3-6)求得，即

$$\Delta\boldsymbol{h}=\int_{f_0}^{f}\frac{p^2}{b\,(1+e\cos f)^2}\begin{bmatrix}L_x\cos f+L_z\sin f\\ L_y\\ -L_x\sin f+L_z\cos f\end{bmatrix}\mathrm{d}f=$$

$$\int_{t_0}^{t}\begin{bmatrix}0\\ L_y\\ 0\end{bmatrix}\mathrm{d}t+\int_{f_0}^{f}\begin{bmatrix}L_x\\ 0\\ L_z\end{bmatrix}\frac{p^2}{b\,(1+e\cos f)^2}\mathrm{d}f+\int_{f_0}^{f}\begin{bmatrix}L_z\\ 0\\ -L_x\end{bmatrix}\frac{p^2\sin f}{b\,(1+e\cos f)^2}\mathrm{d}f \tag{5.3-7}$$

式(5.3-7)的第一、三项容易积分。第二项积分可由如下变换求得：

$$\cos f=\frac{1-\tan^2\dfrac{f}{2}}{1+\tan^2\dfrac{f}{2}} \tag{5.3-8a}$$

$$\tan\frac{f}{2}=\sqrt{\frac{1+e}{1-e}}\tan\frac{E}{2} \tag{5.3-8b}$$

$$\mathrm{d}f=\sqrt{\frac{1+e}{1-e}}\cdot\frac{1+\tan^2\dfrac{E}{2}}{1+\tan^2\dfrac{f}{2}}\mathrm{d}E \tag{5.3-8c}$$

代入第二项得

$$\int_{E_0}^{E}\begin{bmatrix}L_x\\ 0\\ L_z\end{bmatrix}\frac{p^2}{b}\cdot\frac{1-\tan^2\dfrac{f}{2}}{1+\tan^2\dfrac{f}{2}}\cdot\frac{\left(1+\tan^2\dfrac{f}{2}\right)^2}{\left[\left(1+\tan^2\dfrac{f}{2}\right)+e\left(1-\tan^2\dfrac{f}{2}\right)\right]^2}\cdot\frac{1+\tan^2\dfrac{E}{2}}{1+\tan^2\dfrac{f}{2}}\cdot\sqrt{\frac{1+e}{1-e}}\mathrm{d}E=$$

$$\int_{E_0}^{E}\begin{bmatrix}L_x\\0\\L_z\end{bmatrix}\frac{p^2}{b}\sqrt{\frac{1}{(1-e^2)^3}}(\cos E-e)\,\mathrm{d}E=$$

$$\int_{E_0}^{E}\begin{bmatrix}L_x\\0\\L_z\end{bmatrix}\frac{\cos E-e}{n}\mathrm{d}E=\begin{bmatrix}L_x\\0\\L_z\end{bmatrix}\frac{\sin E-eE}{n}\Bigg|_{E_0}^{E} \tag{5.3-9}$$

式中，E 为偏近点角，$n=\sqrt{\frac{\mu}{a^3}}$ 为轨道平均速度，a 为轨道半长轴，μ 为地球引力常数。

式(5.3-7)的最后积分为

$$\Delta\boldsymbol{h}=\begin{bmatrix}0\\L_y(t-t_0)\\0\end{bmatrix}+\begin{bmatrix}L_z\\0\\-L_x\end{bmatrix}\frac{p^2}{be(1+e\cos f)}\Bigg|_{f_0}^{f}+\begin{bmatrix}L_x\\0\\L_z\end{bmatrix}\frac{\sin E-eE}{n}\Bigg|_{E_0}^{E} \tag{5.3-10}$$

式(5.3-10)第二项可改写为

$$\frac{1}{e(1+e\cos f)}\Bigg|_{f_0}^{f}=\frac{1}{e(1+e\cos f)}-\frac{1}{e(1+e\cos f_0)}=\frac{\cos f_0-\cos f}{(1+e\cos f)(1+e\cos f_0)}$$

因此，式(5.3-10)又可改写为

$$\Delta\boldsymbol{h}=\begin{bmatrix}0\\L_y(t-t_0)\\0\end{bmatrix}+\begin{bmatrix}L_z\\0\\-L_x\end{bmatrix}\frac{p^2(\cos f_0-\cos f)}{b(1+e\cos f)(1+e\cos f_0)}+\begin{bmatrix}L_x\\0\\L_z\end{bmatrix}\left(\frac{\sin E-eE}{n}-\frac{\sin E_0-eE_0}{n}\right)=$$

$$\begin{bmatrix}-\frac{e}{n}(E-E_0)L_x\\L_y(t-t_0)\\-\frac{e}{n}(E-E_0)L_x\end{bmatrix}+\begin{bmatrix}L_z\\0\\-L_x\end{bmatrix}\frac{p^2(\cos f_0-\cos f)}{b(1+e\cos f)(1+e\cos f_0)}+\begin{bmatrix}L_x\\0\\L_z\end{bmatrix}\left(\frac{\sin E-\sin E_0}{n}\right) \tag{5.3-11}$$

由式(5.3-11)结果知，当星体作对地球定向时，漏气力矩的动量矩包含两部分，一部分是随时间 t 而线性递增的项，如式(5.3-11)第一项；另一部分是随时间而周期性变化力矩的作用，如式(5.3-11)第二、三项。我们知道，周期性变化的力矩，每经一个周期，所产生的动量矩增量等于零；而阶跃变化力矩，每经一轨道周期，动量矩增量为

$$\Delta\boldsymbol{h}_T=\frac{2\pi}{n}\begin{bmatrix}-eL_x\\L_y\\-eL_z\end{bmatrix} \tag{5.3-12}$$

经 N 个周期后，其增量为

$$\Delta\boldsymbol{h}_{NT}=N\Delta\boldsymbol{h}_T=\frac{2\pi N}{n}\begin{bmatrix}-eL_x\\L_y\\-eL_z\end{bmatrix} \tag{5.3-13}$$

这一项对飞轮系统来说是非常不利的，如果没有卸载系统，将使系统趋向于饱和。而周期变化

的干扰项，对飞轮系统来说，只要贮存量足够大，就不会使系统饱和。

2. 引力梯度矩

在对地球定向的系统中，引力梯度矩是作为稳定力矩的一部分。但是当安装敏感器的坐标系不与星体惯量主轴重合时，则惯量张量出现非对角线元素，即

$$\boldsymbol{I}=\begin{bmatrix} I_x & -I_{xy} & -I_{xz} \\ -I_{xy} & I_y & -I_{yz} \\ -I_{xz} & -I_{yz} & L_z \end{bmatrix}$$

当系统稳定时，敏感器测得的姿态虽然有

$$\varphi=\theta=\psi=0$$

但是由于存在有惯量积，而引力梯度矩仍不为零。设星体质心相对于地球中心的失径 $\boldsymbol{r}$ 的单位矢量 $\boldsymbol{r}^0$ 为

$$\boldsymbol{r}^0=[0\quad 0\quad -1]^{\mathrm{T}}$$

则引力梯度 $\boldsymbol{L}^g$ 为

$$\boldsymbol{L}^g=\frac{3\mu}{r^3}\tilde{r}^0\boldsymbol{I}\boldsymbol{r}^0=\frac{3\mu}{r^3}\begin{bmatrix} 0 & 1 & 0 \\ -1 & 0 & 0 \\ 0 & 0 & 0 \end{bmatrix}\begin{bmatrix} I_x & -I_{xy} & -I_{xz} \\ -I_{xy} & I_y & -I_{yz} \\ -I_{xz} & -I_{yz} & I_z \end{bmatrix}\begin{bmatrix} 0 \\ 0 \\ -1 \end{bmatrix}=\frac{3\mu}{r^3}\begin{bmatrix} I_{yz} \\ -I_{xz} \\ 0 \end{bmatrix} \tag{5.3-14}$$

这一引力梯度矩也是干扰力矩。由于式(5.3 - 14) 是在轨道坐标系上的分量，当计算此力矩产生的动量矩增量时，必须先换算到惯性坐标系上，从式(5.3 - 6) 得

$$\Delta\boldsymbol{h}=\int\frac{3\mu}{r^3}\cdot\frac{r^2}{b}\begin{bmatrix} I_{yz}\cos f \\ -I_{xz} \\ -I_{yz}\sin f \end{bmatrix}\mathrm{d}f=$$

$$\int\frac{3\mu}{pb}(1+e\cos f)\begin{bmatrix} I_{yz}\cos f \\ -I_{xz} \\ -I_{yz}\sin f \end{bmatrix}\mathrm{d}f=$$

$$\frac{3\mu}{pb}\left\{\begin{bmatrix} -\frac{1}{2}I_{yz}ef \\ -I_{xz}f \\ 0 \end{bmatrix}+\begin{bmatrix} -I_{yz}(\sin f+\frac{e}{4}\sin 2f) \\ -I_{xz}e\sin f \\ -I_{yz}(\cos f+\frac{1}{4}\cos^2 f) \end{bmatrix}\right\} \tag{5.3-15}$$

式(5.3 - 15) 中积分常数项没有单独列出，下面各式中为了书写方便均未列出积分常数项。由式(5.3 - 15) 知，当星体作对地球定向时，惯量积造成的引力梯度矩所产生的动量矩增量，也含有阶跃形式增量与周期形式增量两部分。

如果星体是作惯性定向，这时 $\boldsymbol{r}^0$ 与 $\boldsymbol{L}^g$ 可以表示为

$$\boldsymbol{r}^0=[\sin f\quad 0\quad \cos f]^T$$

$$\boldsymbol{L}^{g}=\frac{3\mu}{r^{3}}\begin{bmatrix}0 & -\cos f & 0\\ \cos f & 0 & -\sin f\\ 0 & \sin f & 0\end{bmatrix}\begin{bmatrix}I_{x} & -I_{xy} & -I_{xz}\\ -I_{xy} & I_{y} & -I_{yz}\\ -I_{xz} & -I_{yz} & I_{z}\end{bmatrix}\begin{bmatrix}\sin f\\ 0\\ \cos f\end{bmatrix}=$$

$$\frac{3\mu}{r^{3}}\begin{bmatrix}I_{xy}\cos f\sin f+I_{yz}\cos^{2}f\\ (I_{x}-I_{z})\cos f\sin f+I_{xz}(\sin^{2}f-\cos^{2}f)\\ I_{z}\cos f\sin f-I_{xy}\sin^{2}f\end{bmatrix}=$$

$$\frac{3\mu}{2r^{3}}\left\{\begin{bmatrix}I_{yz}\\ 0\\ -I_{xy}\end{bmatrix}+\begin{bmatrix}I_{xy}\sin 2f+I_{yz}\cos 2f\\ (I_{x}-I_{z})\sin 2f-2I_{xz}\cos 2f\\ I_{z}\sin 2f+I_{xy}\cos 2f\end{bmatrix}\right\} \tag{5.3-16}$$

相应的动量矩增量为

$$\Delta\boldsymbol{h}=\int\frac{3\mu}{2r^{3}}\cdot\frac{r^{2}}{b}\left\{\begin{bmatrix}I_{yz}\\ 0\\ -I_{xy}\end{bmatrix}+\begin{bmatrix}I_{xy}\sin 2f+I_{yz}\cos 2f\\ (I_{x}-I_{z})\sin 2f-2I_{xz}\cos 2f\\ I_{z}\sin 2f+I_{xy}\cos 2f\end{bmatrix}\right\}\mathrm{d}f=$$

$$\frac{3\mu}{2pb}\int(1+e\cos f)\left\{\begin{bmatrix}I_{yz}\\ 0\\ -I_{xy}\end{bmatrix}+\begin{bmatrix}I_{xy}\sin 2f+I_{yz}\cos 2f\\ (I_{x}-I_{z})\sin 2f-2I_{xz}\cos 2f\\ I_{z}\sin 2f+I_{xy}\cos 2f\end{bmatrix}\right\}\mathrm{d}f=$$

$$\frac{3\mu}{2pb}\left\{\begin{bmatrix}I_{yz}f\\ 0\\ -I_{xz}f\end{bmatrix}+\frac{1}{6}\begin{bmatrix}-I_{xy}(3e\cos f+3\cos 2f+e\cos 3f)+eI_{yz}(3\sin f+\sin 3f)\\ (I_{z}-I_{x})(3e\cos f+3\cos 2f+e\cos 3f)-2eI_{xz}(3\sin f+\sin 3f)\\ -I_{z}(3e\cos f+3\cos 2f+e\cos 3f)+eI_{xy}(3\sin f+\sin 3f)\end{bmatrix}\right\} \tag{5.3-17}$$

3. 气动力矩

在初步估算时，气动力矩可表示为

$$\boldsymbol{L}=\boldsymbol{c}\times\boldsymbol{F}$$

$$\boldsymbol{F}=-\frac{1}{2}c_{d}s\rho v^{2}\boldsymbol{v}^{0}$$

式中，$\boldsymbol{c}$ 为压心相对于质心的矢径。$\boldsymbol{F}$ 为总气动力。c_d 为气动系数，对牛顿流来说近似等于 2。S 为迎面特征面积。$\boldsymbol{v}^0$ 为速度方向单位矢量。ρ 为大气密度，假设满足

$$\rho=\rho_{p}\mathrm{e}^{-\frac{r-r_{p}}{d}}=\rho_{p}\exp\left(\frac{er_{p}}{d}\times\frac{\cos f-1}{1+e\cos f}\right) \tag{5.3-18}$$

式中，ρ_p 为近地点处大气密度，d 为标高。如记 $\alpha=\dfrac{er_p}{d}$，对近圆轨道值很小，因此式(5.3-18)可近似为

$$\rho=\rho_{p}[1-\alpha(1-\cos f)] \tag{5.3-19}$$

气动力矩产生的动量矩增量可表示为

$$\Delta\boldsymbol{h}=\int\boldsymbol{L}_{I}\mathrm{d}t=-\int(\boldsymbol{c}\times\boldsymbol{v}^{0})_{I}\left(\frac{1}{2b}c_{d}s\rho v^{2}\right)r^{2}\mathrm{d}f \tag{5.3-20}$$

式中，下标“I”表示在惯性坐标系上的分量。由于速度

$$\boldsymbol{v} = \dot{r}\boldsymbol{e}_r + r\dot{f}\boldsymbol{e}_f$$

$$r\dot{f} = \frac{b}{r} = \frac{\sqrt{\mu p}}{r}$$

$$\dot{r} = \frac{r^2}{p}e\dot{f}\sin f = e\sqrt{\frac{\mu}{p}}\sin f$$

$$v^2 = \dot{r}^2 + r^2\dot{f}^2 = \frac{e^2\mu}{p}\sin^2 f + \frac{\mu p}{r^2}$$

$$r^2v^2 = \frac{e^2\sin^2 f}{(1+e\cos f)^2}\mu p + \mu p \approx \mu p \cdot \frac{e^2\sin^2 f + 1 + 2e\cos f + e^2\cos^2 f}{(1+e\cos f)^2} =$$

$$\mu p \times \frac{1+2e\cos f + e^2}{(1+e\cos f)^2} \approx \mu p \tag{5.3-21}$$

设 $\boldsymbol{v}^0$ 同 $\boldsymbol{e}_r$ 的夹角为 β，则

$$\cos\beta = \frac{\dot{r}}{v} = \frac{e\sqrt{\dfrac{\mu}{p}}\sin f}{\left(\dfrac{e^2\mu}{p}\sin^2 f + \dfrac{\mu p}{r^2}\right)^{\frac{1}{2}}} = \frac{e\sin f}{(1+2e\cos f + e^2)^{\frac{1}{2}}} \approx e\sin f \tag{5.3-22}$$

$$\sin\beta = \frac{r\dot{f}}{v} = \frac{\sqrt{\mu p}/r}{\left(\dfrac{e^2\mu}{p}\sin^2 f + \dfrac{\mu p}{r^2}\right)^{\frac{1}{2}}} = \frac{1+e\cos f}{(1+2e\cos f + e^2)^{\frac{1}{2}}} \approx 1 \tag{5.3-23}$$

下面考虑星体的两种定向：

(1) 星体对地球定向。

$\boldsymbol{v}^0$ 在体坐标系上的分量，易由式(5.3-22)与式(5.3-23)得到

$$\boldsymbol{v}^0 = [1 \quad 0 \quad -e\sin f]^{\mathrm{T}}$$

设 $\boldsymbol{c}$ 相对于星体是不变的，其分量记为 c_x、c_y、c_z，则

$$\boldsymbol{c} \times \boldsymbol{v}^0 = \begin{bmatrix} 0 & -c_z & c_y \\ c_z & 0 & -c_x \\ -c_y & c_x & 0 \end{bmatrix} \begin{bmatrix} 1 \\ 0 \\ -e\sin f \end{bmatrix} = \begin{bmatrix} -ec_y\sin f \\ c_z + ec_x\sin f \\ -c_y \end{bmatrix}$$

及

$$(\boldsymbol{c} \times \boldsymbol{v}^0)_I = \begin{bmatrix} \cos f & 0 & \sin f \\ 0 & 1 & 0 \\ -\sin f & 0 & \cos f \end{bmatrix} \begin{bmatrix} -ec_y\sin f \\ c_z + ec_x\sin f \\ -c_y \end{bmatrix} = \begin{bmatrix} -c_y(1+e\cos f)\sin f \\ c_z + ec_x\sin f \\ -c_y(-e\sin^2 f + \cos f) \end{bmatrix} \tag{5.3-24}$$

把式(5.3-19)，式(5.3-21)，式(5.3-24)代入式(5.3-20)，并准确至 α 的一阶项、e 的零阶项得

$$\Delta\boldsymbol{h} = \frac{\mu p c_d s \rho_p}{2b}\int(1-\alpha+\alpha\cos f)\begin{bmatrix} c_y\sin f \\ -c_z \\ c_y\cos f \end{bmatrix}\mathrm{d}f =$$

$$\frac{\mu p c_d s \rho_p}{2b}\left\{\begin{bmatrix} 0 \\ -(1-\alpha)c_z \\ \frac{1}{2}\alpha c_y \end{bmatrix}+\begin{bmatrix} -(1-\alpha)c_y\cos f-\frac{1}{4}\alpha c_y\cos 2f \\ -\alpha c_z\sin f \\ (1-\alpha)c_y\sin f+\frac{1}{4}\alpha c_y\sin 2f \end{bmatrix}\right\} \tag{5.3-25}$$

(2) 星体对惯性定向。

$$\boldsymbol{v}^0=\begin{bmatrix} \cos f & 0 & \sin f \\ 0 & 1 & 0 \\ -\sin f & 0 & \cos f \end{bmatrix}\begin{bmatrix} 1 \\ 0 \\ -e\sin f \end{bmatrix}=\begin{bmatrix} \cos f-e\sin^2 f \\ 0 \\ -\sin f-e\cos f\sin f \end{bmatrix}$$

$$\boldsymbol{c}\times\boldsymbol{v}^0=\begin{bmatrix} 0 & -c_z & c_y \\ c_z & 0 & -c_x \\ -c_y & c_x & 0 \end{bmatrix}\begin{bmatrix} \cos f-e\sin^2 f \\ 0 \\ -\sin f-e\cos f\sin f \end{bmatrix}=$$

$$\begin{bmatrix} -c_y(1+e\cos f)\sin f \\ c_z(\cos f-e\sin^2 f)+c_x(1+e\cos f)\sin f \\ -c_y(\cos f-e\sin^2 f) \end{bmatrix} \tag{5.3-26}$$

由式(5.3-24)与式(5.3-26)相比较知，x 与 z 的分量相同，因此的相应分量也相等。而 y 的分量为

$$\Delta\boldsymbol{h}_{Iy}=\frac{\mu p c_d s \rho_p}{2b}\int(1-\alpha+\alpha\cos f)(-c_z\cos f-c_x\sin f)\mathrm{d}f=$$

$$\frac{\mu p c_d s \rho_p}{2b}\left[-\frac{1}{2}c_z\alpha f-(1-\alpha)c_z\sin f-\frac{1}{4}\alpha c_z\sin 2f+(1-\alpha)c_x\cos f-\frac{1}{4}\alpha c_x\cos 2f\right]=$$

$$-\frac{\mu p c_d s \rho_p}{2b}\left[\frac{1}{2}c_z\alpha f+(1-\alpha)(c_z\sin f-c_x\cos f)+\frac{1}{4}\alpha(c_z\sin 2f+c_x\cos 2f)\right] \tag{5.3-27}$$

从上面分析的各干扰力矩的例子知，干扰力矩对星体动量矩的影响，一般都包含阶跃分量和周期分量两部分，阶跃分量产生的动量是单调递增的，而周期分量产生的动量矩增量每周期的总增量为零。各种主动执行器对这两种干扰的吸收能力是不同的。阶跃干扰可以使飞轮系统饱和，而周期干扰使推力器系统不断消耗工质。如果控制系统联合使用这种执行器，用喷射系统抵消阶跃干扰影响，用飞轮系统吸收周期干扰的作用，这样既可以使飞轮系统去饱和，又可以避免推力器系统长期工作，等等。因此如何联合使用各种主动执行器，组成一个联合的主动系统，以发挥各种执行器的长处，避免其短处，使得系统的性能更好，结构更加合理，是系统设计中必须考虑的重要问题。例如“自由号”空间站于“和平号”空间站的姿态控制系统，都是采用控制力矩陀螺与推力器组成的联合系统。平时由控制力矩陀螺稳定姿态，而推力器系统主要用于卸载与姿态机动。下面通过一个例子来说明联合系统的工作原理。

5.3.3 偏置动量矩轮／推力器系统

下面讨论由偏置动量矩轮与推力器系统组成的联合姿态控制系统。

飞轮的安装如图 5.3-3 所示。两个飞轮完全相同，两转轴联成 V 的形状。V 结构的对称轴与俯仰轴 y 重合。飞轮轴与 y 轴的夹角为 η。V 结构的平面与 yOz 平面的夹角为 ε。z 轴为偏航轴，x 轴为滚动轴。两飞轮标称转速均为 Ω_0，转向也相同。相对于星体的总的标称动量矩 $\boldsymbol{h}_{\omega 0}$ 沿着 y 轴的负方向。设飞轮的轴向转动惯量为 J_ω，则 $\boldsymbol{h}_{\omega 0}$ 沿体轴的三分量 h_1、h_2、h_3 为

$$\left.\begin{aligned} h_1 &= 0 \\ h_2 &= -h_{\omega 0} = -2J_\omega \Omega_0 \cos\eta \\ h_3 &= 0 \end{aligned}\right\} \tag{5.3-28}$$

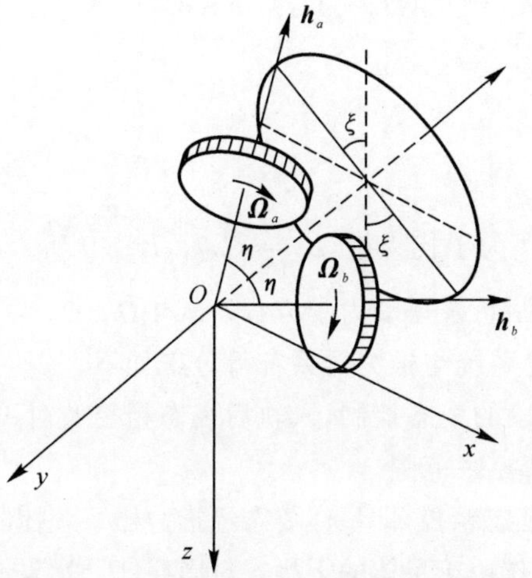

图 5.3-3　斜装动量矩轮结构原理图

当飞轮系统工作时，飞轮角速度分别增加一附加量 Ω_a 与 Ω_b，则飞轮的相对动量矩 $\boldsymbol{h}_\omega$ 为

$$\left.\begin{aligned} h_1 &= J_\omega(\Omega_b - \Omega_a)\sin\eta\sin\xi \\ h_2 &= -J_\omega(2\Omega_0 + \Omega_a + \Omega_b)\cos\eta \\ h_3 &= J_\omega(\Omega_b - \Omega_a)\sin\eta\cos\xi \end{aligned}\right\} \tag{5.3-29}$$

再设 $\boldsymbol{\omega}$ 为星体角速度，$\boldsymbol{I}$ 为星体与飞轮对体坐标系的总惯量张量，且设惯量积影响略去不计，则

$$\boldsymbol{I} = \begin{bmatrix} I_x & 0 & 0 \\ 0 & I_y & 0 \\ 0 & 0 & I_z \end{bmatrix}$$

则系统的总动量矩 $\boldsymbol{h}$ 为

$$\boldsymbol{h} = \boldsymbol{I}\omega + \boldsymbol{h}_\omega \tag{5.3-30}$$

由动量矩定理得

$$\dot{\boldsymbol{h}} = \boldsymbol{I}\dot{\boldsymbol{\omega}} + \boldsymbol{\omega} \times \boldsymbol{I}\boldsymbol{\omega} + \boldsymbol{\omega} \times \boldsymbol{h}_\omega + \dot{\boldsymbol{h}}_\omega = \boldsymbol{L}^e + \boldsymbol{L}^c \tag{5.3-31}$$

如设姿态角 φ、θ、ψ，姿态角速度 $\dot{\varphi}$、$\dot{\theta}$、$\dot{\psi}$ 及飞轮附加动量矩 $J_\omega\Omega_a$、$J_\omega\Omega_b$ 均为小量，则式(5.3-31) 可以线性化为

$$\left.\begin{aligned}
&I_x\dot{\omega}_x + A_x\omega_x - nh_3 = L_x^e + L_x^c - \dot{h}_1 \\
&I_y\dot{\omega}_y = L_y^e + L_y^c - \dot{h}_2 \\
&I_z\dot{\omega}_z - A_z\omega_x + nh_1 = L_z^e + L_z^c - \dot{h}_3 \\
&A_x = (I_y - I_z)n + 2J_\omega\Omega_0\cos\eta \\
&A_z = (I_y - I_x)n + 2J_\omega\Omega_0\cos\eta \\
&\dot{h}_1 = J_\omega(\dot{\Omega}_b - \dot{\Omega}_a)\sin\eta\sin\xi \\
&\dot{h}_2 = -J_\omega(\dot{\Omega}_b + \dot{\Omega}_a)\cos\eta \\
&\dot{h}_3 = J_\omega(\dot{\Omega}_b - \dot{\Omega}_a)\sin\eta\cos\xi \\
&\omega_x = \dot{\varphi} - n\psi \\
&\omega_y = \dot{\theta} - n \\
&\omega_z = \dot{\psi} + n\varphi
\end{aligned}\right\} \tag{5.3-32}$$

式中，$\boldsymbol{L}^e = [L_x^e \quad L_y^e \quad L_z^e]^T$ 为干扰力拒，$\boldsymbol{L}^c = [L_x^c \quad L_y^c \quad L_z^c]^T$ 为推力器系统控制力矩。

式(5.3-32)组成了控制系统得动力学方程。式中$\dot{\Omega}_a$、$\dot{\Omega}_b$为飞轮系统控制量，L_x^c、L_y^c、L_z^c为推力器系统控制量。飞轮系统与推力器系统得分工如下；

推力器系统，用在制导段的姿态控制，入轨后姿态粗控及对飞轮系统卸载。粗控是指消除初始翻滚及姿态误差超出精控区范围。

飞轮系统，用于入轨后姿态精控，即星体姿态经推力器系统控制进入精控区后进行的控制。在精控中飞轮系统需要吸收作用于星体的干扰。对周期性干扰来说，只要飞轮储存量足够大，就不可能使飞轮饱和。但阶跃性干扰可以使飞轮饱和。当转速Ω_a与Ω_b的和或差达到一定值时，推力器系统门限调节器就开始工作，使飞轮卸载。另外，当星体受大的干扰，如流星碰撞的作用时，姿态误差可能超出精控区范围，这时系统进入粗控状态，且由推力器系统进行控制。

从式(5.3-32)知，飞轮系统对三通道的控制作用是相互耦合的。当两飞轮以相同的电机力矩进行加速或减速时，有

$$\left.\begin{aligned}
&\dot{\Omega}_b = \dot{\Omega}_a \\
&\dot{h}_1 = \dot{h}_3 = 0 \\
&\dot{h}_2 = -2J_\omega\dot{\Omega}_b\cos\eta
\end{aligned}\right\} \tag{5.3-33}$$

式(5.3-33)表明飞轮系统仅对俯仰通道进行控制，而对其余两个通道不起控制作用。当两飞轮以等值反向的电机力矩进行加速或减速时，有

$$\left.\begin{aligned}
&\dot{\Omega}_b = -\dot{\Omega}_a \\
&\dot{h}_2 = 0 \\
&\dot{h}_1 = 2J_\omega\dot{\Omega}_b\sin\eta\sin\xi \\
&\dot{h}_3 = 2J_\omega\dot{\Omega}_b\sin\eta\cos\xi
\end{aligned}\right\} \tag{5.3-34}$$

式(5.3-34)表明飞轮系统是对滚转-偏航通道进行控制，而不对俯仰通道进行控制。一般来说，两飞轮的电机力矩是由姿态测量信息进行反馈，以便对三通道产生所需要的控制力矩。

在5.2节中曾经讨论了单个偏置动量矩轮存在的问题是滚转与偏航只靠偏置动量矩加以

稳定，达不到高精度的要求。而由上例的分析可知，如果用两个斜装的偏置动量轮组成的系统，则可克服单个飞轮系统存在的缺点，也可实现三轴控制，其控制性能到达到双框架飞轮系统的相同水平，而且在结构的质量和复杂性方面还优于双框架飞轮系统。因此，用多个结构简单的飞轮，例如反作用飞轮和偏置动量矩轮组成的系统，通常可获得更好的性能，而更具有工程应用价值。

复习思考题 5

1. 地磁场的特点、描述方法分别是什么？
2. 说明地磁力矩的计算方法，载流线圈地磁力矩的计算方法。
3. 说明地磁力矩器控制系统原理，并画出系统图。
4. 说明地磁力矩器电流的计算方法。
5. 主动控制系统有哪些？各有什么特点？
6. 星体主要干扰力矩有哪些？
7. 干扰力矩的影响规律是什么？分析时应注意什么问题？
8. 说明干扰力矩影响与分析时分别针对星体对惯性定向和对地定向的分析的一般方法。
9. 漏气力矩的干扰特性是什么？
10. 引力梯度矩的干扰特性是什么？
11. 气动力矩的干扰特性是什么？
12. 几种干扰力矩特性的共有特性是什么？
13. 偏置动量轮/推力器系统中各控制分系统的作用是什么？
14. 说明 V 结构偏置动量轮系统的运动方程建立方法、控制特性分析方法。控制特性与单偏置轮系统控制特性有何不同？

第 6 章　姿态敏感器和姿态确定

主动的姿态控制系统，通常是一闭环控制系统。如果是在星体上进行自主的姿态控制，则称之为小回路姿态控制系统，如图 6.0－1 所示。

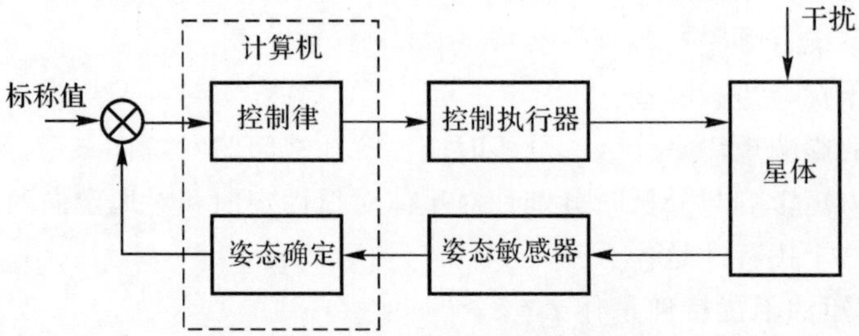

图 6.0－1　星上小回路姿控原理图

如果是由星-地间测控系统进行姿态控制，则称为大回路姿态控制系统，如图 6.0－2 所示。星上的小回路姿态控制系统，是在星上直接对姿态敏感器信息进行自主处理和确定，并按预先设计的控制律产生控制指令，命令控制执行器（小推力系统、飞轮系统、地磁力矩产生器等）工作，使星体获得所需要的动量矩增量。星-地大回路姿态控制系统，是把星上姿态敏感器信息通过遥测系统传送至地面控制中心，经过加工，产生相应的控制指令，并通过遥控系统命令星上控制执行器工作。两种系统各有优点，对大部分航天器来说，两种系统并用，相互补充，互为备份，以提高系统可靠性。

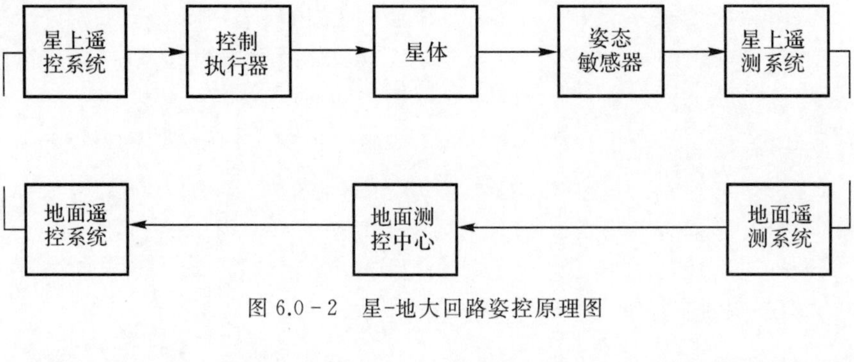

图 6.0－2　星-地大回路姿控原理图

组成主动姿态控制系统的设备有计算机、姿态敏感器和控制执行器。星载计算机是控制系统的核心部件，要完成各种测量信息的收集、处理与存储，控制指令的计算、产生与传递，对遥测遥控数据的发送和接收，对各种操作的协调与传送等。限于篇幅，本章着重阐述姿态敏感器的工作原理和姿态确定的基本方法。

6.1　姿态敏感器

姿态敏感器是用来测量星体相对于某一基准方位的姿态信息，利用这些测量信息，可确定星体的某一轴或三轴的姿态。

对不同的基准方位，所用的姿态敏感器的工作原理和所测量的信息都是不同的。在工程上姿态敏感器的种类很多，如按其基准方位分，可分为以下 5 类：

(1)以地球为基准方位，有红外地平仪、地球反照敏感器等。

(2)以天体为基准方位，有太阳敏感器、星敏感器等。

(3)以惯性空间为基准方位，有陀螺仪等惯性器件。

(4)以地面站为基准方位，有射频敏感器等。

(5)其它，如以地球磁场为基准方位的磁强计、以地貌为基准方位的陆标敏感器等。

由于惯性器件和射频敏感器已有专著论述，这里限于篇幅不作重复。下面仅对工程上常用的地平敏感器、太阳敏感器、星敏感器和磁强计等的工作原理作简要介绍。

6.1.1　地平敏感器

航天器相对于地球定向，对通信卫星、气象卫星、地球资源卫星和导航卫星等，都是非常重要的。地球是近地卫星所能观察到的第二明亮的星体，因此地球也成为对地球定向的最重要的基准物体。由于地球对近地卫星是一个广阔的观测目标，不是一个确定的基准方向，因此工程上通常是以星体所处的当地垂线，也即当地地平，作为基准方向。地平敏感器就是用于测量星体相对于当地垂线(当地地平)的方位。最简单的地平敏感器是安装在星体上敏感地球反射的可见光的地球反照敏感器。敏感器是由快门、透镜及光电二极管组成。这种敏感器结构简单，价格便宜；但是这种敏感器在夜晚不能工作，而且对星体反射的阳光比较敏感，因此在应用上受到限制。

另一类结构较为复杂的地平敏感器是红外地平仪。红外地平仪是工作在 14～16 μm 的二氧化碳红外窄波段上。因为地球表面上空 25～50 km 的大气中二氧化碳在 14～16 μm 波段内的红外辐射强度是随着高度的增加而迅速地减小，因此工作在这一窄波段上的红外地平仪可获得极为清晰的地球轮廓。而且红外地平仪对星体反射的阳光不敏感，不论白天或夜晚均能正常工作。因此红外地平仪在工程上得到广泛的应用。目前红外地平仪主要有三种形式：边界跟踪式、辐射热平衡式和地平穿越式。其中地平穿越式扫描视场大，可用于大范围的姿态测量，但精度略低，约 1°～2°，其余两种敏感器，工作视场较小，只能适用于小范围的姿态测量，但精度较高，可达 0.03°量级。下面着重介绍穿越式红外地平仪的工作原理。

穿越式红外地平仪可用作自旋卫星或三轴稳定卫星上的姿态敏感器。为了便于说明工作原理，下面分别介绍地平仪在这两类卫星上的工作情况。

1. 自旋卫星的地平仪

自旋卫星内的地平仪用来测量地心角 η。地平仪是由光学系统、辐射强度检测器和信号处理电子线路等组成的。如图 6.1-1 所示，地平仪的光轴与自旋轴成 γ 角。随着星体自旋，光轴便作圆锥扫描运动。当光轴扫至地平圈 H_i 点时，地平仪接收到红外辐射能量产生跃变，并经过热敏元件检测器把能量跃变转换为电信号跃变，从而形成地球方波前沿。当光轴扫至地平圈 H_0 点时，开始离开地球，相应的电信号跃变形成地球方波的后沿。随着星体自旋，地平仪便输出周期性的地球方波信号。方波信号经过电子线路放大和处理变为前后沿的脉冲信号。利用前后沿脉冲信号的时间间隔，便可推算出星体自旋轴相对于当地垂线的夹角，即地心角 η。

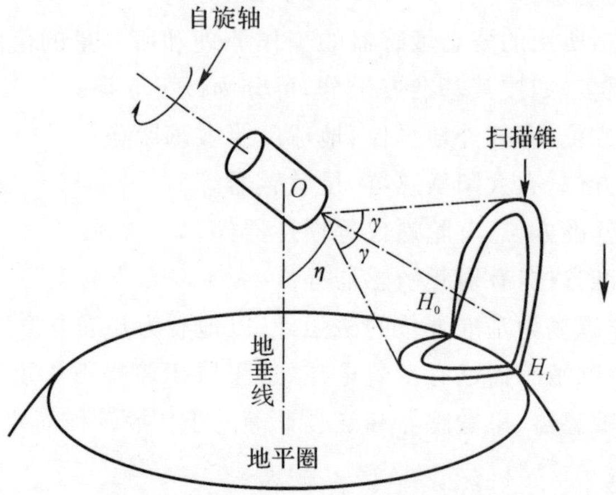

图 6.1-1　地平仪光轴的圆锥扫描

现以星体质心 O 为中心做一单位球，且称为姿态天球。在此天球面上可方便地用大圆弧的几何关系来表示各轴线之间的夹角关系。在图 6.1-2 中，点 A 是自旋轴与天球面的交点，点 E 是地垂线与天球面的交点，点 P 是光轴的瞬间位置与天球面的交点。H_i 和 H_0 分别为光轴对地平的扫入点与扫出点的投影。γ 是光轴与自旋轴的夹角。η 是地心角。ρ 是星体对地球视场的半张角。Ω 是地球的弦宽角，即 H_i 与 H_0 之间的大圆弧。φ 是扫描角，即光轴的瞬间位置相对于某一指定的基准位置的夹角。

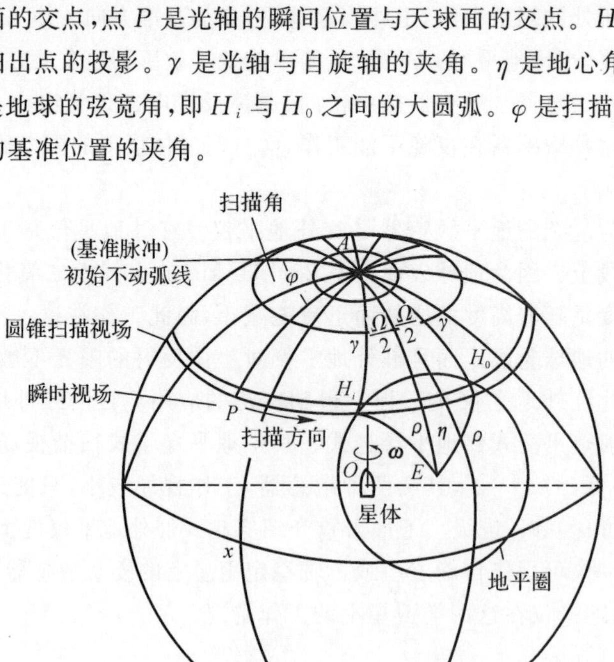

图 6.1-2　天球上的几何关系图

引入天球概念后，自旋轴的地心角 η 便可方便地用球面三角关系确定如下：

(1) 确定地球半张角 ρ。如图 6.1-3 所示，设卫星轨道为圆，轨道高度为 h，地球半径为 R_E，红外辐射层高度为 h_a，则星体对地视场的半张角 ρ 为

$$\rho = \arcsin \frac{R_E + h_a}{R_E + h} \tag{6.1-1}$$

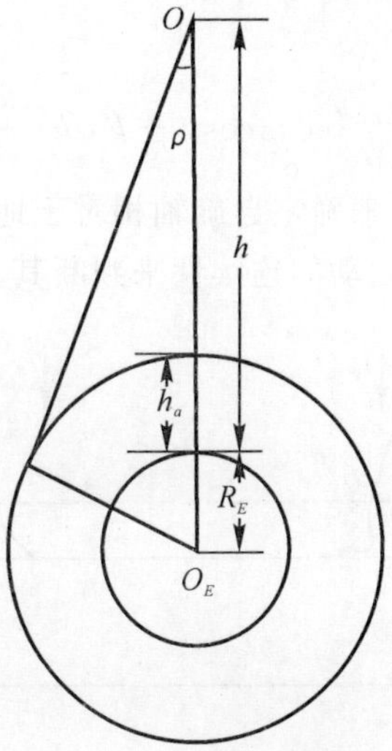

图 6.1-3　地球半张角 ρ

(2) 确定地球弦宽角 Ω。如图 6.1-4 所示，设光轴扫过基准位置时给出基准脉冲，对应的时刻为 $t_{基准}$，对应于地球方波前沿脉冲时刻为 $t_{前}$，后沿脉冲时刻为 $t_{后}$，可得

$$\left.\begin{aligned} t_i &= t_{前} - t_{基准} \\ t_0 &= t_{后} - t_{基准} \\ t_W &= t_0 - t_i \\ t_M &= \frac{t_i + t_0}{2} \end{aligned}\right\} \tag{6.1-2}$$

式中，t_i 为光轴从基准位置扫到扫入点 H_i 的时间，t_0 为扫到扫出点 H_0 的时间，t_W 为地球方波前后沿的扫描时间，t_M 为扫到地球弦宽中点（简称地中）的时间。如设星体自旋角速度 ω 为常值，则得弦宽角 Ω 为

$$\Omega = \omega t_W = \omega (t_0 - t_i) \tag{6.1-3}$$

(3) 确定地心角 η。在天球面上考虑球面 $\triangle AEH_i$，由余弦定理得

$$\cos\rho = \cos\gamma \cos\eta + \sin\gamma \sin\eta \cos \frac{\Omega}{2} \tag{6.1-4}$$

记

$$k = \sin\gamma \cos \frac{\Omega}{2} \tag{6.1-5}$$

把式(6.1-5)代入式(6.1-4)得

$$\sin\eta=\frac{1}{k}(\cos\rho-\cos\gamma\cos\eta)$$

$$\sin^2\eta=1-\cos^2\eta=\frac{1}{k^2}(\cos^2\rho+\cos^2\gamma\ \cos^2\eta-2\cos\rho\cos\gamma\cos\eta)$$

或

$$(k^2+\cos^2\gamma)\cos^2\eta-2\cos\rho\cos\gamma\cos\eta+\cos^2\rho-k^2=0 \tag{6.1-6}$$

解得

$$\cos\eta=\frac{1}{k^2+\cos^2\gamma}(\cos\rho\cos\gamma\pm k\sqrt{k^2+\cos^2\gamma-\cos^2\rho}) \tag{6.1-7}$$

式(6.1-7)即用地平仪测量的信息来确定自旋轴相对于地垂线夹角 η 的公式。两个解在几何上都有意义,需要根据初始状态与运动的连续性来判断其真解。

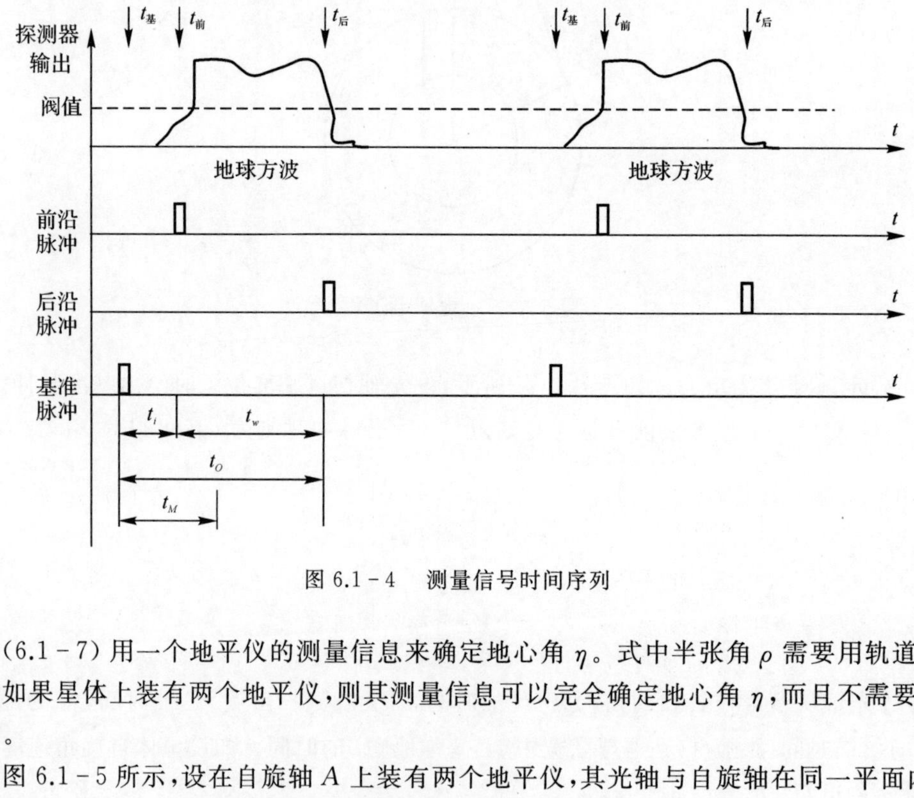

图 6.1-4　测量信号时间序列

式(6.1-7)用一个地平仪的测量信息来确定地心角 η。式中半张角 ρ 需要用轨道高度来确定。如果星体上装有两个地平仪,则其测量信息可以完全确定地心角 η,而且不需要知道轨道高度。

如图 6.1-5 所示,设在自旋轴 A 上装有两个地平仪,其光轴与自旋轴在同一平面内,安装角分别为 γ_1 和 γ_2。由测量数据可分别确定得弦宽角 Ω_1 和 Ω_2 为

$$\left.\begin{aligned}\Omega_1&=\omega t_{w1}=\omega(t_{01}-t_{i1})\\ \Omega_2&=\omega t_{w2}=\omega(t_{02}-t_{i2})\end{aligned}\right\} \tag{6.1-8}$$

由余弦定理得

$$\cos\rho=\cos\gamma_1\cos\eta+\sin\gamma_1\sin\eta\cos\frac{\Omega_1}{2}$$

$$\cos\rho=\cos\gamma_2\cos\eta+\sin\gamma_2\sin\eta\cos\frac{\Omega_2}{2}$$

合并得

$$\mathrm{tg}\eta=\frac{\cos\gamma_1-\cos\gamma_2}{\sin\gamma_2\cos\dfrac{\Omega_2}{2}-\sin\gamma_1\cos\dfrac{\Omega_1}{2}} \tag{6.1-9}$$

式(6.1-9)即为用两个地平仪的测量信息确定地心角 η 的公式，而且是唯一确定，不用判断真伪解。

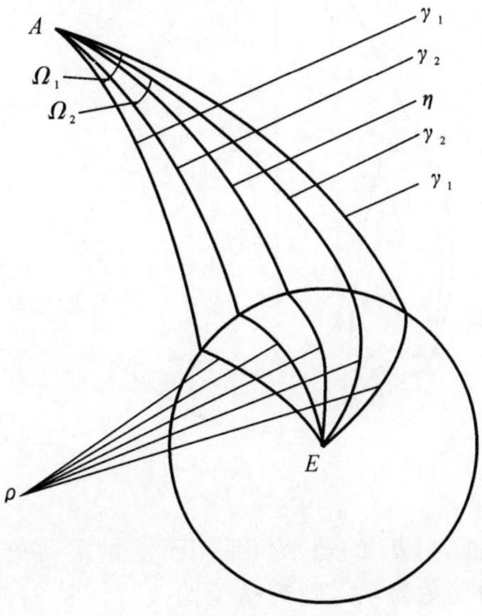

图 6.1-5　两个地平仪的天球几何关系

2. 三轴稳定卫星的地平仪

三轴稳定卫星内地平仪的圆锥扫描运动，是由一特制的机械扫描机构来完成的。如果稳定系统内有动量矩飞轮，则也可把地平仪装在飞轮上，以便随着飞轮转动而产生圆锥扫描运动。如果卫星姿态是对地球定向，则用地平仪只能提供俯仰和滚转角信息，而不能提供偏航角信息。有前面分析知，一个地平仪只能确定一个地心角 η；两个地平仪如果圆锥扫描的转轴相同，则也只能确定一个地心角 η。因此要确定俯仰和滚动两个姿态角信息最少需要两个地平仪，而且二者的圆锥扫描转轴不能同向。为了说明其工作原理，下面介绍两个地平仪的两种圆锥扫描转轴的安装模式。

(1) 垂直安装。如图 6.1-6 所示，设星体姿态对地球定向，$Ox_ry_rz_r$ 为轨道坐标系，其中 z_r 沿地垂线指向地心，y_r 沿轨道面法向，x_r 在轨道面内，沿运动方向。星体处于标称姿态时，滚动轴 x 重合于 x_r，俯仰轴 y 重合于 y_r，偏航轴 z 重合于 z_r。两地平仪的扫描圆锥的对称轴 OP 和 OR，分别同 z 轴组成的平面是互相垂直的，而且 OP 是在 xOz 平面内，OR 是在 yOz 平面内。

考虑扫描圆锥的对称轴为 OP 的地平仪，设圆锥半角为 γ，OP 与轴 x 的夹角为 α_P^*。显然，当俯仰角无偏差时，OP 对应的地心角 η_P^* 为

$$\eta_P^*=90^\circ-\alpha_P^* \tag{6.1-10}$$

当俯仰角有偏差 $\Delta\theta$ 时，则由此地平仪测量的信息并通过式(6.1-7)可确定出 OP 对应的地心角 η_P，而且偏差 $\Delta\theta$ 可表示为

$$\Delta\theta=\eta_P-\eta_P^* \tag{6.1-11}$$

因此这一地平仪是用于测量俯仰角偏差。

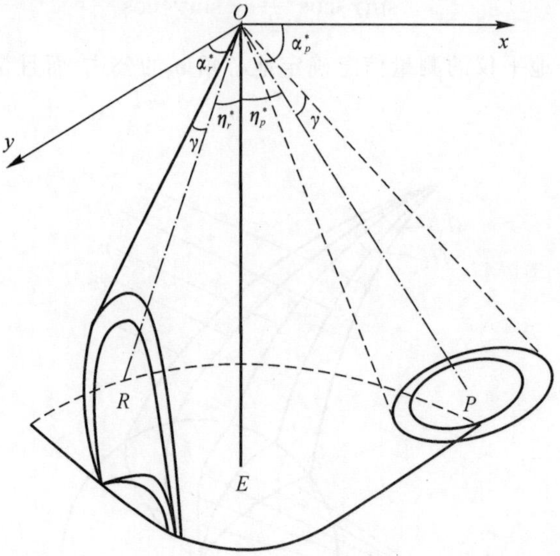

图 6.1-6　两个地平仪垂直安装

同理,扫描圆锥的对称轴为 OR 的地平仪是用于测量滚动角偏差。如果设此地平仪扫描圆锥半角为 γ,OR 与轴 y 的夹角为 α_R^*,则滚动无偏差时,OR 对应的地心角 η_R^* 为

$$\eta_R^* = 90° - \alpha_R^* \tag{6.1-12}$$

当有偏差时,由此地平仪测量的信息可确定出地心角 η_R,且滚动角偏差 $\Delta\varphi$ 为

$$\Delta\varphi = \eta_R - \eta_R^* \tag{6.1-13}$$

上述两个地平仪扫描圆锥对称轴分别安装在俯仰和滚动两个互相垂直的平面内,使得两个地平仪可分别确定所在平面的姿态角偏差。如果每个轴上各安装两个地平仪,则所测得的信息可用式(6.1-9)直接确定出所在平面的姿态角偏差,而不需知道该星体所在轨道的高度。

(2) 共面安装。共面安装是指两个地平仪的扫描圆锥对称轴同地垂线是在同一平面内。图 6.1-7 所示的两对称轴 OR_1 和 OR_2 同地垂线在滚动平面 yOz 内。设安装角 $\alpha_1 = \alpha_2 = \alpha$,$\gamma_1 = \gamma_2 = \gamma$,当两地平仪处于标称状态时,则标称的地心角满足

$$\left.\begin{aligned} \eta_1^* = \eta_2^* = \eta^* \\ \eta^* = 90° - \alpha \end{aligned}\right\} \tag{6.1-14}$$

而且在星体质心 O 为中心的天球面上,标称状态大圆弧 $\overset{\frown}{R_1R_2}$ 的中心 E 即为地中,如图 6.1-8(a) 所示。

当滚动角偏差 $\Delta\varphi$ 时,大圆弧 $\overset{\frown}{R_1R_2}$ 左移至 $\overset{\frown}{R'_1R'_2}$,对应的中心 E' 偏离地中 E。两地平仪测得的地心角 η_1 和 η_2 分别为

$$\eta_1 = \overset{\frown}{R'_1E} = \eta^* - \Delta\varphi$$

$$\eta_2 = \overset{\frown}{R'_2E} = \eta^* + \Delta\varphi$$

因此滚动角偏差 $\Delta\varphi$ 为

$$\Delta\varphi = \frac{1}{2}(\eta_2 - \eta_1),\ \eta_1 + \eta_2 = 2\eta^* \tag{6.1-15}$$

式(6.1-15)即没有俯仰角偏差时，滚动角偏差的表示式。

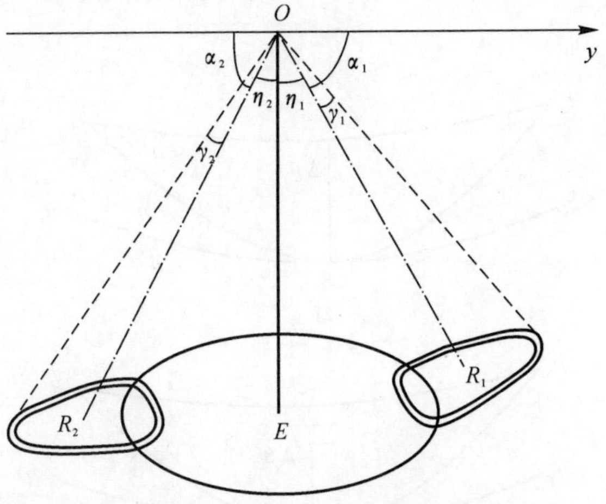

图 6.1-7　两个地平仪共面安装

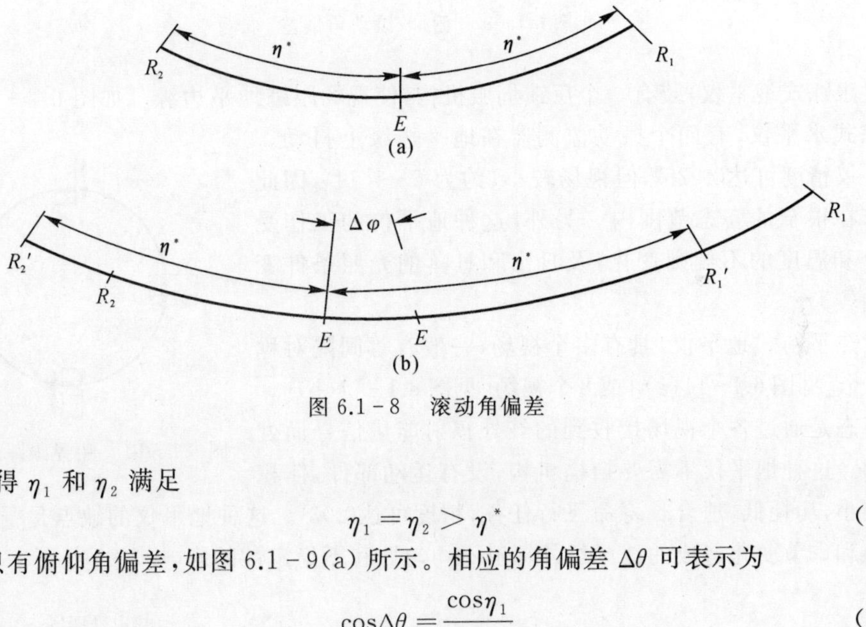

图 6.1-8　滚动角偏差

当测得 η_1 和 η_2 满足

$$\eta_1 = \eta_2 > \eta^* \tag{6.1-16}$$

时，表明只有俯仰角偏差，如图 6.1-9(a) 所示。相应的角偏差 $\Delta\theta$ 可表示为

$$\cos\Delta\theta = \frac{\cos\eta_1}{\cos\eta^*} \tag{6.1-17}$$

当测得 η_1 和 η_2 满足

$$\eta_1 \neq \eta_2, \eta_1 + \eta_2 > 2\eta^* \tag{6.1-18}$$

时，表明 $\Delta\varphi$ 和 $\Delta\theta$ 同时存在，如图 6.1-9(b) 所示。且用下式确定 $\Delta\theta$ 和 $\Delta\varphi$：

$$\left.\begin{aligned} &\sin\Delta\theta = \sin\eta_1 \sin A_1 \\ &\cos(\eta^* + \Delta\varphi) = \frac{\cos\eta_2}{\cos\Delta\theta} \\ &\cos A_1 = \frac{\cos\eta_1 - \cos\eta_2\cos\eta^*}{\sin\eta_2 \sin 2\eta^*} \end{aligned}\right\} \tag{6.1-19}$$

上面介绍的是地平穿越式红外地平仪。这种地平仪由于采用圆锥扫描方式工作，扫描视场大，响应时间快，对许多飞行任务均可适用，特别是对大范围姿态测量和姿态机动捕获更为适用。

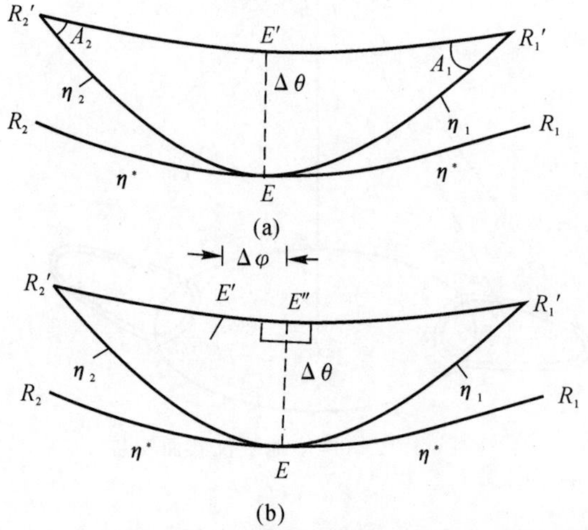

图 6.1－9　俯仰-滚动角偏差

边界跟踪式地平仪，装有一个反馈伺服机构，使视场跟踪地平边缘。如图 6.1－10 所示的边界跟踪式水平仪，有四个振动监测器在地平边缘上抖动。这种地平仪精度可达0.025°，但视场较小，约为 5° ～ 11°，因此只能工作在很窄的姿态范围内。另外，这种地平仪的工作受大气成分和温度的不规则变化，及日出和日落的光照条件变化的影响较大。

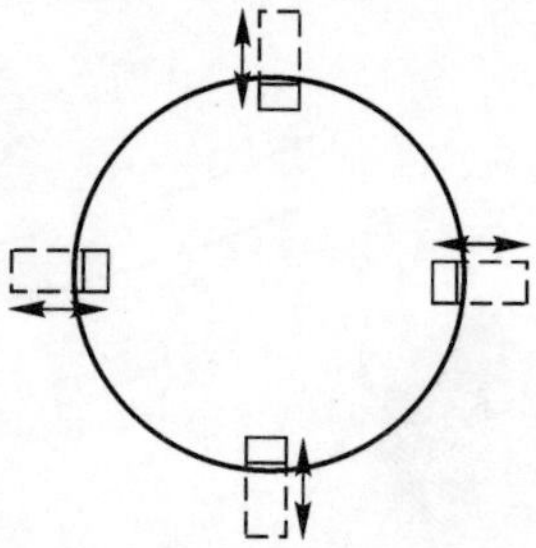

图 6.1－10　边界跟踪式地平仪

辐射热平衡式地平仪，具有多个视场，一般有等间隔对称分布的 4 个[见图 6.1－11(a)]或 8 个视场[见图 6.1－11(b)]。星体的姿态是通过各个视场接收到的红外辐射能量信号而处理得到的。这种地平仪不需要扫描机构，没有运动部件，体积和重量较小，功耗低，适合长寿命飞行任务，精度可达0.03°。这种地平仪的缺点是受星体内部的热交换和季节变化造成的地球红外辐射不均匀性和不稳定性的影响较大。

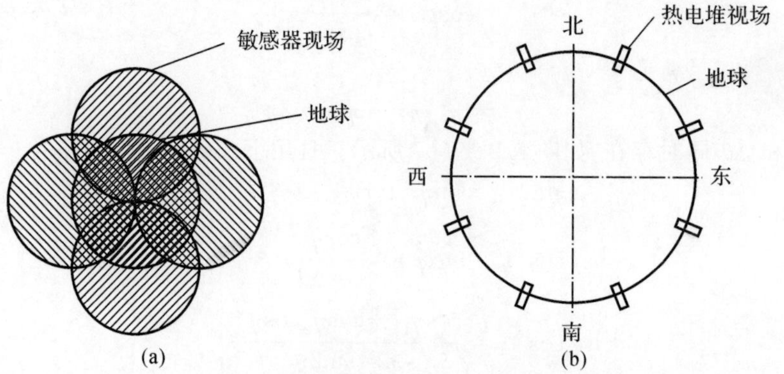

图 6.1－11　辐射热平衡式地平仪

6.1.2　太阳敏感器

太阳敏感器是以太阳为基准方位，用以测量太阳光线同星体内某一预定的体轴或坐标之间的夹角。由于太阳是一非常明亮的点光源，易于敏感与识别，给敏感器的设计和姿态确定算法的制定带来极大方便，因此太阳敏感器成为各种航天器首选的姿态敏感部件。太阳敏感器不但可用于星体姿态的测量，而且可直接用于太阳电池阵的定位与星敏感器的保护等。根据工程中的技术要求。太阳敏感器的视场可设计为几分的小视场到128°×128°的大视场，分辨率可达到角秒的量级。

太阳敏感器有三种基本类型：太阳出现敏感器，输出信号是恒定的，用以表示太阳是否出现在视场内；模拟式太阳敏感器，输出信号是太阳角的连续函数；数字式太阳敏感器，输出信号是太阳角的编码形式的离散函数。下面简单介绍这三类敏感器的工作原理。

1. 太阳出现敏感器

太阳出现敏感器是用来指示太阳是否出现在敏感器的视场内。如图 6.1-12 所示的是双窄缝式太阳出现敏感器。光电池置于码盘后面。当太阳出现在入口缝和码盘缝组成的平面内，且光线与敏感器表面法向夹角小于某一规定值时，光电池输出为“1”，表示见到太阳；否则，输出为“0”，表示没有见到太阳。

在自旋卫星上用两个太阳出现敏感器，便可测出太阳光与自旋轴之间的夹角，即太阳角。图 6.1-13 表示的是 V 形结构的太阳敏感器，由两个双窄缝太阳出现敏感器安装成 V 形状，其中一条窄缝平行于转轴，另一条斜交成角 θ_0。

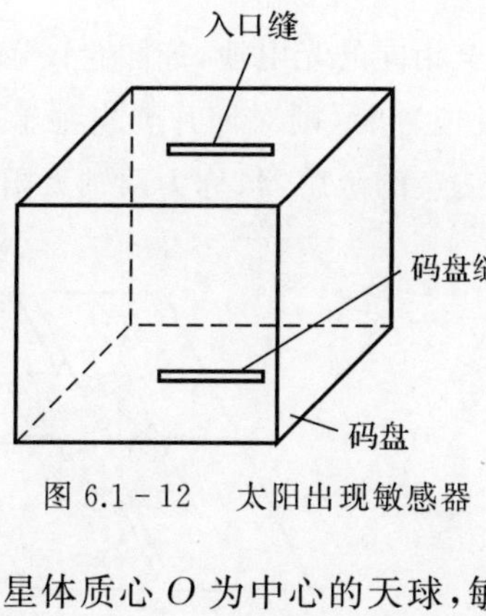

图 6.1-12　太阳出现敏感器

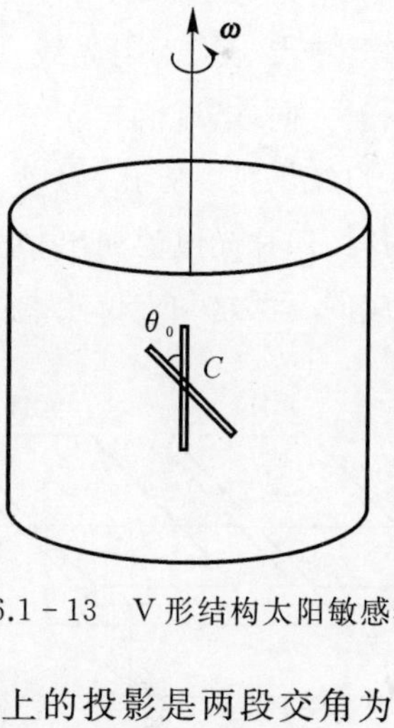

图 6.1-13　V 形结构太阳敏感器

考虑以星体质心 O 为中心的天球，敏感器视场在天球上的投影是两段交角为 θ_0 的大圆弧，交点为 C，如图 6.1-14 所示。

设 t_1 为视场 Ⅰ 对准太阳的时刻，t_2 为视场 Ⅱ 对准太阳的时刻。

设星体自旋角速度 ω 为常量，则弧长 $\overset{\frown}{BC}$ 可表示为

$$\overset{\frown}{BC}=\omega(t_2-t_1)$$

弧长 $\overset{\frown}{BS}=90°-\beta$，可由球面 $\triangle BCS$ 的几何关系求得

$$\tan\beta=\frac{\tan\theta_0}{\sin\omega(t_2-t_1)}$$

式中,β 即所求的太阳角。

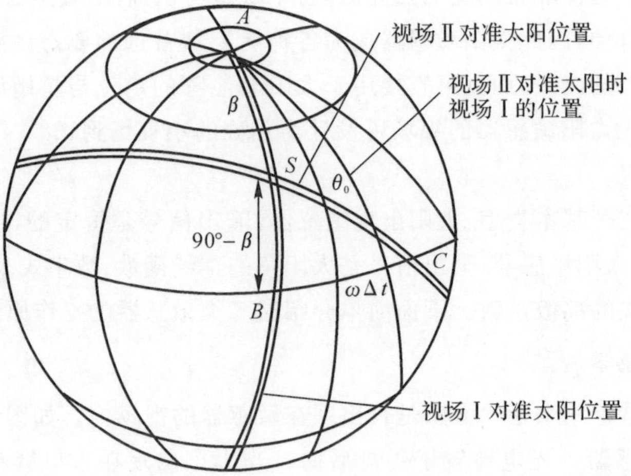

图 6.1-14　V-形结构视场天球图

2. 模拟式太阳敏感器

模拟式太阳敏感器的输出量是连续量。其大小与符号是太阳光入射角函数。在图 6.1-12 中如把码盘换为两个性能相同的光电敏感元件,就可组成单轴太阳敏感器,如图 6.1-15 所示。

当太阳入射角等于 90° 时,光线正好照在两片元件的缝上,且输出电流差等于零,并称此位置为敏感器零点。当太阳光线入射角不等于 90° 时,两元件输出电流之差不等于零。电流符号代表入射方向,电流值与入射角的余弦成正比。

如果入口视场是一方孔,码盘上贴有四片性能完全相同的光电池,如图 6.1-16 所示,当阳光垂直照射时,四片光电池输出相等;当阳光偏离垂直位置时,则对四片光电池输出加以处理后,可得相应的高低角和方位角。可同时获得两个角信息的敏感器,称为两轴太阳敏感器。

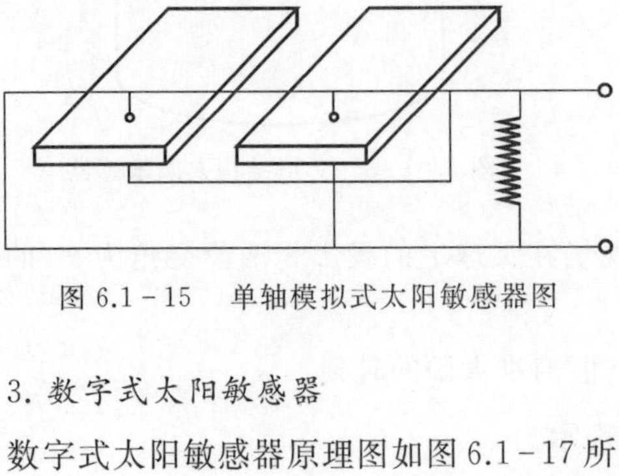

图 6.1-15　单轴模拟式太阳敏感器图

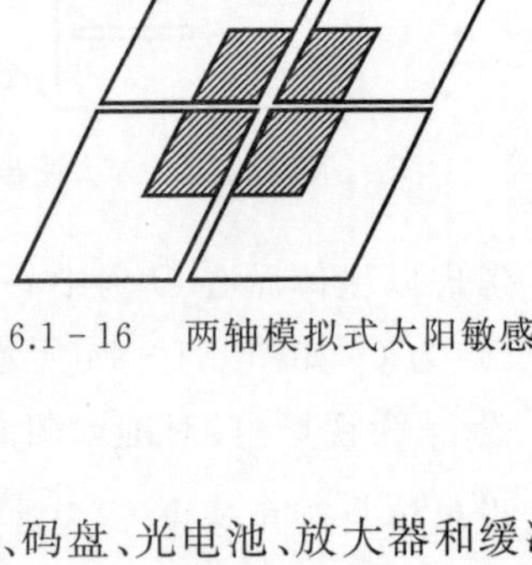

图 6.1-16　两轴模拟式太阳敏感器

3. 数字式太阳敏感器

数字式太阳敏感器原理图如图 6.1-17 所示。其由入口缝、码盘、光电池、放大器和缓冲寄存器组成。码盘上设有符号位、编码位及门限自动调整位等码道。符号位确定太阳位于敏感器基准面(入口缝所在平面法线与入口缝组成的平面)的那一边,也即确定太阳角 β 的正负号。编码位是提供太阳光偏离基准面得数字量。门限自动调整码道(ATA)的宽度约为其它码道的一半,其输出信号用作门限值。由于其信号也是随着入射角余弦($\cos\beta$)变化的,因此所提供的门限值也是可变的。当可变门限信号与各码道信号在比较器中比较后,便可确定相应码道的"0"或"1"的输出值。光电池输出信号经放大器放大后进入缓冲寄存器,便得到所测的二进制数字量。

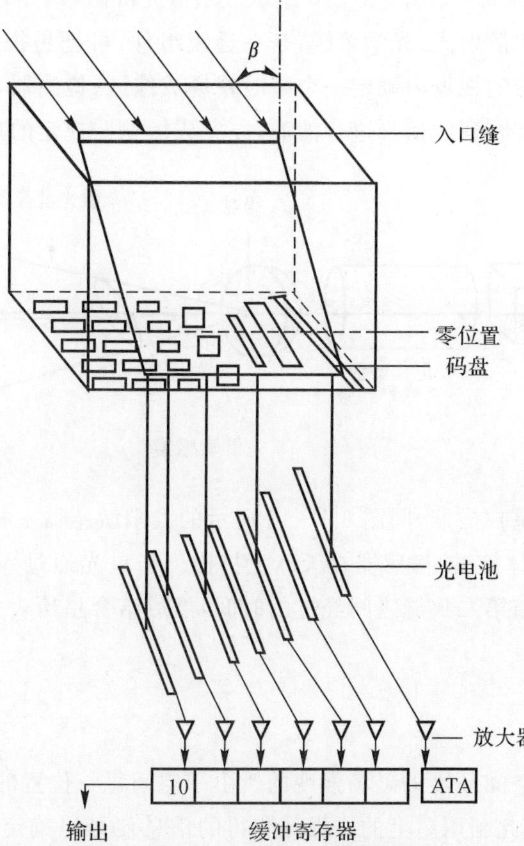

图 6.1-17　数字式太阳敏感器原理图

单个数字式太阳敏感器,可测得太阳光相对于敏感器基准面得太阳角,而组成单轴的太阳敏感器。如果用两个数字敏感器,令其基准面垂直安装,则可组成两轴的太阳敏感器。其测量信息经过处理后,可得太阳光相对于基准坐标系的高低角和方位角。

6.1.3　星敏感器

星敏感器是以某一亮度高于 +2 可见星等的恒星为基准,测量其相对于航天器的角位置,并同星历表中该星的角位置参数进行比较,来确定航天器的姿态。一般来说,星敏感器是姿态敏感器中最精确的敏感器,其精度比太阳敏感器高一个数量级,比红外地平仪高两个数量级。但是由于星光非常微弱,其成像装置需要使用高灵敏度的析像管或光电倍增管。同时测量数据的处理和识别只有计算机才能完成,因此星敏感器结构复杂、功耗大,质量大,价格昂贵。

星敏感器有三种类型:

(1) 星扫描器,又称为星图仪,通常是用在自旋卫星上,利用星体的旋转来搜索和捕获目标星。

(2) 框架式星跟踪器,是把敏感头装在可转动的框架上,且通过旋转框架来搜索和捕获目标星。

(3) 固定敏感头星跟踪器,这种跟踪器是在一定的视场内具有电子搜索和跟踪能力。

星敏感器的主要组成部件如图 6.1－18 所示。杂散光屏蔽罩,用以屏蔽阳光和尘埃微粒、推力器排气等可能引起的散射光;光学系统,是一透镜组件,可把星视场的成像投射到聚焦平面上;成像装置,在敏感器的视场内确定一个瞬时视场成像区;检测器,把光学信号转换为电信号;电子组件,把检测器接收到的信号进行滤波,并完成敏感器规定的功能。

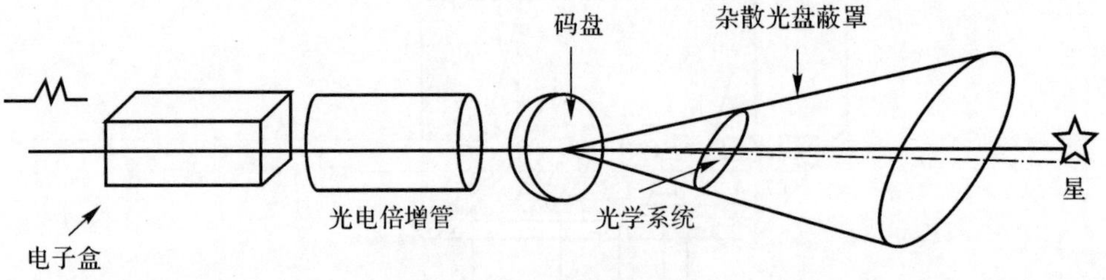

图 6.1－18　星敏感器

用于自旋卫星上的星扫描器,同图 6.1－13 所示的太阳敏感器一样,也是由两个星敏感器组成 V 形结构。随着星体旋转,敏感器在天球上扫描。当星光通过 V 形狭缝时,测得通过第一条狭缝的时间和第一与第二狭缝之间经过的时间,然后结合星历表和星体自旋角速度,便可确定星体自旋轴的姿态。

6.1.4　磁强计

磁强计是用来测量空间环境的磁场强度的。由于空间每一位置的地球磁场强度都可以事先用地球磁位来确定,因此利用星上的磁强计测得的信息便可以确定出星体相对于地球磁场的姿态。磁强计由于质量小,性能可靠,消耗功率低,工作温度范围宽及没有活动部件,因此得到广泛应用。但是地球磁场模型仅是对地球磁场的近似描述,以此模型作为磁强计测量星体姿态的基准,将会带来较大的误差。因此磁强计不是一种高精度的姿态敏感器。另外,地球磁场强度是与地心距三次方成反比的,使得高轨道(高度大于 1 000 km)卫星内的剩余磁偏置将会超过地球磁场的影响。这时地球磁场便不能作为测量基准,使得磁强计的应用受到限制。

目前应用较多的是感应式磁通门磁强计,如图 6.1－19 所示,磁强计是由原线圈、副线圈和两个铁心组成的。原线圈是反向绕在两个铁心上,副线圈是两个铁心一起缠绕。如果两线圈与两铁心的参数相同,则通以交流电后,副线圈中磁通抵消为零,副线圈的感应电压也为零。当存在外磁场时,两铁心的外磁场是相同的,而两个铁心中的磁通产生不同形式的畸变,总磁通量的波形含有偶次谐波,使副线圈的输出感应电压也含有偶次谐波。感应电压的二次谐波的符号决定于外磁场的方向,其幅值与外磁场大小成正比。借助于相敏检波器可以将副线圈感应电压的二次谐波检出,作为磁强计的输出。

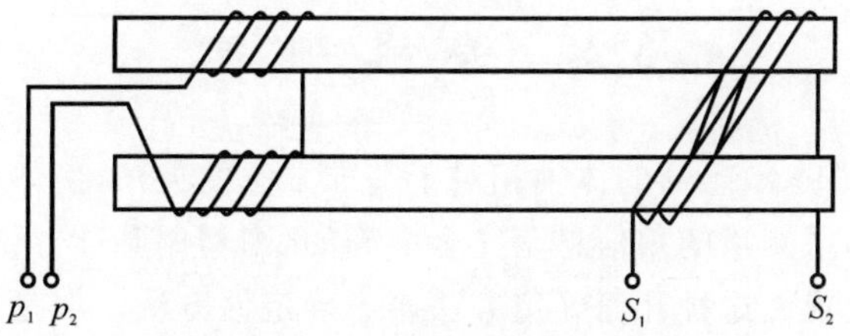

图 6.1-19　磁通门磁强计

由于磁通门磁强计是测定沿铁心方向磁通变化的，故只能测定该方向的磁场强度。如把三个磁通门磁强计互相垂直安装，便可测量当地的三轴磁场强度。利用其测量信息同环境磁场模型相比较，可确定卫星的三轴姿态。

根据各种类型敏感器的工作原理和技术发展水平，其性能的优点和缺点见表 6.1-1。

表 6.1-1　敏感器性能比较

敏感器类型	优点	缺点
地平敏感器	1. 适用于近地轨道卫星； 2. 信号强； 3. 轮廓清楚； 4. 分析方便	1. 一般需要扫描机构； 2. 需要防止太阳干扰； 3. 精度约为0.1°； 4. 受轨道影响大
太阳敏感器	1. 信号源强； 2. 轮廓清楚； 3. 功耗低，质量轻	1. 有阴影区； 2. 精度约为 1′
星敏感器	1. 精度约为0.003°； 2. 视场不受限制； 3. 不受轨道影响	1. 信号弱； 2. 结构复杂，成本高； 3. 要防止太阳干扰； 4. 星识别复杂； 5. 确定初始姿态，需要第二个姿态确定系统
磁强计	1. 成本低，功耗低； 2. 对低轨道卫星灵敏度高	1. 分辨率大于0.5°； 2. 受轨道影响大； 3. 在星体内要进行磁清洁
惯性敏感器	1. 自主性强； 2. 不受轨道影响； 3. 有限时间内精度高； 4. 在星体上容易实现	1. 易于漂移； 2. 有高速旋转部件，易磨损； 3. 功率大、质量大

在实际的姿态控制系统中，为了确保姿态确定的高精度和高可靠性要求，通常需要多种多样的姿态敏感器组成姿态测量系统，充分发挥各种敏感器的优点，互相校核、互相补充、互相备份。

6.2 姿态确定

姿态确定，是根据姿态敏感器的体轴相对于基准方位的夹角，例如地心角 η、太阳角 β 等，来确定星体的姿态。如果测量的角信息是完全准确的，则利用基准方位的角位置，便可用几何方法确定出星体的角位置。这种几何确定方法属于确定性方法。但是，在实际的测量过程中，由于敏感器和遥测过程的随机噪声，以及星体运动特性的变化，不可避免地引起测量的随机误差，并在姿态确定过程中转化为姿态角的误差。为了减少这种误差，除了需要提高敏感器的精度外，还需要通过对大量测量数据的统计处理来提高姿态确定的精度。在高精度的姿态控制系统中，这种统计的姿态确定方法则更为重要。由于篇幅所限，下面仅讨论星体姿态的几何确定方法。

由于地中、太阳、恒星、地球磁场等基准方位，都是在地心惯性坐标系中定位的，其角位置通常用赤经赤纬来表示。因此在姿态确定的计算中，也是以地心惯性坐标系为计算坐标系，确定星体在此坐标系中的角位置。如果要计算相对于其它参考坐标系的角位置，则不难通过相应的坐标转换得到。地心惯性坐标系 $O_E X_I Y_I Z_I$ 如图 6.2-1 所示，原点 O_E 在地心，X_I 轴指向春分点，Z_I 轴指向北极，Y_I 轴在赤道平面内，且垂直于 X_I 轴。星体相对于 $O_E X_I Y_I Z_I$ 的角位置，可用赤经赤纬（单轴姿态）或方向余弦（三轴姿态）来表示。

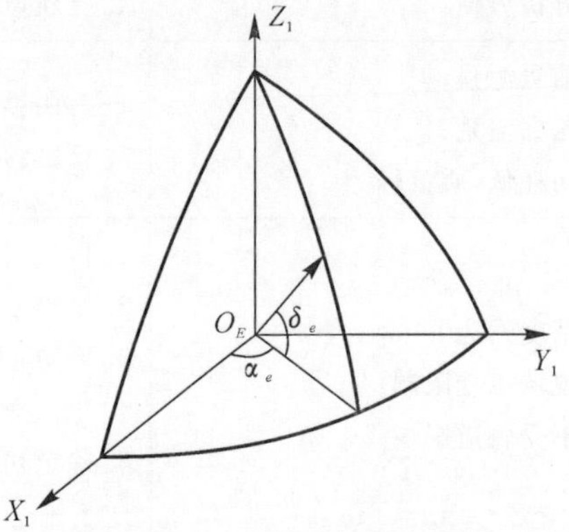

图 6.2-1　地心惯性坐标系

当计算星体在某一时刻的姿态时，必须先计算出该时刻的如下参数。

(1) 星体质心在地心惯性坐标系的赤经赤纬（α_e，δ_e）。这组参数是用星体的轨道根数求得。在以星体质心 O 为中心的天球中，地心 O_E 的赤经赤纬（α_E，δ_E）则为

$$\left.\begin{aligned}\alpha_E &= 180^\circ + \alpha_e \\ \delta_E &= 180^\circ + \delta_e\end{aligned}\right\} \qquad (6.2-1)$$

(2) 基准方位的赤经赤纬。例如太阳、恒星方位是由天文观测所编制的星历表给出，地球磁场强度方位是由地球磁位求得。

(3) 星体姿态相对于基准方位的夹角。即由姿态敏感器测量的姿态信息并用以求得地心角 η、太阳角 β 等夹角参数。

上述参数确定后，再利用各参数之间的几何关系便可确定星体在地心惯性坐标系中的角

位置。为了叙述方便，下面先讨论单轴姿态确定问题，然后再讨论三轴姿态确定问题。

6.2.1　单轴姿态确定

自旋星体的姿态，由自旋轴的角位置所确定，因此自旋星体姿态的确定，属于单轴姿态确定。单轴姿态确定，是确定其单位矢量 **A** 在地心惯性坐标系的赤经 α_A 和赤纬 δ_A。因此当 α_A 和 δ_A 确定后，其方向余弦可求得

$$\boldsymbol{A}=\begin{bmatrix}\cos\alpha_A\cos\delta_A\\ \sin\alpha_A\cos\delta_A\\ \sin\delta_A\end{bmatrix} \tag{6.2-2}$$

因此单轴姿态是由两个角参数（α_A 和 δ_A）所确定。为了确定两个角参数，就必须提供两个不共面的角信息，因此必须有两个以上姿态敏感器。例如用一个红外地平仪测得自旋轴的地心角 η_A，用一个太阳敏感器测得自旋轴的太阳角 β_A。

在以星体质心 O 为中心的天球上作坐标系 $OX_IY_IZ_I$，其坐标原点为 O，各坐标轴平行于地心惯性坐标系的对应轴，如图 6.2－2 所示。点 A 是自旋轴与天球面交点，其赤经 α_A 和赤纬 δ_A 为待求量。设给定时刻的太阳赤经赤纬（α_s，δ_s）已从星历表中查得，星体位置的赤经赤纬（α_e，δ_e）已用轨道根数求得，地心角 η_A 和太阳角 β_A 已由姿态敏感器测得，则由图 6.2－2 所示的球面 $\triangle ASN$ 和 $\triangle AEN$ 中，可得 α_A 和 δ_A 满足方程

$$\left.\begin{aligned}\cos\beta_A&=\sin\delta_s\sin\delta_A+\cos\delta_s\cos\delta_A\cos(\alpha_A-\alpha_s)\\ \cos\eta_A&=\sin\delta_E\sin\delta_A+\cos\delta_E\cos\delta_A\cos(\alpha_E-\alpha_A)=\\ &\quad-\sin\delta_e\sin\delta_A+\cos\delta_e\cos\delta_A\cos(\alpha_E-\alpha_A)\end{aligned}\right\} \tag{6.2-3}$$

求解式(6.2－3)可得 α_A 和 δ_A 的两组解。这是因为天球面上以 S 为圆心以 β_A 为半径的 A 点轨迹是圆 L_β，以 E 为圆心以 η_A 为半径的 A 点轨迹是圆 L_η，如图 6.2－3 所示，两圆交点 A_1 和 A_2 均为式(6.2－3) 的解。但是真解只有一个，为了辨别出真解，需要再取一组测量数据，再按式(6.2－3) 求出两个可能解，并比较前后两组解，其中相同的一组就是真解。因为自旋轴是惯性定向，其 α_A 和 δ_A 值保持不变。在工程中由于测量过程的随机误差影响和自旋轴动力学特性的扰动，所求的真解值可能出现误差。为了更好地隔离真伪解，测量数据要相隔远些，而且需要采用多组数据进行比较。

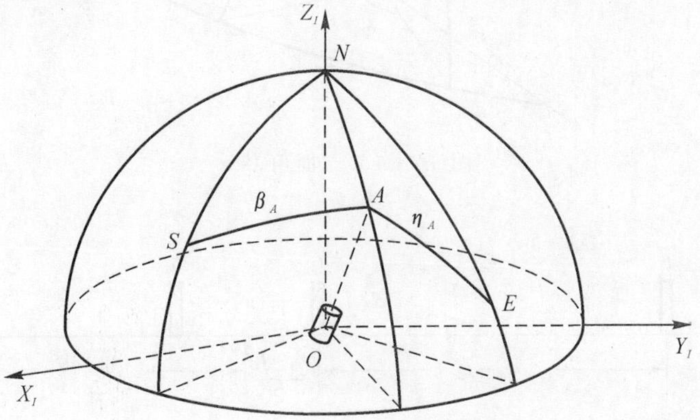

图 6.2－2　单轴姿态的几何关系

如果避免真伪解的辨别计算，则要适当增加姿态敏感器数目，且利用每对测量量进行式(6.2-3)的求解计算，就可分辨出其中的真解。如果测量量是由太阳敏感器和红外地平仪组成的，则在不增加设备的前提下，只需增加一个测量量，也可以避免真伪解的辨别计算。

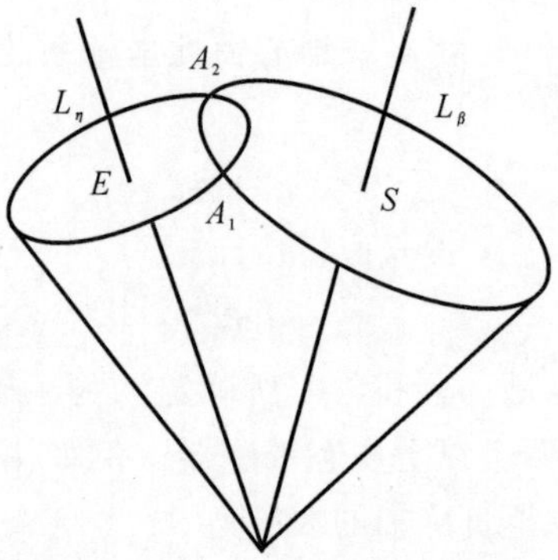

图 6.2-3　单轴姿态的几何解

如图6.2-4所示，角λ_{se}是平面OAS和平面OAE的二面角。设星体内红外地平仪测得地球方波前沿时刻为$t_{前}$，方波后沿时刻为$t_{后}$，又由太阳敏感器测得视场对准太阳的时刻为t_s，其时间序列如图6.2-5所示。则二面角λ_{se}可用各脉冲时间表示为

$$\lambda_{se}=\omega\left(t_{前}-t_s+\frac{t_{后}-t_{前}}{2}\right)-\varphi_{se} \tag{6.2-4}$$

式中，ω为星体自旋角速度，φ_{se}为太阳敏感器狭缝(设沿星体的子午面)与红外地平仪光轴所在的子午面之间的夹角。

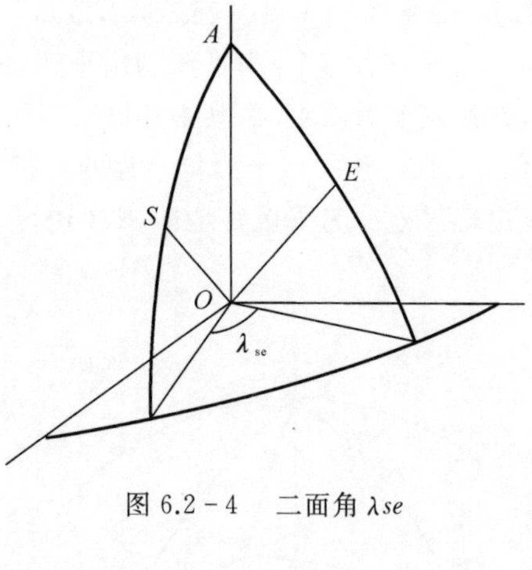

图 6.2-4　二面角 λse

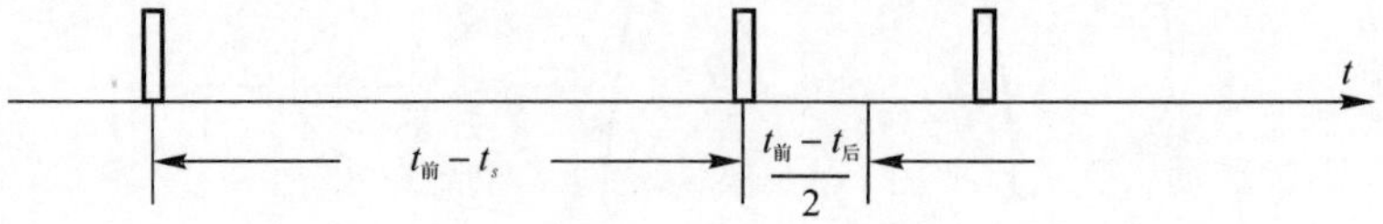

图 6.2-5　脉冲时间序列

设已求得 $\alpha_s,\delta_s,\alpha_e,\delta_e,\beta_A,\eta_A$，并附加测得 λ_{se}，则从图 6.2-6 中的球面 $\triangle ASE$ 和 $\triangle NSE$ 的几何关系，易得

$$\left.\begin{aligned}\cos\theta_1 &= \frac{\cos\eta_A - \cos\beta_A\cos\theta_{se}}{\sin\eta_A\sin\theta_{se}}\\ \sin\theta_1 &= \frac{\sin\lambda_{se}}{\sin\theta_{se}}\sin\eta_A\\ \cos\theta_2 &= \frac{-\sin\delta_e - \sin\delta_s\cos\theta_{se}}{\cos\delta_s\sin\theta_{se}}\\ \sin\theta_2 &= \frac{\cos\delta_e}{\sin\theta_{se}}\sin(\alpha_E - \alpha_s) = -\frac{\cos\delta_e}{\sin\theta_{se}}\sin(\alpha_e - \alpha_s)\end{aligned}\right\}\tag{6.2-5}$$

式中

$$\left.\begin{aligned}\theta_{se} &= \arccos(\boldsymbol{S}^0,\boldsymbol{E}^0)\\ \boldsymbol{S}^0 &= [\cos\alpha_s\cos\delta_s \quad \sin\alpha_s\cos\delta_s \quad \sin\delta_s]^T\\ \boldsymbol{E}^0 &= [\cos\alpha_e\cos\delta_e \quad -\sin\alpha_e\cos\delta_e \quad -\sin\delta_e]^T\end{aligned}\right\}\tag{6.2-6}$$

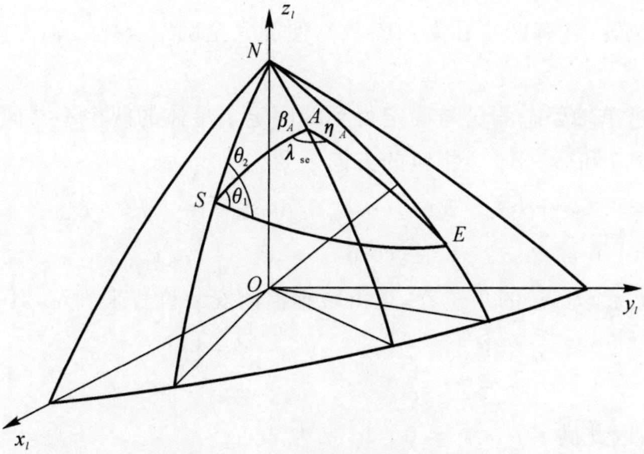

图 6.2-6　单轴姿态的几何关系

再由球面 $\triangle ASN$，可得 α_A 和 δ_A 的表达式为

$$\left.\begin{aligned}&\sin\delta_A = \sin\delta_s\cos\beta_A - \cos\delta_s\sin\beta_A\cos(\theta_2 - \theta_1)\\ &\frac{\pi}{2} \leqslant \delta_A < \frac{\pi}{2}\\ &\sin(\alpha_A - \alpha_s) = \frac{\sin\beta_A}{\cos\delta_A}\sin(\theta_2 - \theta_1)\\ &\cos(\alpha_A - \alpha_s) = \frac{\cos\beta_A - \sin\delta_A\sin\delta_s}{\cos\delta_A\cos\delta_s}\end{aligned}\right\}\tag{6.2-7}$$

利用式(6.2-4)～式(6.2-7)便可唯一确定自旋轴的角位置 α_A 和 δ_A。注意到式(6.2-4)中 λ_{se} 的定义，是从平面 OAS 到平面 OAE 的二面角，因此 λ_{se} 是在$[-\pi \leqslant \lambda_{se} \leqslant \pi]$的范围内取值。

6.2.2 三轴姿态确定

三轴姿态确定，是确定星体坐标系相对于地心惯性坐标系的方向余弦矩阵或欧拉角。直观来说，三轴姿态可以用三个单轴姿态的测量与确定的方法，确定出各轴的赤经赤纬 (α_x,δ_x)，(α_y,δ_y)，(α_z,δ_z)，则星体坐标系相对于地心惯性坐标系的方向余弦矩阵 $\boldsymbol{R}$ 即可表示为

$$\boldsymbol{R}=\begin{bmatrix}\cos\alpha_x\cos\delta_x & \sin\alpha_x\cos\delta_x & \sin\delta_x\\ \cos\alpha_y\cos\delta_y & \sin\alpha_y\cos\delta_y & \sin\delta_y\\ \cos\alpha_z\cos\delta_z & \sin\alpha_z\cos\delta_z & \sin\delta_z\end{bmatrix}$$

注意到方向余弦矩阵中的独立参数只有三个，因此上述的三轴姿态确定方法所用的姿态敏感器数目过多，测量的姿态信息没有得到充分利用。为了减少敏感器数目，充分利用测量信息，下面讨论两种确定方法。

1. 矢量分析法

由于一个矢量的角位置含有两个独立的角参数(赤经、赤纬)，因此只需要确定出不共向的任意两个体轴的角位置(含有四个独立角参数)，便能完全确定星体三轴的方向余弦矩阵(含有三个独立角参数)。

设 $\boldsymbol{u}$ 与 $\boldsymbol{v}$ 是经过单轴姿态测量与确定得到的固定于星体的两个不共向的单位矢量。其赤经赤纬分别为 (α_u,δ_u) 和 (α_v,δ_v)，相应的方向余弦为

$$\left.\begin{aligned}\boldsymbol{u}^{(I)}&=[\cos\alpha_u\cos\delta_u \quad \sin\alpha_u\cos\delta_u \quad \sin\delta_u]^{\mathrm{T}}=[\varphi_{u1} \quad \varphi_{u2} \quad \varphi_{u3}]^{\mathrm{T}}\\ \boldsymbol{v}^{(I)}&=[\cos\alpha_v\cos\delta_v \quad \sin\alpha_v\cos\delta_v \quad \sin\delta_v]^{\mathrm{T}}=[\varphi_{v1} \quad \varphi_{v2} \quad \varphi_{v3}]^{\mathrm{T}}\end{aligned}\right\} \tag{6.2-8}$$

$\boldsymbol{u}$ 和 $\boldsymbol{v}$ 相对于体坐标系 $Oxyz$ 的角位置，是由敏感器的安装位置来确定，其方向余弦设为

$$\left.\begin{aligned}\boldsymbol{u}^{(b)}&=[\psi_{u1} \quad \psi_{u2} \quad \psi_{u3}]^{\mathrm{T}}\\ \boldsymbol{v}^{(b)}&=[\psi_{v1} \quad \psi_{v2} \quad \psi_{v3}]^{\mathrm{T}}\end{aligned}\right\} \tag{6.2-9}$$

由于 $\boldsymbol{u}$ 和 $\boldsymbol{v}$ 不共向，因此满足 $\boldsymbol{u}\times\boldsymbol{v}\neq 0$。记 $\boldsymbol{w}$ 为

$$\boldsymbol{w}=\boldsymbol{u}\times\boldsymbol{v} \tag{6.2-10}$$

易知 $\boldsymbol{w}$ 的方向是垂直于 $\boldsymbol{u}$ 和 $\boldsymbol{v}$ 所在的平面。$\boldsymbol{w}$ 在地心惯性坐标系和体坐标系中的分量为

$$\left.\begin{aligned}\boldsymbol{w}^{(I)}&=[\varphi_{u2}\varphi_{v3}-\varphi_{u3}\varphi_{v2} \quad \varphi_{u3}\varphi_{v1}-\varphi_{u1}\varphi_{v3} \quad \varphi_{u1}\varphi_{v2}-\varphi_{u2}\varphi_{v1}]^{\mathrm{T}}\\ \boldsymbol{w}^{(b)}&=[\psi_{u2}\psi_{v3}-\psi_{u3}\psi_{v2},\psi_{u3}\psi_{v1}-\psi_{u1}\psi_{v3} \quad \psi_{u1}\psi_{v2}-\psi_{u2}\psi_{v1}]^{\mathrm{T}}\end{aligned}\right\} \tag{6.2-11}$$

再作一正交的体坐标系 $Ox_py_pz_p$，各坐标轴的单位矢量 $\boldsymbol{p},\boldsymbol{q},\boldsymbol{r}$ 定义为

$$\boldsymbol{p}=\boldsymbol{u},\boldsymbol{q}=\frac{\boldsymbol{w}}{|\boldsymbol{w}|},\boldsymbol{r}=\boldsymbol{p}\times\boldsymbol{q} \tag{6.2-12}$$

$\boldsymbol{p},\boldsymbol{q},\boldsymbol{r}$ 在地心惯性坐标系和体坐标系中的方向余弦分别为

$$\left.\begin{aligned}\boldsymbol{p}^{(I)}&=[\varphi_{p1} \quad \varphi_{p2} \quad \varphi_{p3}]^{\mathrm{T}}=[\varphi_{u1} \quad \varphi_{u2} \quad \varphi_{u3}]^{\mathrm{T}}\\ \boldsymbol{q}^{(I)}&=\frac{\boldsymbol{w}^{(I)}}{|\boldsymbol{w}|^{(I)}}=[\varphi_{q1} \quad \varphi_{q2} \quad \varphi_{q3}]^{\mathrm{T}}\\ \boldsymbol{r}^{(I)}&=\boldsymbol{p}^{(I)}\times\boldsymbol{q}^{(I)}=[\varphi_{r1} \quad \varphi_{r2} \quad \varphi_{r3}]^{\mathrm{T}}\end{aligned}\right\} \tag{6.2-13}$$

和

$$\left.\begin{aligned} \boldsymbol{p}^{(b)} &= [\psi_{p1} \quad \psi_{p2} \quad \psi_{p3}]^{\mathrm{T}} = [\psi_{u1} \quad \psi_{u2} \quad \psi_{u3}]^{\mathrm{T}} \\ \boldsymbol{q}^{(b)} &= \frac{\boldsymbol{w}^{(b)}}{|\boldsymbol{w}|^{(b)}} = [\psi_{q1} \quad \psi_{q2} \quad \psi_{q3}]^{\mathrm{T}} \\ \boldsymbol{r}^{(b)} &= \boldsymbol{p}^{(b)} \times \boldsymbol{q}^{(b)} = [\psi_{r1} \quad \psi_{r2} \quad \psi_{r3}]^{\mathrm{T}} \end{aligned}\right\} \tag{6.2-14}$$

式(6.2-13)和式(6.2-14)中各分量的表示式可用式(6.2-9)和式(6.2-11)中的分量求得。利用式(6.2-13)和式(6.2-14)即得 $Ox_py_pz_p$ 相对于 $OX_IY_IZ_I$ 和 $Oxyz$ 中的方向余弦矩阵 $\boldsymbol{M}^{(I)}$ 和 $\boldsymbol{M}^{(b)}$ 为

$$\boldsymbol{M}^{(I)} = \begin{bmatrix} \varphi_{p1} & \varphi_{p2} & \varphi_{p3} \\ \varphi_{q1} & \varphi_{q2} & \varphi_{q3} \\ \varphi_{r1} & \varphi_{r2} & \varphi_{r3} \end{bmatrix}, \quad \boldsymbol{M}^{(b)} = \begin{bmatrix} \psi_{p1} & \psi_{p2} & \psi_{p3} \\ \psi_{q1} & \psi_{q2} & \psi_{q3} \\ \psi_{r1} & \psi_{r2} & \psi_{r3} \end{bmatrix} \tag{6.2-15}$$

设任一矢量 $\boldsymbol{x}$，在 $OX_IY_IZ_I$，$Oxyz$ 和 $Ox_py_pz_p$ 中的坐标分别记为 $\boldsymbol{x}^{(I)}$，$\boldsymbol{x}^{(b)}$ 和 $\boldsymbol{x}^{(p)}$，则各坐标系间的坐标变换可用方向余弦矩阵 $\boldsymbol{M}^{(I)}$ 和 $\boldsymbol{M}^{(b)}$ 表示为

$$\boldsymbol{x}^{(p)} = \boldsymbol{M}^{(I)}\boldsymbol{x}^{(I)} = \boldsymbol{M}^{(b)}\boldsymbol{x}^{(b)} \tag{6.2-16}$$

或

$$\boldsymbol{x}^{(b)} = [\boldsymbol{M}^{(b)}]^{\mathrm{T}}\boldsymbol{M}^{(I)}\boldsymbol{x}^{(I)} = \boldsymbol{M}\boldsymbol{x}^{(I)} \tag{6.2-17}$$

式中

$$\boldsymbol{M} = [\boldsymbol{M}^{(b)}]^{\mathrm{T}}\boldsymbol{M}^{(I)} \tag{6.2-18}$$

易知 $\boldsymbol{M}$ 是从 $OX_IY_IZ_I$ 到 $Oxyz$ 的坐标变换矩阵，也即 $Oxyz$ 相对于 $OX_IY_IZ_I$ 的方向余弦矩阵。因此矩阵 $\boldsymbol{M}$ 就是利用两个单轴的姿态测量与姿态角确定得到的 $\boldsymbol{u}$ 和 $\boldsymbol{v}$ 的角位置，来确定体坐标系相对于惯性坐标系的方向余弦矩阵。

注意到 $\boldsymbol{u}$ 和 $\boldsymbol{v}$ 共有四个独立的角参数，其中 $\boldsymbol{u}$ 和 $\boldsymbol{v}$ 之间的夹角 θ 的信息没有得到利用，也即在 $\boldsymbol{u}$ 和 $\boldsymbol{v}$ 组成的平面内，任意改变 $\boldsymbol{u}$ 和 $\boldsymbol{v}$ 的夹角 θ，所得到的 $\boldsymbol{M}$ 阵将是相同的。这表明，此种姿态确定方法，虽然仅使用两个单轴的敏感设备，但是其姿态测量信息仍未得到充分利用。

如果姿态控制系统所采用的参考坐标系不是地心惯性坐标系，但只要给出此参考系同地心惯性坐标系之间的坐标变换矩阵 $\boldsymbol{M}^{(r)}$，则应用坐标变换方法，不难得到体坐标系相对于该参考坐标系的方向余弦矩阵 $\boldsymbol{M}$ 为

$$\boldsymbol{M} = [\boldsymbol{M}^{(b)}]^{\mathrm{T}}\boldsymbol{M}^{(I)}\boldsymbol{M}^{(r)} \tag{6.2-19}$$

2. 球面几何法

球面几何法是应用天球面上球面三角形中的几何关系来确定星体坐标系相对于惯性坐标系的欧拉角。设体坐标系 $Oxyz$ 相对于天球坐标系 $OX_IY_IZ_I$ 的欧拉角 ψ、θ、φ 的定义如图 6.2-7 所示。

其中角 ψ 是绕轴 Z_I 旋转的进动角，θ 是绕节线 $\overline{ON}$ 旋转的章动角，φ 是绕轴 z 旋转的自转角。为了便于阐述该方法的基本思路，考虑如下例子：

设用红外地平仪测得轴 z 的地心角 η_z，用双轴太阳敏感器测得轴 z 的太阳角 β_z、轴 x 的太阳角 β_x，则由单轴姿态确定方法，可用 η_z 和 β_z 求得轴 z 的赤经赤纬 (α_z, δ_z)，设测量时刻的太阳 S 的赤经赤纬 (α_s, δ_s) 已从星历表查得。则球面几何法，就是在天球面上利用已知量 α_z，δ_z，β_z，β_x 和 α_s，δ_s 来确定未知量 ψ、θ、φ。

(1) 角 θ 和 ψ 的确定。注意到角 θ 是轴 z 的余纬，因此即得

$$\theta = 90^\circ - \delta_z \tag{6.2-20}$$

再由图 6.2-7 可知,平面 OPA 同平面 OX_IZ_I 的二面角,即轴 z 的赤经 α_z,因此有

$$\alpha_z = \psi + 270^\circ = \psi - 90^\circ$$

或

$$\psi = 90^\circ + \alpha_z \tag{6.2-21}$$

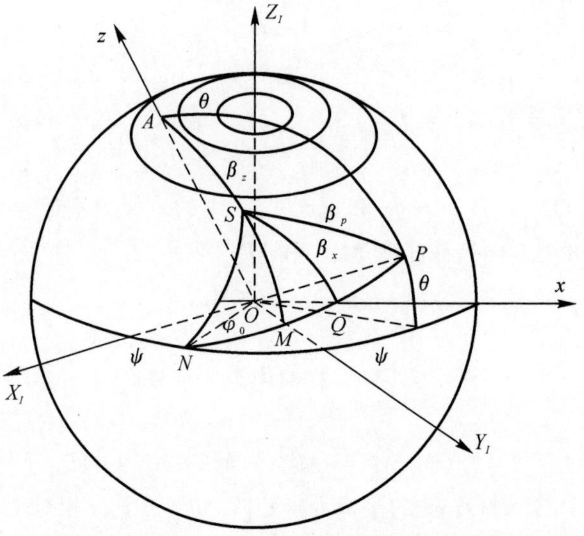

图 6.2-7　天球面上的欧拉角

(2) 角 φ 的确定。角 φ 在天球面上是由大圆弧$\widehat{NQ}$来表示,且

$$\widehat{NQ} = \widehat{NM} + \widehat{MQ}$$

也即

$$\varphi = \varphi_0 + \varphi_1 \tag{6.2-22}$$

点M是弧$\widehat{AS}$的延长线同$\widehat{NP}$的交点。由于轴 z 垂直于平面ONP,因此弧$\widehat{SM} = 90^\circ - \widehat{AS} = 90^\circ - \beta_z$。同理,由于$\overline{ON}$ 垂直$\overline{OP}$,因此弧$\widehat{MP} = 90^\circ - \widehat{NM} = 90^\circ - \varphi_0$。$\overline{ON}$ 和$\overline{OP}$ 的单位矢量$\boldsymbol{N}$ 和$\boldsymbol{P}$ 在 $OX_IY_IZ_I$ 中的方向余弦,可用欧拉角表示为

$$\boldsymbol{N} = [\cos\psi \quad \sin\psi \quad 0]^{\mathrm{T}}$$
$$\boldsymbol{P} = [-\sin\psi\cos\theta \quad \cos\psi\cos\theta \quad \sin\theta]^{\mathrm{T}}$$

再用式(6.2-20) 和式(6.2-21) 代入上式,可得

$$\left.\begin{aligned} \boldsymbol{N} &= [-\sin\alpha_z \quad \cos\alpha_z \quad 0]^{\mathrm{T}} \\ \boldsymbol{P} &= [-\sin\alpha_z\cos\delta_z \quad -\cos\alpha_z\cos\delta_z \quad \sin\delta_z]^{\mathrm{T}} \end{aligned}\right\} \tag{6.2-23}$$

弧$\widehat{SN}$ 和$\widehat{SP}$ 的弧长 β_N 和 β_P,可用 $\boldsymbol{S}$,$\boldsymbol{N}$ 和 $\boldsymbol{P}$ 的方向余弦表示为

$$\left.\begin{aligned} \cos\beta_N &= \overline{\boldsymbol{S}^{\mathrm{T}}\boldsymbol{N}} = -\cos\alpha_s\cos\delta_s\sin\alpha_z + \sin\alpha_s\cos\delta_s\cos\alpha_z \\ \cos\beta_P &= \overline{\boldsymbol{S}^{\mathrm{T}}\boldsymbol{P}} = -\cos\alpha_s\cos\delta_s\cos\alpha_z\sin\delta_z - \sin\alpha_s\cos\delta_s\sin\alpha_z\sin\delta_z + \sin\delta_s\cos\delta_z \end{aligned}\right\} \tag{6.2-24}$$

考虑球面直角 $\triangle SNM$ 和 $\triangle SPM$ 的几何关系,可得

$$\left.\begin{aligned}\cos\beta_N=\sin\beta_z\cos\varphi_0\\\cos\beta_P=\sin\beta_z\sin\varphi_0\end{aligned}\right\}\tag{6.2-25}$$

或合并得

$$\mathrm{tg}\varphi_0=\frac{\cos\beta_P}{\cos\beta_N}\tag{6.2-26}$$

再由直角 $\triangle SMQ$ 得

$$\cos\varphi_1=\frac{\cos\beta_x}{\sin\beta_z}\tag{6.2-27}$$

最后由式(6.2-26) 和式(6.2-27),便得

$$\varphi=\varphi_0+\varphi_1=\arctan\frac{\cos\beta_P}{\cos\beta_N}+\arctan\frac{\cos\beta_x}{\sin\beta_z}\tag{6.2-28}$$

注意到 φ 的解表示为反三角函数的形式,这就可能出现多解的情形,使得 φ 值不能唯一确定。

在式(6.2-28)中,φ_0 也可由式(6.2-25)给出,联合 $\sin\varphi_0$ 和 $\cos\varphi_0$ 表示式可以唯一确定出 φ_0 值。但是第二项 φ_1 的表达式,则会出现多解情形。因为,当 β_x 给定后,以 S 为圆心,β_x 为半径的 Q 点轨迹是一圆弧,此圆弧同弧 $\widehat{NP}$ 的交点有两个,如图 6.2-8 所示的点 Q_1 和 Q_2,对应于弧 $\widehat{MQ_1}$ 和 $\widehat{MQ_2}$ 的角度 φ_1 和 φ_2,满足如下关系:

$$\varphi_2=-\varphi_1$$

考虑到点 Q 的两种可能位置后,角 φ 便有两个可能解

$$\varphi=\varphi_0\pm\varphi_1\tag{6.2-29}$$

其中的真解应由初始状态和运动的连续性来判断。这种判断计算将给姿态确定带来不便。对实际工程来说,更为稳妥的方法是要增加姿态敏感信息,避免多解情形出现。

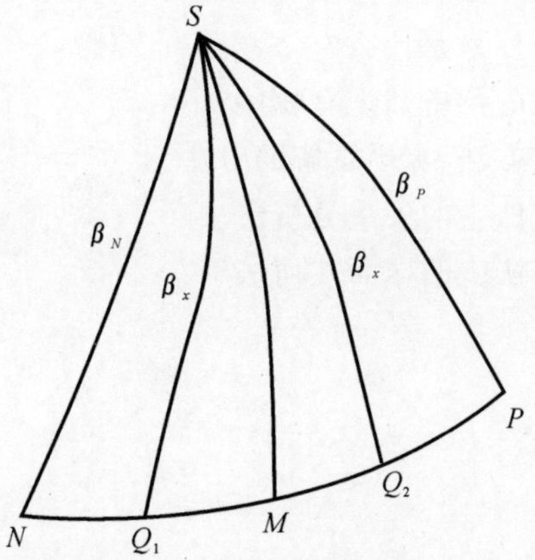

图 6.2-8　点 Q 的两个可能位置 Q_1 和 Q_2

以上仅是用确定性方法讨论了单轴和三轴的姿态确定基本问题,以便读者对姿态确定方法有一初步了解。由于实际应用的姿态确定方法是同敏感器类型、数目和精度要求等有着密切关系,在新一代航天器的姿态控制系统中,为了确保高精度和高可靠性,通常配备有多个不同基准和不同精度的敏感器,组成具有一定规模的测量系统,使系统有足够冗余度和能观度。

为此就必须有相应的姿态确定方法，为姿态控制系统实时反馈高精度的姿态参数。近年来星载计算机功能日益完善，最优滤波、系统识别等新技术的不断发展，为高精度姿态确定方法的研究创造有利条件，能适应高精度姿态控制系统设计的要求。

复习思考题6

1. 叙述主动姿态控制系统两种回路的工作过程，并画出回路框图。
2. 姿态敏感器的功能是什么？
3. 姿态敏感器的分类有哪些？
4. 地平敏感器的基准、测量量分类及各自特点是什么？
5. 说明自旋卫星地平仪的测量原理（写出过程）。
6. 说明三轴稳定卫星地平仪垂直安装的测量原理（写出过程）。
7. 说明三轴稳定卫星地平仪共面安装的测量原理（写出过程）。
8. 太阳敏感器的基准、测量量、分类及各自的特点是什么？
9. 说明太阳出现敏感器的工作原理。
10. 说明自旋卫星太阳出现敏感器测量原理。
11. 说明模拟式太阳敏感器的工作原理。
12. 说明数字式太阳敏感器的工作原理。其与模拟式的主要区别是什么？
13. 星敏感器的基准、测量量、分类和特点是什么？
14. 说明星敏感器的组成与工作原理。
15. 磁强计的测量量和特点是什么？
16. 说明磁强计测量姿态的原理。
17. 什么是姿态确定？其方法有哪些？
18. 姿态确定的基本参坐标系是什么？
19. 进行几何法姿态确定的预备知识有哪些？
20. 说明单轴姿态的确定方法、求出真解的方法。
21. 说明三轴姿态确定方法中的矢量分析法。
22. 说明三轴姿态确定方法中的球面几何法。

第 7 章　四元数理论

一般地，在姿态动力学中，常用欧拉角描述姿态。但这种做法不适宜于大幅度的姿态运动，因为在某些特殊情况下，运动学方程出现奇异。为了克服这个障碍，采用四元数法来描述航天器的姿态。

7.1　四元数的定义和性质

四元数定义为超复数

$$\boldsymbol{Q}=q_0+q_1\boldsymbol{i}+q_2\boldsymbol{j}+q_3\boldsymbol{k} \tag{7.1-1}$$

式中，$\boldsymbol{i},\boldsymbol{j},\boldsymbol{k}$ 遵循下列的乘法规则(以小圆圈“°”来表示四元数乘法)

$$\boldsymbol{i}\circ\boldsymbol{i}=-1,\quad \boldsymbol{j}\circ\boldsymbol{j}=-1,\quad \boldsymbol{k}\circ\boldsymbol{k}=-1 \tag{7.1-2}$$

$$\left.\begin{aligned}\boldsymbol{i}\circ\boldsymbol{j}=-\boldsymbol{j}\circ\boldsymbol{i}=\boldsymbol{k}\\ \boldsymbol{j}\circ\boldsymbol{k}=-\boldsymbol{k}\circ\boldsymbol{j}=\boldsymbol{i}\\ \boldsymbol{k}\circ\boldsymbol{i}=-\boldsymbol{i}\circ\boldsymbol{k}=\boldsymbol{j}\end{aligned}\right\} \tag{7.1-3}$$

式(7.1-2)表示类似于虚单位的性质，式(7.1-3)表示类似于单位矢量的性质。所以四元数具有两重性。

四元数 $\boldsymbol{Q}$ 可以分解成标量 q_0 和矢量 $\boldsymbol{q}$，即

$$\left.\begin{aligned}\boldsymbol{Q}=q_0+\boldsymbol{q}=\mathrm{scal}(\boldsymbol{Q})+\mathrm{vect}(\boldsymbol{Q})\\ \boldsymbol{q}=q_1\boldsymbol{i}+q_2\boldsymbol{j}+q_3\boldsymbol{k}\end{aligned}\right\} \tag{7.1-4}$$

四元数 $\boldsymbol{Q}$ 的共轭数是

$$\boldsymbol{Q}^*=q_0-q_1\boldsymbol{i}-q_2\boldsymbol{j}-q_3\boldsymbol{k}=q_0-\boldsymbol{q} \tag{7.1-5}$$

根据式(7.1-2)和式(7.1-3)，推导出四元数的乘法性质如下：

(1) 矢量 $\boldsymbol{p}$ 与矢量 $\boldsymbol{q}$ 的乘积为

$$\boldsymbol{p}\circ\boldsymbol{q}=-\boldsymbol{p}\cdot\boldsymbol{q}+\boldsymbol{p}\times\boldsymbol{q} \tag{7.1-6}$$

式中，点积和叉积的含义仍是常规的，即

$$\left.\begin{aligned}&\boldsymbol{p}\cdot\boldsymbol{q}=p_1q_1+p_2q_2+p_3q_3\\ &\boldsymbol{p}\times\boldsymbol{q}=(p_2q_3-p_3q_2)\boldsymbol{i}+(p_3q_1-p_1q_3)\boldsymbol{j}+(p_1q_2-p_2q_1)\boldsymbol{k}\end{aligned}\right\} \tag{7.1-7}$$

(2) 四元数 $\boldsymbol{P}$ 与四元数 $\boldsymbol{Q}$ 的乘积

$$\boldsymbol{R}=\boldsymbol{P}\circ\boldsymbol{Q}$$

式中

$$\boldsymbol{P}=p_0+p_1i+p_2j+p_3k=p_0+\boldsymbol{p}$$

$$\boldsymbol{Q}=q_0+q_1i+q_2j+q_3k=q_0+\boldsymbol{p}$$

它的矢量表达式是

$$r_0+\boldsymbol{r}=p_0q_0-\boldsymbol{p}\cdot\boldsymbol{q}+p_0\boldsymbol{q}+q_0\boldsymbol{p}+\boldsymbol{p}\times\boldsymbol{q}$$

也就是

$$\left.\begin{aligned}\text{scal}(\boldsymbol{P}\circ\boldsymbol{Q})&=p_0q_0-\boldsymbol{p}\cdot\boldsymbol{q}\\\text{vect}(\boldsymbol{P}\circ\boldsymbol{Q})&=p_0\boldsymbol{q}+q_0\boldsymbol{p}+\boldsymbol{p}\times\boldsymbol{q}\end{aligned}\right\}\tag{7.1-8}$$

式(7.1-8)的矩阵表达式是

$$\text{col}(\boldsymbol{R})=\text{mat}(\boldsymbol{P})\text{col}(\boldsymbol{Q})\tag{7.1-9}$$

式中

$$\left.\begin{aligned}\text{col}(\boldsymbol{R})&=(r_0\quad r_1\quad r_2\quad r_3)^{\text{T}}\\\text{col}(\boldsymbol{Q})&=(q_0\quad q_1\quad q_2\quad q_2)^{\text{T}}\end{aligned}\right\}\tag{7.1-10}$$

$$\text{mat}(\boldsymbol{P})=\begin{bmatrix}p_0&-p_1&-p_2&-p_3\\p_1&p_0&-p_3&p_2\\p_2&p_3&p_0&-p_1\\p_3&-p_2&p_1&p_0\end{bmatrix}\tag{7.1-11}$$

另一个矩阵形式是

$$\text{col}(\boldsymbol{R})=\text{mati}(\boldsymbol{Q})\text{col}(\boldsymbol{P})\tag{7.1-12}$$

式中

$$\text{mati}(\boldsymbol{Q})=\begin{bmatrix}q_0&-q_1&-q_2&-q_3\\q_1&q_0&q_3&-q_2\\q_2&-q_3&q_0&q_1\\q_3&q_2&-q_1&q_0\end{bmatrix}\tag{7.1-13}$$

注意 mat 和 mati(i 代表逆序)的差别仅在于右下三阶子矩阵的排列。

按照式(7.1-9),有

$$\boldsymbol{Q}\circ\boldsymbol{Q}^*=\boldsymbol{Q}^*\circ\boldsymbol{Q}=q_0^2+q_1^2+q_2^2+q_3^2\tag{7.1-14}$$

(3) 四元数 $\boldsymbol{Q}$ 与矢量 $\boldsymbol{v}$ 的乘积为

$$\boldsymbol{Q}\circ\boldsymbol{v}=(q_0+\boldsymbol{q})\circ\boldsymbol{v}=-\boldsymbol{q}\cdot v+(q_0\boldsymbol{v}+\boldsymbol{q}\times\boldsymbol{v})\tag{7.1-15}$$

它仍然是四元数。类似地

$$\boldsymbol{v}\circ\boldsymbol{Q}=-\boldsymbol{q}\cdot\boldsymbol{v}+(q_0\boldsymbol{v}-\boldsymbol{q}\times\boldsymbol{v})\tag{7.1-16}$$

它也是四元数。

(4) 混合乘积为

$$\begin{aligned}\boldsymbol{Q}\circ\boldsymbol{v}\circ\boldsymbol{Q}^*=&(-\boldsymbol{q}\cdot\boldsymbol{v}+q_0\boldsymbol{v}+\boldsymbol{q}\times\boldsymbol{v})\circ(q_0-\boldsymbol{q})=\\&(1-2\boldsymbol{q}\cdot\boldsymbol{q})\boldsymbol{v}+2q_0(\boldsymbol{q}\times\boldsymbol{v})+2(\boldsymbol{q}\cdot\boldsymbol{v})\boldsymbol{q}\end{aligned}\tag{7.1-17}$$

7.2　用四元数表示坐标系的旋转

设想：坐标系 $Ox_a y_a z_a(S_a)$ 围绕轴 ON 转过角 σ 就与坐标系 $Ox_b y_b z_b(S_b)$ 重合（见图 7.2-1）。轴 ON 与轴 x_a, y_a, z_a（也是与轴 x_b, y_b, z_b）之间的角是 $\beta_1, \beta_2, \beta_3$。因而 S_b 相对于 S_a 的取向（或姿态）可以用角 $\sigma, \beta_1, \beta_2, \beta_3$ 完全确定，也就是用四元数完全确定，即

$$\boldsymbol{Q} = q_0 + q_1\boldsymbol{i} + q_2\boldsymbol{j} + q_3\boldsymbol{k}$$

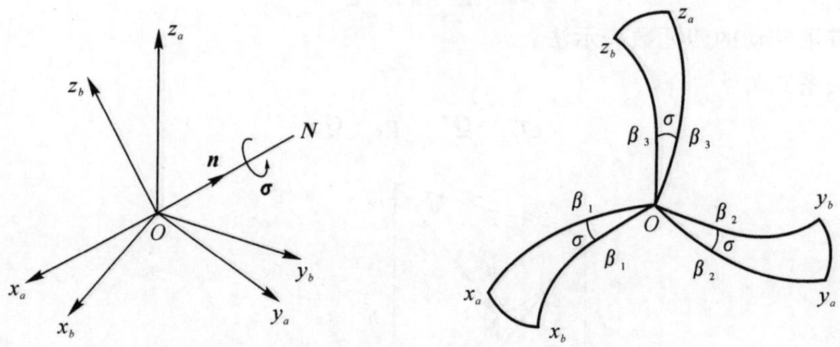

图 7.2-1　S_a 围绕轴 ON 转过角 σ 后与 S_b 重合

式中

$$\left.\begin{aligned} q_0 &= \cos(\sigma/2) \\ q_i &= \sin(\sigma/2)\cos\beta_i \quad (i=1,2,3) \end{aligned}\right\} \tag{7.2-1}$$

显然它们满足如下约束条件：

$$q_0^2 + q_1^2 + q_2^2 + q_3^2 = 1 \tag{7.2-2}$$

所以在代表旋转的四元数的四个元素中只有三个是独立的。

旋转四元数又可以表示成

$$\boldsymbol{Q} = \cos(\sigma/2) + \sin(\sigma/2)\boldsymbol{n}$$

式中

$$\boldsymbol{n} = \cos\beta_1\boldsymbol{i}_a + \cos\beta_2\boldsymbol{j}_a + \cos\beta_3\boldsymbol{k}_a = \cos\beta_1\boldsymbol{i}_b + \cos\beta_2\boldsymbol{j}_b + \cos\beta_3\boldsymbol{k}_b \tag{7.2-3}$$

为了更加明确起见，从 S_a 到 S_b 的旋转四元数以 Q_{ba} 表示。

7.3　以四元数表示刚体的有限转动

设想：矢量 $\boldsymbol{p}_a$ 绕轴线 ON 转过一个角 σ 而成为矢量 $\boldsymbol{p}_b$，轴线 ON 的单位矢量为 $\boldsymbol{n}$。如图 7.3-1 所示，写出关系式

$$\begin{aligned} \boldsymbol{u}_b &= \boldsymbol{u}_a\cos\sigma + (\boldsymbol{n}\times\boldsymbol{p}_a)\sin\sigma \\ \boldsymbol{u}_a &= \boldsymbol{p}_a - \boldsymbol{h} = \boldsymbol{p}_a - (\boldsymbol{p}_a\times\boldsymbol{n})\boldsymbol{n} \\ \boldsymbol{p}_b - \boldsymbol{p}_a &= \boldsymbol{u}_b - \boldsymbol{u}_a \end{aligned}$$

经过推导得到

$$\boldsymbol{p}_b = \cos\sigma\boldsymbol{p}_a + \sin\sigma(\boldsymbol{n}\times\boldsymbol{p}_a) + (\boldsymbol{p}_a\times\boldsymbol{n})(1-\cos\sigma)\boldsymbol{n} \tag{7.3-1}$$

这就是刚体有限转动的矢量表示法。

另外，由 σ 和 $\boldsymbol{n}$ 形成的四元数为

$$\boldsymbol{Q}=q_0+\boldsymbol{Q}=\cos(\sigma/2)+\sin(\sigma/2)\boldsymbol{n}$$

根据式(7.1-17)有

$$\begin{aligned}\boldsymbol{Q}\circ\boldsymbol{p}_a\circ\boldsymbol{Q}^*=&(1-2\boldsymbol{q}\times\boldsymbol{q})\boldsymbol{p}_a+2q_0(\boldsymbol{q}\times\boldsymbol{p}_a)+2(\boldsymbol{q}*\boldsymbol{p}_a)\boldsymbol{q}=\\&\cos\sigma\boldsymbol{p}_a+\sin\sigma(\boldsymbol{n}\times\boldsymbol{p}_a)+(\boldsymbol{p}_a\times\boldsymbol{n})(1-\cos\sigma)\boldsymbol{n}\end{aligned}\tag{7.3-2}$$

比较式(7.3-1)和式(7.3-2)，得到

$$\boldsymbol{p}_b=\boldsymbol{Q}\circ\boldsymbol{p}_a\circ\boldsymbol{Q}^*\tag{7.3-3}$$

这就是刚体有限转动的四元数表示法。

其逆向关系式为

$$\boldsymbol{p}_a=\boldsymbol{Q}^*\circ\boldsymbol{p}_b\circ\boldsymbol{Q}\tag{7.3-4}$$

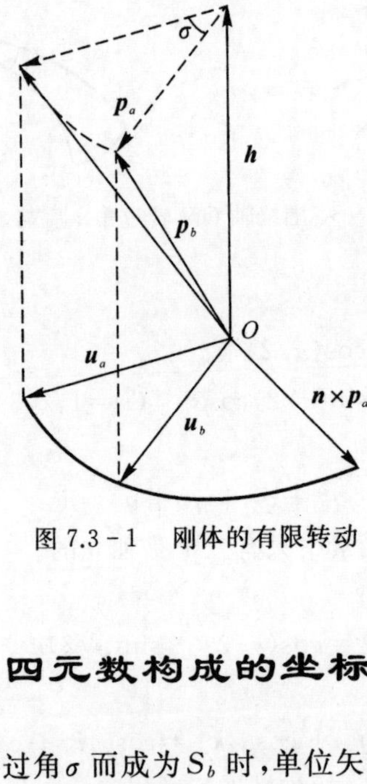

图 7.3-1　刚体的有限转动

7.4　由四元数构成的坐标变换矩阵

当坐标系 S_a 绕轴线 ON 转过角 σ 而成为 S_b 时，单位矢量 S_a 成为 S_b。按照式(7.3-3)有

$$\left.\begin{aligned}\boldsymbol{i}_b&=Q\circ\boldsymbol{i}_a\circ Q^*\\\boldsymbol{j}_b&=Q\circ\boldsymbol{j}_a\circ Q^*\\\boldsymbol{k}_b&=Q\circ\boldsymbol{k}_a\circ Q^*\end{aligned}\right\}\tag{7.4-1}$$

对于矢量

$$\boldsymbol{r}=x_a\boldsymbol{i}_a+y_a\boldsymbol{j}_a+z_a\boldsymbol{k}_a=x_b\boldsymbol{i}_b+y_b\boldsymbol{j}_b+z_b\boldsymbol{k}_b$$

有

$$\boldsymbol{r}=x_b\boldsymbol{Q}\circ\boldsymbol{i}_a\circ\boldsymbol{Q}^*+y_b\boldsymbol{Q}\circ\boldsymbol{j}_a\circ\boldsymbol{Q}^*+z_b\boldsymbol{Q}\circ\boldsymbol{k}_a\circ\boldsymbol{Q}^*=\boldsymbol{Q}\circ(x_b\boldsymbol{i}_a+y_b\boldsymbol{j}_a+z_b\boldsymbol{k}_a)\circ\boldsymbol{Q}^*\tag{7.4-2}$$

现定义两个零标量的四元数

$$\left.\begin{aligned} \boldsymbol{R}_a &= 0 + x_a \boldsymbol{i}_a + y_a \boldsymbol{j}_a + z_a \boldsymbol{k}_a = 0 + \boldsymbol{r} \\ \boldsymbol{R}_{b/a} &= 0 + x_b \boldsymbol{i}_a + y_b \boldsymbol{j}_a + z_b \boldsymbol{k}_a \end{aligned}\right\} \tag{7.4-3}$$

后者是由在 S_b 中的分量和 S_a 的单位矢量构成的，没有什么物理意义。于是式(7.4-2)成为

$$\boldsymbol{R}_a = \boldsymbol{Q} \circ \boldsymbol{R}_{b/a} \circ \boldsymbol{Q}^* \tag{7.4-4}$$

或

$$\boldsymbol{R}_{b/a} = \boldsymbol{Q}^* \circ \boldsymbol{R}_a \circ \boldsymbol{Q} \tag{7.4-5}$$

利用式(7.1-9)和式(7.1-12)，得到

$$\mathrm{col}(\boldsymbol{R}_{b/a}) = \mathrm{mati}(\boldsymbol{Q})\mathrm{mat}(\boldsymbol{Q}^*)\mathrm{col}(\boldsymbol{R}_a)$$

即

$$\begin{bmatrix} 0 \\ x_a \\ x_b \\ x_c \end{bmatrix} = \begin{bmatrix} q_0 & -q_1 & -q_2 & -q_3 \\ q_1 & q_0 & q_3 & -q_2 \\ q_2 & -q_3 & q_0 & q_1 \\ q_3 & q_2 & -q_1 & q_0 \end{bmatrix} \begin{bmatrix} q_0 & q_1 & q_2 & q_3 \\ -q_1 & q_0 & q_3 & -q_2 \\ -q_2 & -q_3 & q_0 & q_1 \\ -q_3 & q_2 & -q_1 & q_0 \end{bmatrix} \begin{bmatrix} 0 \\ x_a \\ y_a \\ z_a \end{bmatrix}$$

因此

$$\begin{bmatrix} x_b \\ y_b \\ z_b \end{bmatrix} = \left[\begin{bmatrix} q_1 \\ q_2 \\ q_3 \end{bmatrix} (q_1 \quad q_2 \quad q_3) + \begin{bmatrix} q_0 & q_3 & -q_2 \\ -q_3 & q_0 & q_1 \\ q_2 & -q_1 & q_0 \end{bmatrix}^2 \right] \begin{bmatrix} x_a \\ y_a \\ z_a \end{bmatrix} \tag{7.4-6}$$

右边括号内的表达式正是坐标变换矩阵 $\boldsymbol{L}_{ba}$，它可以写成

$$\boldsymbol{L}_{ba} = (\boldsymbol{q})(\boldsymbol{q})^T + [q_0 \boldsymbol{I} - (\boldsymbol{q})^{\times}]^2 \tag{7.4-7}$$

式中

$$(\boldsymbol{q}) = [q_1 \quad q_2 \quad q_3]^{\mathrm{T}}$$

于是得到变换矩阵 $\boldsymbol{L}_{ba}$ 的各元素为

$$\left.\begin{aligned} l_{11} &= q_0^2 + q_1^2 - q_2^2 - q_3^2 \\ l_{12} &= 2(q_1 q_2 + q_0 q_3) \\ l_{13} &= 2(q_3 q_1 - q_0 q_2) \\ l_{21} &= 2(q_1 q_2 - q_0 q_3) \\ l_{22} &= q_0^2 - q_1^2 + q_2^2 - q_3^2 \\ l_{23} &= 2(q_2 q_3 + q_0 q_1) \\ l_{31} &= 2(q_3 q_1 + q_0 q_2) \\ l_{32} &= 2(q_2 q_3 - q_0 q_1) \\ l_{33} &= q_0^2 - q_1^2 - q_2^2 + q_3^2 \end{aligned}\right\} \tag{7.4-8}$$

当变换矩阵的元素 l_{ij} 已知时，可以在下列四组方程中选出一组用于计算四元数的元素：

$$\begin{cases} q_0 = \pm\sqrt{1 + l_{11} + l_{22} + l_{33}}/2 \\ q_1 = (l_{23} - l_{32})/(4q_0) \\ q_2 = (l_{31} - l_{13})/(4q_0) \\ q_3 = (l_{12} - l_{21})/(4q_0) \end{cases}$$

$$\begin{cases} q_1 = \pm\sqrt{1+l_{11}-l_{22}-l_{33}}/2 \\ q_2 = (l_{12}+l_{21})/(4q_1) \\ q_3 = (l_{13}+l_{31})/(4q_1) \\ q_0 = (l_{23}-l_{32})/(4q_1) \end{cases}$$

$$\begin{cases} q_2 = \pm\sqrt{1-l_{11}+l_{22}+l_{33}}/2 \\ q_3 = (l_{23}+l_{32})/(4q_2) \\ q_0 = (l_{31}-l_{13})/(4q_2) \\ q_1 = (l_{12}+l_{21})/(4q_2) \end{cases}$$

$$\begin{cases} q_3 = \pm\sqrt{1-l_{11}-l_{22}+l_{33}}/2 \\ q_0 = (l_{12}-l_{21})/(4q_3) \\ q_1 = (l_{13}+l_{31})/(4q_3) \\ q_2 = (l_{23}+l_{32})/(4q_3) \end{cases}$$

首先利用每一组的第一行计算 q_0, q_1, q_2, q_3，选择给出最大值的那一组作为计算公式。例如，若 q_2 的值最大，则选择第三组公式。

上述的四元数称为从 S_a 到 S_b 的变换四元数，或者 S_b 相对于 S_a 的姿态四元数。为了明确起见，把它写成 $\boldsymbol{Q}_{ba}$。

根据定义有如下关系：

$$\boldsymbol{Q}_{ab} = (\boldsymbol{Q}_{ba})^* \tag{7.4-9}$$

7.5 三个或更多坐标系的关系

回顾：坐标系 S_a 的矢阵是

$$\boldsymbol{f}_a = (\boldsymbol{i}_a \quad \boldsymbol{j}_a \quad \boldsymbol{k}_a)^{\mathrm{T}} \tag{7.5-1}$$

四元数 $\boldsymbol{Q}$ 的元素 q_1, q_2, q_3 的阵列是

$$(\boldsymbol{q}) = (q_1 \quad q_2 \quad q_3)^{\mathrm{T}} \tag{7.5-2}$$

设想有三个坐标系

$$S_a: Ox_a y_a z_a, \quad S_b: Ox_b y_b z_b \quad S_c: Ox_c y_c z_c$$

坐标系 S_b 和 S_a 由 $\boldsymbol{Q}_{ba}$ 联系，即

$$\boldsymbol{Q}_{ba} = q_{0ba} + q_{1ba}\boldsymbol{i}_a + q_{2ba}\boldsymbol{j}_a + q_{3ba}\boldsymbol{k}_a = q_{0ba} + (q_{ba})^{\mathrm{T}}\boldsymbol{f}_a \tag{7.5-3}$$

把式(7.3-3) 改写成

$$\boldsymbol{f}_b = \boldsymbol{Q}_{ba} \circ \boldsymbol{f}_a \circ \boldsymbol{Q}_{ba}^* \tag{7.5-4}$$

坐标系 S_c 和 S_b 由 $\boldsymbol{Q}_{cb}$ 联系，即

$$\boldsymbol{Q}_{cb} = q_{0cb} + q_{1cb}\boldsymbol{i}_b + q_{2cb}\boldsymbol{j}_b + q_{3cb}\boldsymbol{k}_b = q_{0cb} + (q_{cb})^{\mathrm{T}}\boldsymbol{f}_b \tag{7.5-5}$$

且

$$\boldsymbol{f}_c = \boldsymbol{Q}_{cb} \circ \boldsymbol{f}_b \circ \boldsymbol{Q}_{cb}^* \tag{7.5-6}$$

坐标系 S_c 和 S_a 由 $\boldsymbol{Q}_{ca}$ 联系，即

$$\boldsymbol{Q}_{ca} = q_{0ca} + q_{1ca}\boldsymbol{i}_a + q_{2ca}\boldsymbol{j}_a + q_{3ca}\boldsymbol{k}_a = q_{0ca} + (q_{ca})^{\mathrm{T}}\boldsymbol{f}_a \tag{7.5-7}$$

且

$$\boldsymbol{f}_c = \boldsymbol{Q}_{ca} \circ \boldsymbol{f}_a \circ \boldsymbol{Q}_{ca}^* \tag{7.5-8}$$

把式(7.5 - 7) 和式(7.5 - 8) 结合起来，有

$$\boldsymbol{Q}_{ca} = \boldsymbol{Q}_{cb} \circ \boldsymbol{Q}_{ba} \tag{7.5-9}$$

但是要注意，因为 $\boldsymbol{Q}_{cb}$ 和 $\boldsymbol{Q}_{ba}$ 有不同的基底，它们的元素的关系不能用式(7.1 - 9) 或式(7.1 - 12) 表示，所以方程(7.5 - 9) 不能直接应用。

把式(7.5 - 9) 改写成

$$q_{0ca} + (\boldsymbol{q}_{ca})^{\mathrm{T}} \boldsymbol{f}_a = [q_{0cb} + (\boldsymbol{q}_{cb})^{\mathrm{T}} \boldsymbol{f}_b] \circ [q_{ba} + (\boldsymbol{q}_{ba})^{\mathrm{T}} \boldsymbol{f}_a] \tag{7.5-10}$$

由于

$$\left.\begin{aligned} \boldsymbol{f}_b &= \boldsymbol{Q}_{ba} \circ \boldsymbol{f}_a \circ \boldsymbol{Q}_{ba}^* \\ q_{0cb} &= q_{ocb} \circ \boldsymbol{Q}_{ba} \circ \boldsymbol{Q}_{ba}^* = \boldsymbol{Q}_{ba} \circ q_{ocb} \circ \boldsymbol{Q}_{ba}^* \end{aligned}\right\} \tag{7.5-11}$$

式(7.5 - 10) 被变换成

$$\begin{aligned} q_{0ca} + (\boldsymbol{q}_{ca})^{\mathrm{T}} \boldsymbol{f}_a = \boldsymbol{Q}_{ba} \circ [q_{0cb} + (\boldsymbol{q}_{cb})^{\mathrm{T}} \boldsymbol{f}_a] \circ \boldsymbol{Q}_{ba}^* \circ \boldsymbol{Q}_{ba} = \\ \boldsymbol{Q}_{ba} \circ [q_{0cb} + (\boldsymbol{q}_{cb})^{\mathrm{T}} \boldsymbol{f}_a] \end{aligned} \tag{7.5-12}$$

利用符号

$$\boldsymbol{Q}_{cb/a} = q_{ocb} + (\boldsymbol{q}_{cb})^{\mathrm{T}} \boldsymbol{f}_a \tag{7.5-13}$$

则式(7.5 - 10) 成为

$$\boldsymbol{Q}_{ca} = \boldsymbol{Q}_{ba} \circ \boldsymbol{Q}_{cb/a} \tag{7.5-14}$$

这里 $\boldsymbol{Q}_{ba}$ 和 $\boldsymbol{Q}_{cb/a}$ 具有同样的基底 $\boldsymbol{f}_a$，因而可以把这个式子按照式(7.1-9) 或式(7.1-12) 展开，得到变换四元数的元素之间的关系，所以式(7.5 - 14) 是很有用的。

更一般地，定义从 S_p 到 S_q 的旋转四元数为

$$\boldsymbol{Q}_{pq\#} = q_{0pq} + q_{1pq}\boldsymbol{i} + q_{2pq}\boldsymbol{j} + q_{3pq}\boldsymbol{k} \tag{7.5-15}$$

式中，$q_{0pq}, q_{1pq}, q_{2pq}, q_{3pq}$ 由式(7.2 - 1) 确定。它们决定于旋转轴线的方向余弦及旋转的角度；$\boldsymbol{i}, \boldsymbol{j}, \boldsymbol{k}$ 是虚单位或虚拟坐标系的单位矢量，但与当时的坐标系无关。因此把 $\boldsymbol{Q}_{pq\#}$ 称为通用基底的四元数或虚拟四元数。于是式(7.5 - 14) 写成

$$\boldsymbol{Q}_{ca\#} = \boldsymbol{Q}_{ba\#} \circ \boldsymbol{Q}_{cb\#} \tag{7.5-16}$$

对于这个四元数方程可以使用式(7.1 - 9)[或(7.1 - 12)]，即

$$\mathrm{col}(\boldsymbol{Q}_{ca\#}) = \mathrm{mat}(\boldsymbol{Q}_{ba\#}) \mathrm{col}(\boldsymbol{Q}_{cb\#}) \tag{7.5-17}$$

推广到四个坐标系的情况，对于各自基底的四元数，有

$$\boldsymbol{Q}_{da} = \boldsymbol{Q}_{da} \circ \boldsymbol{Q}_{cb} \circ \boldsymbol{Q}_{ba} \tag{7.5-18}$$

对于共同基底的四元数(即虚拟四元数)，有

$$\boldsymbol{Q}_{da\#} = \boldsymbol{Q}_{ba\#} \circ \boldsymbol{Q}_{cb\#} \circ \boldsymbol{Q}_{dc\#} \tag{7.5-19}$$

7.6　四元数与欧拉角的关系

设想：坐标系 S_a 和 S_b 之间以如下顺序的欧拉角 ψ, ϑ, γ 相联系，即

$$S_a \xrightarrow{R_z(\psi)} \circ \xrightarrow{R_y(\vartheta)} \circ \xrightarrow{R_x(\gamma)} S_b \tag{7.6-1}$$

与三次转动相对应的虚拟四元数是

$$\boldsymbol{Q}_{ba\#} = \boldsymbol{Q}_{1\#} \circ \boldsymbol{Q}_{2\#} \circ \boldsymbol{Q}_{3\#} \tag{7.6-2}$$

展开后得到 $\boldsymbol{Q}_{ba}$ 的元素表达式

$$\left.\begin{aligned}
q_0 &= \cos(\gamma/2)\cos(\vartheta/2)\cos(\psi/2) + \sin(\gamma/2)\sin(\vartheta/2)\sin(\psi/2) \\
q_1 &= \sin(\gamma/2)\cos(\vartheta/2)\cos(\psi/2) - \cos(\gamma/2)\sin(\vartheta/2)\sin(\psi/2) \\
q_2 &= \cos(\gamma/2)\sin(\vartheta/2)\cos(\psi/2) + \sin(\gamma/2)\cos(\vartheta/2)\sin(\psi/2) \\
q_3 &= \cos(\gamma/2)\cos(\vartheta/2)\sin(\psi/2) - \sin(\gamma/2)\sin(\vartheta/2)\cos(\psi/2)
\end{aligned}\right\}$$

比较以四元数表示的和以欧拉角表示的变换矩阵，就得到

$$\left.\begin{aligned}
&\sin\vartheta = -2(q_3q_1 - q_0q_2) \\
&\sin\gamma/\cos\gamma = [2(q_2q_3 + q_0q_1)]/[1 - 2(q_1^2 + q_2^2)] \\
&\sin\psi/\cos\psi = [2(q_1q_2 + q_0q_3)]/[1 - 2(q_2^2 + q_3^2)]
\end{aligned}\right\} \tag{7.6-3}$$

如果角 ψ,ϑ,γ 是小的，则有近似关系

$$q_0 \approx 1, \quad q_1 \approx \gamma/2, \quad q_2 \approx \vartheta/2, \quad q_3 \approx \psi/2 \tag{7.6-4}$$

7.7　以四元数表示的运动学方程

引理：令 $\boldsymbol{Q}$ 是四元数，$\boldsymbol{v}$ 是矢量。利用式(7.1-15) 和式(7.1-16)，有

$$\boldsymbol{Q} \circ \boldsymbol{v} - \boldsymbol{v} \circ \boldsymbol{Q} = -\boldsymbol{q} \cdot \boldsymbol{v} + q_0\boldsymbol{v} + \boldsymbol{q} \times \boldsymbol{v} + \boldsymbol{q} \cdot \boldsymbol{v} - q_0\boldsymbol{v} + \boldsymbol{q} \times \boldsymbol{v} = 2\boldsymbol{q} \times \boldsymbol{v} = 2\mathrm{vect}(\boldsymbol{Q}) \times \boldsymbol{v} \tag{7.7-1}$$

式中，$\mathrm{vect}(\boldsymbol{Q})$ 表示四元数 $\boldsymbol{Q}$ 的矢量部分。

设想 S_B 是刚体固联坐标系。该刚体具有角速度 $\boldsymbol{\omega}$；P 是刚体的一个点，其位置矢量为 $\boldsymbol{r}$。按照力学定理，有

$$\mathrm{d}\boldsymbol{r}/\mathrm{d}t = \boldsymbol{\omega} \times \boldsymbol{r} \tag{7.7-2}$$

令 $\boldsymbol{Q}$（或 $\boldsymbol{Q}_{BO}$）是 S_B 相对于参考坐标系 S_o 的四元数；$\boldsymbol{r}_o$ 是与 S_b 中的 $\boldsymbol{r}$ 相对应的 S_o 中的矢量。根据式(7.3-3) 和式(7.3-4)，$\boldsymbol{r}$ 和 $\boldsymbol{r}_o$ 的关系是

$$\boldsymbol{r} = \boldsymbol{Q} \circ \boldsymbol{r}_o \circ \boldsymbol{Q}^*, \quad \boldsymbol{r}_o = \boldsymbol{Q}^* \circ \boldsymbol{r} \circ \boldsymbol{Q} \tag{7.7-3}$$

矢量的变化率是

$$\begin{aligned}
\mathrm{d}\boldsymbol{r}/\mathrm{d}t &= (\mathrm{d}\boldsymbol{Q}/\mathrm{d}t) \circ \boldsymbol{r}_o \circ \boldsymbol{Q}^* + \boldsymbol{Q} \circ \boldsymbol{r}_o \circ (\mathrm{d}\boldsymbol{Q}^*/\mathrm{d}t) = \\
&(\mathrm{d}\boldsymbol{Q}/\mathrm{d}t) \circ \boldsymbol{Q}^* \circ \boldsymbol{r} \circ \boldsymbol{Q} \circ \boldsymbol{Q}^* + \boldsymbol{Q} \circ \boldsymbol{Q}^* \circ \boldsymbol{r} \circ \boldsymbol{Q} \circ (\mathrm{d}\boldsymbol{Q}^*/\mathrm{d}t) = \\
&[(\mathrm{d}\boldsymbol{Q}/\mathrm{d}t) \circ \boldsymbol{Q}^*] \circ \boldsymbol{r} - \boldsymbol{r} \circ [(\mathrm{d}\boldsymbol{Q}/\mathrm{d}t) \circ \boldsymbol{Q}^*]
\end{aligned} \tag{7.7-4}$$

其中利用了以下关系式

$$\left.\begin{aligned}
&\boldsymbol{Q} \circ \boldsymbol{Q}^* = 1 \\
&(\mathrm{d}\boldsymbol{Q}/\mathrm{d}t) \circ \boldsymbol{Q}^* + \boldsymbol{Q} \circ (\mathrm{d}\boldsymbol{Q}^*/\mathrm{d}t) = 0
\end{aligned}\right\} \tag{7.7-5}$$

根据式(7.7-1) 把式(7.7-4) 改写成

$$\mathrm{d}\boldsymbol{r}/\mathrm{d}t = 2\mathrm{vect}[(\mathrm{d}\boldsymbol{Q}/\mathrm{d}t) \circ \boldsymbol{Q}^*] \times \boldsymbol{r} \tag{7.7-6}$$

比较式(7.7-1) 和式(7.7-2)，得到角速度矢量的表达式为

$$\boldsymbol{\omega} = 2\mathrm{vect}[(\mathrm{d}\boldsymbol{Q}/\mathrm{d}t) \circ \boldsymbol{Q}^*] \tag{7.7-7}$$

根据式 $\mathrm{scal}(\boldsymbol{P} \circ \boldsymbol{Q}) = p_0q_0 - \boldsymbol{p} \times \boldsymbol{q}$ 以及条件(7.2-2)，有

$$\mathrm{scal}[(\mathrm{d}\boldsymbol{Q}/\mathrm{d}t)\circ\boldsymbol{Q}^*]=\dot{q}_0q_0+\dot{q}_1q_1+\dot{q}_2q_2+\dot{q}_3q_3=0$$

以上两式相结合,可得

$$\omega=2(\mathrm{d}\boldsymbol{Q}/\mathrm{d}t)\circ\boldsymbol{Q}^* \tag{7.7-8}$$

定义一个零标量的四元数

$$\boldsymbol{\Omega}_o=0+\omega_{ox}\boldsymbol{i}_o+\omega_{oy}\boldsymbol{j}_o+\omega_{oz}\boldsymbol{k}_o=0+\boldsymbol{\omega} \tag{7.7-9}$$

比较式(7.7-8)和式(7.7-9),得到

$$\Omega_o=2(\mathrm{d}\boldsymbol{Q}/\mathrm{d}t)\circ\boldsymbol{Q}^* \tag{7.7-10}$$

$$\mathrm{d}\boldsymbol{Q}/\mathrm{d}t=\frac{1}{2}\boldsymbol{\Omega}_o\circ\boldsymbol{\Omega} \tag{7.7-11}$$

但是这个方程不便于使用,因为 $\boldsymbol{\Omega}_o$ 包含角速度 $\boldsymbol{\omega}$ 在 S_o 中的分量,而不是在 S_B 中的分量。又定义另一个四元数,它包含飞行器角速度 $\boldsymbol{\omega}$ 在本体固联坐标系 S_B 中的分量,即

$$\boldsymbol{\Omega}_{B/O}=\omega_{BX}\boldsymbol{i}_o+\omega_{BY}\boldsymbol{j}_o+\omega_{BZ}\boldsymbol{k}_o \tag{7.7-12}$$

并且利用关系式

$$\boldsymbol{\Omega}_o=\boldsymbol{Q}\circ\boldsymbol{\Omega}_{b/o}\circ\boldsymbol{Q}^* \tag{7.7-13}$$

就得到更有用的运动学方程

$$\mathrm{d}\boldsymbol{Q}/\mathrm{d}t=\frac{1}{2}\boldsymbol{Q}\circ\boldsymbol{\Omega}_{b/o} \tag{7.7-14}$$

并且利用式(7.1-12)把它转化成矩阵形式

$$\mathrm{col}(\mathrm{d}\boldsymbol{Q}/\mathrm{d}t)=\frac{1}{2}\mathrm{mati}(\boldsymbol{\Omega}_{b/o})\mathrm{col}(\boldsymbol{Q}) \tag{7.7-15}$$

即

$$\begin{bmatrix}\mathrm{d}q_0/\mathrm{d}t\\ \mathrm{d}q_1/\mathrm{d}t\\ \mathrm{d}q_2/\mathrm{d}t\\ \mathrm{d}q_3/\mathrm{d}t\end{bmatrix}=\frac{1}{2}\begin{bmatrix}0 & -\omega_{BX} & -\omega_{BY} & -\omega_{BZ}\\ \omega_{BX} & 0 & \omega_{BZ} & -\omega_{BY}\\ \omega_{BY} & -\omega_{BZ} & 0 & \omega_{BX}\\ \omega_{BZ} & \omega_{BY} & -\omega_{BX} & 0\end{bmatrix}\begin{bmatrix}q_0\\ q_1\\ q_2\\ q_3\end{bmatrix} \tag{7.7-16}$$

这就是以四元数表示的航天器姿态运动学方程。

利用符号

$$\left.\begin{aligned}(\boldsymbol{\omega})_B&=(\omega_{BX}\quad\omega_{BY}\quad\omega_{BZ})^{\mathrm{T}}\\ (q)_B&=(q_1\quad q_2\quad q_3)^{\mathrm{T}}\end{aligned}\right\} \tag{7.7-17}$$

方程式(7.7-16)可以写成

$$\begin{bmatrix}\mathrm{d}q_0/\mathrm{d}t\\ \mathrm{d}(\boldsymbol{q})/\mathrm{d}t\end{bmatrix}=\frac{1}{2}\begin{bmatrix}0 & -(\boldsymbol{\omega})_B^{\mathrm{T}}\\ (\boldsymbol{\omega})_B & -(\boldsymbol{\omega})_B^{\times}\end{bmatrix}\begin{bmatrix}q_0\\ (\boldsymbol{q})\end{bmatrix} \tag{7.7-18}$$

方程式(7.7-16)或式(7.7-18)对应于欧拉角的如下运动学方程

$$\left.\begin{aligned}\mathrm{d}\gamma/\mathrm{d}t&=\omega_{BX}+\tan\vartheta(\omega_{BY}\sin\gamma+\omega_{BZ}\cos\gamma)\\ \mathrm{d}\vartheta/\mathrm{d}t&=\omega_{BY}\cos\gamma-\omega_{BZ}\sin\gamma\\ \mathrm{d}\psi/\mathrm{d}t&=(\omega_{BY}\sin\gamma+\omega_{BZ}\cos\gamma)/\cos\vartheta\end{aligned}\right\} \tag{7.7-19}$$

方程式(7.7-19)是可能有奇异性的(当 $\vartheta=90°$ 时),而四元数的运动学方程式(7.7-16)或方程式(7.7-18)则没有奇异性问题。

总之，在姿态运动学中应用四元数的好处是：第一，避免奇异性；第二，运算比较简单（没有三角函数）。缺点是：不够直观。所以在飞行仿真中即使用四元数表示姿态，用它进行运算，仍要输出有直观印象的欧拉角。

复习思考题 7

1. 说明四元数的定义和性质。
2. 如何用四元数表示坐标系的旋转？
3. 如何以四元数表示刚体的有限转动？
4. 推导由四元数构成的坐标变换矩阵。
5. 如何用四元数表示坐标系的关系？
6. 推导四元数与欧拉角的关系。
7. 如何建立以四元数表示的运动学方程？

附录　球面三角学

航天器飞行动力学的许多方程和公式的推导离不开球面三角学。这里简要地介绍球面三角形的定义，并且不加推导地列出球面三角学的基本公式。

通过球心的平面与圆球表面的相交线称为大圆。

三个大圆在圆球表面上构成的图形称为球面三角形。

球面三角形 ABC（见图1）的角是相应的大圆平面 BOC，COA，AOB 之间的二面角，以大写字母 A，B，C 表示。

球面三角形的边是圆弧 BC，CA，AB 的长度。由于规定圆球的半径为单位长度，所以边就是该圆弧所对的中心角，以小写字母 a，b，c 表示。

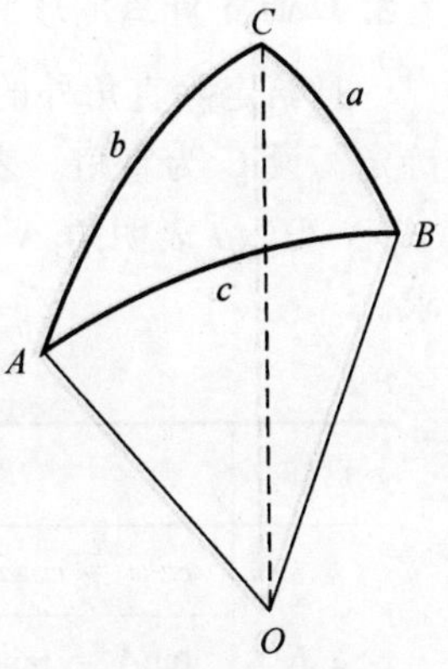

图1　球面三角形

根据球面三角形的特点分以下三种类型：

球面斜三角形：有任意的边与角。虽然大多数球面几何关系在角度达 360° 时仍成立，但一般限定边与角在 0° ～ 180° 之间。

球面直角三角形：即球面三角形中至少有一个角为直角。（与平面三角形不同，球面三角中可以有 1 个，2 个或 3 个直角。）

球面象限三角形：至少有一边的弧长为 90°。

1. 球面斜三角形

下面给出一组适合于任意球面三角形的基本法则。只要知道任意三个边和角，利用这些一般法则就可以写出其它要素的公式。以下公式对任意球面三角形都成立。

正弦定律

$$\frac{\sin a}{\sin A}=\frac{\sin b}{\sin B}=\frac{\sin c}{\sin C}$$

边的余弦定律

$$\cos a=\cos b\cos c+\sin b\sin c\cos A$$

$$\cos b=\cos c\cos a+\sin c\sin a\cos B$$

$$\cos c=\cos a\cos b+\sin a\sin b\cos C$$

角的余弦定律

$$\cos A = -\cos B \cos C + \sin B \sin C \cos a$$
$$\cos B = -\cos C \cos A + \sin C \sin A \cos b$$
$$\cos C = -\cos A \cos B + \sin A \sin B \cos c$$

高斯公式

$$\sin \frac{A-B}{2} = \frac{\sin \dfrac{a-b}{2}}{\sin \dfrac{c}{2}} \cos \frac{C}{2}$$

常用的导出公式

$$c = \arctan(\tan b \cos A) \pm \arctan(\tan a \cos B)$$
$$C = \arctan \frac{1}{\tan A \cos b} \pm \arctan \frac{1}{\tan B \cos a}$$

2. 球面直角三角形

一旦给定除直角外的要素(边和角)中任意两个(包括余下的两个角),则球面三角形就完全确定。设 C 为直角。表 1 中“求解”一栏的每个公式的右边一列表明解答所处的象限,譬如 $Q(A)=Q(a)$ 表明角 A 与边 a 同象限;而“有两种可能解”表明两个象限值都能满足求解的要求。

表 1　球面直角三角形解法

已知	求解	
a,b	$\cos c = \cos a \cos b$	$Q(c) = \{Q(a)Q(b)\}^{*}$
	$\tan A = \tan a / \sin b$	$Q(A) = Q(a)$
	$\tan B = \tan b / \sin a$	$Q(B) = Q(b)$
a,c	$\cos b = \cos c / \cos a$	$Q(b) = \{Q(a)/Q(c)\}^{**}$
	$\sin A = \sin a / \sin c$	$Q(A) = Q(a)$
	$\cos B = \tan a / \tan c$	$Q(B) = \{Q(a)/Q(c)\}^{**}$
b,c	$\cos a = \cos c / \cos b$	$Q(a) = \{Q(b)/Q(c)\}^{**}$
	$\cos A = \tan b / \tan c$	$Q(A) = \{Q(b)/Q(c)\}^{**}$
	$\sin B = \sin b / \sin c$	$Q(B) = Q(b)$
a,A	$\sin b = \tan a / \tan A$	有两种可能解
	$\sin c = \sin a / \sin A$	有两种可能解
	$\sin B = \cos A / \cos a$	有两种可能解
a,B	$\tan b = \sin a \tan B$	$Q(b) = Q(B)$
	$\tan c = \tan a / \cos B$	$Q(c) = \{Q(a)Q(B)\}^{*}$
	$\cos A = \cos a \sin B$	$Q(A) = Q(a)$

续 表

已知	求解	
b,A	$\tan a=\sin b\tan A$	$Q(a)=Q(A)$
	$\tan c=\tan b/\cos A$	$Q(c)=\{Q(b)Q(A)\}^{*}$
	$\cos B=\cos b\sin A$	$Q(B)=Q(b)$
b,B	$\sin a=\tan b/\tan B$	有两种可能解
	$\sin c=\sin b/\sin B$	有两种可能解
	$\sin A=\cos B/\cos b$	有两种可能解
c,A	$\sin a=\sin c\sin A$	$Q(a)=Q(A)$
	$\tan b=\tan c\cos A$	$Q(b)=\{Q(A)/Q(c)\}^{**}$
	$\tan B=1/\cos c\tan A$	$Q(B)=\{Q(A)/Q(c)\}^{**}$
c,B	$\sin b=\sin c\sin B$	$Q(b)=Q(B)$
	$\tan a=\tan c\cos B$	$Q(a)=\{Q(B)/Q(c)\}^{**}$
	$\tan A=1/\cos c\tan B$	$Q(A)=\{Q(B)/Q(c)\}^{**}$
A,B	$\cos a=\cos A/\sin b$	$Q(a)=Q(A)$
	$\cos b=\cos B/\sin A$	$Q(b)=Q(B)$
	$\cos c=1/\tan A\tan B$	$Q(c)=\{Q(A)Q(B)\}^{*}$

注：$*\ \{Q(x)Q(y)\}=\begin{cases}\text{第一象限，若 } Q(x)=Q(y)\\ \text{第二象限，若 } Q(x)\neq Q(y)\end{cases}$；

$**\ \{Q(x)/Q(c)\}=\begin{cases}\text{与 } x \text{ 同象限，若 } c>90^\circ\\ \text{与 } x \text{ 反象限，若 } c\leqslant 90^\circ\end{cases}$。

3. 球面象限三角形

与球面直角三角形一样，余下的五要素中任意给定两个，则球面三角形就完全确定。

设 $c=90^\circ$。表2中“求解”一栏的每个公式的右边一列表明解答所处的象限，譬如 $Q(A)=Q(a)$ 表明角 A 与边 a 同象限；而“有两种可能解”表明两个象限值都能满足求解的要求。

表 2　球面象限三角形解法

已知	求解	
A,B	$\cos C=-\cos A\cos B$	$Q(C)=\{Q(A)Q(B)\}^{*}$
	$\tan a=\tan A/\sin B$	$Q(a)=Q(A)$
	$\tan b=\tan B/\sin A$	$Q(b)=Q(B)$

续表

已知	求解	
A, C	$\cos B = -\cos C/\cos A$	$Q(B) = \{Q(A)/Q(C)\}^{**}$
	$\sin a = \sin A/\sin C$	$Q(a) = Q(A)$
	$\cos b = -\tan A/\tan C$	$Q(b) = \{Q(A)/Q(C)\}^{**}$
B, C	$\cos A = -\cos C/\cos B$	$Q(A) = \{Q(B)/Q(C)\}^{**}$
	$\cos a = -\tan B/\tan C$	$Q(a) = \{Q(B)/Q(C)\}^{**}$
	$\sin b = \sin B/\sin C$	$Q(b) = Q(B)$
A, a	$\sin B = \tan A/\tan a$	有两种可能解
	$\sin C = \sin A/\sin a$	有两种可能解
	$\sin b = \cos a/\cos A$	有两种可能解
A, b	$\tan B = \sin A \tan b$	$Q(B) = Q(b)$
	$\tan C = -\tan A/\cos b$	$Q(C) = \{Q(A)Q(b)\}^{*}$
	$\cos a = \cos A \sin b$	$Q(a) = Q(A)$
B, a	$\tan A = \sin B \tan a$	$Q(A) = Q(a)$
	$\tan C = -\tan B/\cos a$	$Q(C) = \{Q(B)Q(a)\}^{*}$
	$\cos b = \cos B \sin a$	$Q(b) = Q(B)$
B, b	$\sin A = \tan B/\tan b$	有两种可能解
	$\sin C = \sin B/\sin b$	有两种可能解
	$\sin a = \cos b/\cos B$	有两种可能解
C, a	$\sin A = \sin C \sin a$	$Q(A) = Q(a)$
	$\tan B = -\tan C \cos a$	$Q(B) = \{Q(a)/Q(C)\}^{**}$
	$\tan b = -1/\cos C \tan a$	$Q(b) = \{Q(a)/Q(C)\}^{**}$
C, b	$\sin B = \sin C \sin b$	$Q(B) = Q(b)$
	$\tan A = -\tan C \cos b$	$Q(A) = \{Q(b)/Q(C)\}^{**}$
	$\tan a = -1/\cos C \tan b$	$Q(a) = \{Q(b)/Q(C)\}^{**}$
a, b	$\cos A = \cos a/\sin b$	$Q(A) = Q(a)$
	$\cos B = \cos b/\sin a$	$Q(B) = Q(b)$
	$\cos C = -1/\tan a \tan b$	$Q(C) = \{Q(a)Q(b)\}^{*}$

注：$* \ \{Q(x)Q(y)\} = \begin{cases} \text{第一象限，若 } Q(x) = Q(y) \\ \text{第二象限，若 } Q(x) \neq Q(y) \end{cases}$；

$** \ \{Q(x)/Q(C)\} = \begin{cases} \text{与 } x \text{ 同象限，若 } C > 90^\circ \\ \text{与 } x \text{ 反象限，若 } C \leqslant 90^\circ \end{cases}$。

参考文献

[1] 黄圳圭. 航天器姿态动力学[M]. 长沙:国防科技大学出版社,1997.

[2] 黄圳圭,赵志建. 大型航天器动力学与控制[M]. 长沙:国防科技大学出版社,1990.

[3] 卡普兰. 空间飞行器动力学与控制[M]. 凌福根,译. 北京:科学出版社,1981.

[4] 任萱. 人造地球卫星轨道力学[M]. 长沙:国防科技大学出版社,1988.

[5] 编写组. 人造地球卫星环境手册[M]. 北京:国防工业出版社,1971.

[6] 柯夫杜年科. 轨道宇宙飞行器空气动力学[M]. 张燕林,译. 北京:国防工业出版社,1979.

[7] 克劳斯. 电磁学[M]. 安纪宣,译. 北京:人民邮电出版社,1979.

[8] HUGHES P C. Spacecraft Attitude Dynamics[M]. John Wiley & Sons,Inc.,1986.

[9] KANE T R. 航天飞行器动力学[M]. 黄克累,译. 北京:科学出版社,1998.

[10] GREENSITE A I. 飞行控制系统的分析与设计[M]. 长工,译. 北京:国防工业出版社,1978.

[11] 林来兴. 空间控制技术[M]. 北京:宇航出版社,1992.

[12] 刘延柱. 航天器姿态动力学[M]. 北京:国防工业出版社,1995.

[13] 程国采. 四元数法及其应用[M]. 长沙:国防科技大学出版社,1991.

[14] 孙世贤,黄圳圭. 理论力学教程[M]. 长沙:国防科技大学出版社,1997.

[15] 王志刚,施志佳. 远程火箭与卫星轨道力学基础[M]. 西安:西北工业大学出版社,2006.

[16] 方群,王志刚. 航天飞行动力学[M]. 西安:西北工业大学出版社,2015.

[17] 肖业伦. 航空航天器运动的建模:飞行动力学的理论基础[M]. 北京:北京航空航天大学出版社,2003.